SHIPIN

高职高专食品类专业系列规划教材

GAOZHI GAOZHUAN SHIPINLEI ZHUANYE XILIE GUIHUA JIAOCAI

食品仪器分析技术

主　编◇冯晓群　包志华

副主编◇王　艳

U0398158

重庆大学出版社

内 容 简 介

本书根据高职高专的教育特色,结合食品行业的特点,主要对目前在食品分析检测领域应用广泛且比较成熟的仪器分析方法,如紫外-可见分光光度法、原子吸收光谱分析法、原子荧光光谱分析法、电位分析法和色谱分析法(包括气相色谱法、高效液相色谱法、薄层色谱法和纸色谱法)进行介绍。教材注重职业导向性、内容科学性、教学实用性和使用灵活性,在保证基本原理知识系统性的基础上,重点强化操作技能的训练。通过导入实际案例,让学生在经历完整的工作过程中,获得与实际工作密切联系的知识、技能,使学生具备合理利用专业知识技能独立解决复杂工作情境中综合问题的专业能力。

本书不仅可作为高职高专食品类专业的教材,还可作为食品生产质量控制、食品质量检验、食品安全检验检疫、安全卫生监督人员以及工商、检验检疫、大专院校、食品行业协会等工作者的参考用书。

图书在版编目(CIP)数据

食品仪器分析技术/冯晓群,包志华主编. —重庆:重庆
大学出版社,2013.10(2022.8 重印)
高职高专食品类专业系列规划教材
ISBN 978-7-5624-7436-4

Ⅰ.①食… Ⅱ.①冯… ②包… Ⅲ.①食品分析—仪器分析—
高等职业教育—教材 Ⅳ.①TS207.3

中国版本图书馆 CIP 数据核字(2013)第 120783 号

食品仪器分析技术

主 编 冯晓群 包志华
副主编 王 艳
策划编辑:屈腾龙
责任编辑:文 鹏 邓桂华 版式设计:屈腾龙
责任校对:任卓惠 责任印制:赵 晟

*

重庆大学出版社出版发行
出版人:饶帮华
社址:重庆市沙坪坝区大学城西路 21 号
邮编:401331
电话:(023) 88617190 88617185(中小学)
传真:(023) 88617186 88617166
网址:http://www.cqup.com.cn
邮箱:fxk@cqup.com.cn(营销中心)
全国新华书店经销
重庆巍承印务有限公司印刷

*

开本:787mm×1092mm 1/16 印张:18.25 字数:456 千
2013 年 10 月第 1 版 2022 年 8 月第 4 次印刷
印数:7 001—9 000
ISBN 978-7-5624-7436-4 定价:42.00 元

高职高专食品类专业系列教材

GAOZHI GAOZHUAN SHIPINLEI ZHUANYE XILIE JIAOCAI

◀ 编委会 ▶

总主编　李洪军

高职高专食品类专业系列教材

GAOZHI GAOZHUAN SHIPINLEI ZHUANYE XILIE JIAOCAI

◀ 参加编写单位 ▶

（排名不分先后，以拼音为序）

安徽合肥职业技术学院	黑龙江生物科技职业学院
重庆三峡职业学院	湖北轻工职业技术学院
甘肃农业职业技术学院	湖北生物科技职业学院
甘肃畜牧工程职业技术学院	湖北师范学院
广东茂名职业技术学院	湖南长沙环境保护职业技术学院
广东轻工职业技术学院	内蒙古农业大学
广西工商职业技术学院	内蒙古商贸职业技术学院
广西邕江大学	山东畜牧兽医职业学院
河北北方学院	山东职业技术学院
河北交通职业技术学院	山东淄博职业技术学院
河南鹤壁职业技术学院	山西运城职业技术学院
河南漯河职业技术学院	陕西杨凌职业技术学院
河南牧业经济学院	四川化工职业技术学院
河南濮阳职业技术学院	四川烹饪高等专科学校
河南商丘职业技术学院	天津渤海职业技术学院
河南永城职业技术学院	浙江台州科技职业学
黑龙江农业职业技术学院	

前言
Foreword

　　仪器分析是分析化学学科重要的组成部分,也是分析化学的发展方向。仪器分析所涉及的分析方法是根据物质的光、电、声、磁、热等物理和化学特性来对物质的组成、结构、信息进行表征和测量,是现代研究物质组成和结构的重要手段,是继《化学分析》后学生必须掌握的现代分析技术。它作为一门职业能力课程,对于学生的知识、能力和综合素质的培养与提高起着至关重要的作用,在综合职业能力培养过程中占有非常重要的地位。

　　在教育部大力推行改革高职高专学科建设和教材建设的号召下,通过对食品类专业的职业分析和工作分析,考虑到高职高专学生的实际情况,组织编写了这本适用于高职高专食品类专业的教材——《食品仪器分析技术》。本书内容紧紧围绕在食品分析检测领域应用广泛且成熟的紫外-可见分光光度法、原子吸收光谱分析法、原子荧光光谱分析法、直接电位法、气相色谱法、高效液相色谱法、薄层色谱法和纸色谱法等多种现代仪器分析技术,并补充实验室常规知识和用于结构分析的质谱法。在保证基本原理知识适量、够用的前提下,把内容的重点放在介绍各种仪器分析方法的操作技能、定性定量分析方法及仪器的日常维护和保养上。本书基于工作过程一体化,以任务引领为特色,采用行动导向教学,按照从完成简单工作任务到完成复杂工作任务的能力发展过程,设计符合职业成长和生涯发展规律的系列学习任务,让学生有机会经历完整的工作过程,获得与实际工作过程有着紧密联系的、带有经验性质的工作过程知识。本书在编写上具有以下特点:

　　①内容紧扣食品分析检测专业方向、紧抓专业重点,遵循学生的学习认知规律,充分体现学有所用、学以致用的目的。

　　②突出工作过程导向,实施理实一体化教学,通过设计来源于工作实际的案例、典型工作任务和问题情境,采用行动导向教学,通过手脑并用的“做中学”,使学生学习到专业知识和技能,获得职业意识和方法。

　　③增加实验、实训内容比例,加强学生实际操作能力训练,充分体现理论与实践并行、理论为实践服务、理论与实践一体化的核心特征,帮助学生在学习新知识技能的同时获得关键能力,尤其是与自我发展最紧密的学习能力。

　　④针对职业教育特点加强德育。强调德育工作在专业课程教学中渗透,在实践中体验。把学会做人、学会做工、学会学习、学会合作有机地结合起来,推动学生奋发努力,全面发展。

　　同时,在编写中采用大量的清晰、示意明确的图、表代替冗长的文字叙述,力求做到简明扼要、内容凝练,并且增加了一些新技术以拓宽学生的知识领域。在案例和拓展实训项目的选取上力求做到具有代表性和实用性,不同院校在使用本书时,可结合自有仪器设备选择实验项目开展。

本书由冯晓群、包志华任主编,参加编写的有:甘肃农业职业技术学院冯晓群(项目1、项目2、项目3),内蒙古商贸职业技术学院包志华(项目6.3)、商丘职业技术学院王艳(项目4、项目6.2)、漯河职业技术学院李红利(项目5、项目6.1)、运城职业技术学院聂小伟(项目6.4)。另外,国家肉制品监督检验中心管东玲高级工程师、漯河市食品研究所孟宏昌教授、甘肃省农产品质检中心曹锦梅副研究员和国家肉制品监督检验中心食品检验室陈彩虹工程师对本书提供了十分有益的建议和大量的帮助。全书由冯晓群整理统稿,由孟宏昌教授审定。

由于编写时间仓促,编者水平有限,难免有疏漏和不妥之处,敬请各校教师和读者批评指正,以便修改完善。

目 录
Contents

项目1
食品仪器分析技术基础

项目描述

◎介绍仪器分析方法，重点介绍现代仪器分析技术在食品分析检测领域的应用。从食品分析实验室的用水要求、常用玻璃仪器的规范操作和洗涤以及试剂的配制技术等实验室一般知识和食品样品预处理技术等方面进行介绍，为实验教学和实际工作的开展奠定基础。

学习目标

◎了解仪器分析方法的概念、特点及发展状况，明确选择仪器分析方法时需要考虑的因素。

◎掌握仪器分析方法的分类，熟悉现代仪器分析技术在食品分析领域的应用。

◎熟悉食品分析与检验工作常用的玻璃仪器和设备的种类、名称、试剂的规格及对水质的要求。

◎掌握各种样品预处理方法的原理。

技能目标

◎能正确识别和规范使用食品分析实验室常用的玻璃仪器和设备，并学会洗涤玻璃仪器，准确配制分析所需的试剂。

◎能根据检测项目的不同对不同类型的食品进行样品预处理。

◎具有食品分析实验室日常管理能力。

□ **案例导入**：

什么是仪器分析？

一般地说，仪器分析是指采用比较复杂或特殊的仪器设备，通过测量物质的某些物理或物理化学性质的参数及其变化来获取物质的化学组成、成分含量及化学结构等信息的一类方法。仪器分析本身不是一门独立的学科，而是多种仪器分析方法的组合，每一种仪器分析方法一般都有独立的方法原理及理论基础。

任务1.1 仪器分析方法的基本内容和分类

从16世纪天平的发明到20世纪初物理化学溶液理论的发展，分析化学从一门单纯的操作技术成为一门学科，主要研究物质的组成、状态和量的科学，是人们探索物质世界的重要手段。以天平和玻璃器皿为常用实验仪器的化学分析由于其精确度高、准确度高，费用低廉，操作易掌握，因此在相当长时间内，化学分析在探索未知物质世界的研究工作中起着举足轻重的作用。一直到20世纪中期，由于科学技术的进步，特别是一些重大的科学发现和发展，仅仅依靠化学分析已不能满足人类探索未知世界的需要。分析化学由化学分析发展到仪器分析，并逐渐产生了一些现代仪器分析新方法、新技术。20世纪70年代末，以计算机广泛应用为标志的信息技术时代的到来，给科学技术的发展带来了巨大的推动力，计算机处理数据的快速、准确，使分析仪器自动化、智能化、多功能化，解决了许多化学分析方法根本无法解决的难题，显示出无可替代的优越性。

1.1.1 仪器分析方法的特点

仪器分析是在化学分析的基础上发展起来的。不少仪器分析方法的原理，涉及有关化学分析的基本理论；不少仪器分析方法，还必须与试样处理、分离及掩蔽等化学分析手段相结合，才能完成分析的全过程；仪器分析有时还需要采用化学富集的方法提高灵敏度。正如著名的分析化学家梁树权先生所说："化学分析和仪器分析是分析化学的两大支柱，两者唇齿相依，相辅相成，彼此相得益彰。"与经典的化学分析法相比，仪器分析在试样组分的分析方面具有以下特点：

1）灵敏度高

经典的化学分析法一般适用于常量组分的测定，而对于微量组分的分析则比较困难，这是因为经典的化学分析法所使用的仪器本身的误差往往超过了微量组分的含量；而仪器分析由于使用的仪器往往采用了各种精密元件，灵敏度明显提高，可用于微量、痕量或超痕量分析，最低检测限可达到10^{-15}g，甚至更小。

2）操作简便、快捷，容易实现自动化和智能化

对于某些组分的测定，经典的化学分析法往往需要几小时甚至几天才能完成，而仪器分析法可以在几分钟甚至十几秒便可得出结论。例如,石油组分的测定用气相色谱分析,几分钟就可以测定出十几个组分的含量,而用经典的化学分析法(滴定法和重量法)则需要数天时间。另外,电子技术,特别是计算机技术在仪器分析中的广泛应用,实现了仪器操作和数据处理的自动化。例如,高效液相色谱仪配置自动化进样装置,可以对上千个样品自动进行测定,并且完成样品测定结果的数据处理,大大解放了人力,使人们摆脱烦琐、单调的手工操作。

3)应用范围广

仪器分析所使用的仪器一般具有很高的选择性,对经典的化学分析法难以分离的组分不需要经过分离而直接完成定性、定量分析。同时还可以分析组分的分子结构、组分价态、元素在微区的空间分布等。目前,仪器分析在分析化学领域扮演的角色越来越重要,发挥的作用越来越大,在化学、化工、材料、环境、生命科学、医药及食品等领域应用非常广泛。仪器分析法与感官检验法、化学分析法、微生物法和酶分析法成为食品分析领域中的 5 种重要的分析方法。

4)所需要的样品量少

仪器分析进样分析时,所需要的样品量一般很少,有的只需要 1 μg 或 1 μL。对进样量的准确性要求也很高,因此需要特殊的进样装置和进样方法,如微量进样器、固相微萃取器、六通阀进样等装置都是仪器分析中常用到的进样装置。

你还知道哪些比克更小的质量单位呢?

然而,仪器分析法仍具有一定的局限性。主要体现在准确度不够高,相对误差是化学分析法的 10 倍。这样的准确度固然能满足对低含量组分分析的要求,但不适合做常量和高含量组分的测定。因此在选择分析方法时要考虑这一点。

1.1.2 仪器分析方法的分类

能够精确测试的、表征物质的物理、化学或物理化学性质的参数都可以作为仪器分析测量的依据。现代仪器分析方法内容非常丰富,种类繁多。按照仪器分析所利用物质的物理或化学特性及信号的类别,可将仪器分析方法分为光学分析法、电化学分析法、色谱分析法、质谱法、热分析法、放射化学分析法等。其中,光学分析法、电化学分析法和色谱分析法应用最为广泛。

1)光学分析法

光学分析法是以物质吸收和发射电磁波或电磁波与物质相互作用为基础,进行定性、定量和结构测定的分析方法,是仪器分析法中涉及面最广、用途最大、仪器类型最多的一类分析方法。

光学分析法可分为两大类:光谱分析法和非光谱分析法(见表1.1)。在光谱分析法中,测量的信号是物质内部能级跃迁所产生的发射、吸收或散射光谱的波长和强度;而非光谱分析法是基于物质和电磁波相互作用时,电磁波物理性质和方向的改变来进行测量的,它包括折射法、旋光法和 X 射线法等。其中以光谱分析法最为重要,应用也最广泛。在食品分析检测领域最具代表性的有紫外-可见分光光度法、原子吸收光谱分析法、原子荧光光谱法等光谱分析法。

表 1.1　光学分析法分类

分　类		被测物理性质	具体分析方法
光谱分析法	吸收光谱分析法	物质吸收电磁辐射	紫外-可见分光光度法、原子吸收光谱分析法、红外吸收光谱分析法、核磁共振波谱法等
	发射光谱分析法	物质发射电磁辐射	原子发射光谱分析法、原子荧光分析法、分子荧光分析法、分子磷光分析法、X 射线荧光分析法等
非光谱分析法		光的折射、干涉、旋光等	折射法、干涉法、衍射法、旋光法等

2)电化学分析法

电化学分析法是利用物质及其溶液的电学和电化学性质进行分析的方法。通常是将电极与待测试样溶液组成一个化学电池,通过测量化学电池的电学参数值,如电极电位、电流强度、电阻或电量等来确定待测成分的含量。根据所测的电学性质,可将电化学分析法分为电位分析法、电导分析法、库仑分析法和极谱分析法等。常见电化学分析法的分类及特点见表 1.2。电化学分析法灵敏度和准确度都较高、适用面较广、理论基础也非常完善。由于在测定过程中得到的是电信号,因此也较容易实现自动化和连续分析。但条件要求较严,干扰较多。

表 1.2　常见电化学分析法的分类及特点

方法类别			电导分析法	电位分析法	库仑分析法	极谱分析法
测量性质			电导	电极电位	电量	电流—电压
样品物理状态			溶液	溶液	溶液、气体	溶液
应用范围	有机物	定性分析	不适用	不适用	不适用	可以用
		定量分析	可以用	可以用	可以用	可以用
	无机物	定性分析	不适用	可以用	不适用	可以用
		定量分析	很适用	很适用	很适用	很适用
仪器名称			电导仪	电位计、酸度计	微库仑分析仪	极谱仪
分析时间			2 ~ 5 min	1 ~ 2 min	2 ~ 5 min	10 min
相对误差			1% ~ 5%	0.1% ~ 0.5%	0.2% ~ 5%	0.5%

3)色谱分析法

色谱分析是一种重要的分离技术,是利用待测混合物中各组分与固定相和流动相两相之间分配系数不同而达到分离目的,被分离组分按一定顺序依次通过检测器被检测并记录下来得到色谱流出曲线,从而完成定性、定量分析。由于色谱分析法分离效能高、检测性能好、操作方便快捷,逐渐成为现代仪器分析中应用最多、最广的一种方法。表1.3汇总了常用色谱分析法的特点及应用范围。

表1.3　常用色谱分析法的特点及应用范围

常用的色谱分析方法		气相色谱	液相色谱	薄层色谱
定性依据		相同色谱条件下,物质的保留时间相同		比移值
定量依据		峰面积(或峰高)与质量(或浓度)成正比		斑点的颜色及大小
样品状态		气体、溶液	溶液	溶液
应用范围	适用检测对象	多组分混合物	多组分高沸点有机物	多组分高沸点物质
	不适用检测对象	不挥发、高沸点物质	难溶解的固体物质	挥发物
	有机物 定性分析	很适用	可以用	很适用
	有机物 定量分析	很适用	很适用	可以用
	无机物 定性分析	可以用	可以用	很适用
	无机物 定量分析	可以用	可以用	可以用
仪器名称		气相色谱仪	高效液相色谱仪	薄层板、层析缸
分析时间		几秒~几十分钟	几分钟~几十分钟	十几分钟~几小时
相对误差		0.5%~5%	0.5%~5%	1%~10%

4)质谱法

质谱法(Mass Spectrometry,MS)是将待测分子置于离子源中被电离成具有不同质荷比的带电离子碎片,经电场加速,这些带电离子碎片按质荷比的大小依次进入检测器被检测、记录下来得到待测分子的质谱图。利用质谱图提供的信息,可以对有机物和无机物进行定性定量分析,实现复杂化合物的结构分析。由于质谱法获得的信息是具有化学本性的,与色谱分析法联用已成为一种最有力的快速鉴定复杂混合物组成的可靠分析工具,在现代结构分析法中发挥着相当重要的作用。

5)热分析

热分析(Thermal Analysis,TA)是在程序控制温度下,测量物质的物理性质与温度的关系的一类技术。通过研究物质的热态随温度进行的各种变化,得到具有"物质指纹图"性质的测量曲线,成为热分析进行定性定量分析的基础。温度是一种量度,几乎影响物质的所有物理常数和化学常数。在加热或冷却的过程中,随着物质的结构、相态和化学性质的各种变化,通常伴有质量、温度、热量、机械等相应物理性质的变化,由此构成了相应的各种热分析方法。目前,热分析技术不仅能独立进行某一方面的定性、定量分析,而且能与其他方法联用,相互印证和补充,从而成为研究物质的物理性质、化学性质及其变化过程的重要手段,广泛用于无机、有机、高分子化合物、冶金与地质、电器及电子用品、生物及医学、石油化工等各种领域。

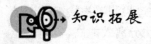 **知识拓展**

仪器分析方法的进展及发展趋势

第二次世界大战后,物理学和电子技术的发展逐渐渗透到分析化学中,许多新兴产业的出现,对分析化学提出了新的要求。反过来,其他学科的发展也为分析化学的发展提供了良好的基础。有许多科学家为现代仪器分析技术的建立作出了重要贡献,有不少人因此获得诺贝尔奖(见表1.4)。

表1.4　获诺贝尔奖的仪器分析项目及科学家

获奖人	项目内容	奖项	获奖时间
W. H. Bragg(英国) W. L. Bragg(英国)	应用 X 射线研究晶体结构	物理奖	1915 年
F. W. Aston(英国)	用质谱法发展同位素并用于定量分析	化学奖	1922 年
F. Pregl(奥地利)	开创有机物质微量分析方法	化学奖	1923 年
F. Bloch(美国) E. M. Purcell(美国)	发明核磁的测定方法	物理奖	1952 年
A. J. P. Martin(英国) R. L. M. Synge(英国)	开创气相色谱分析法	化学奖	1952 年
J. Heyrovsky(捷克)	开创极谱分析法	化学奖	1959 年
R. Yalow(美国)	开创放射免疫分析法	生理医学奖	1977 年
K. M. Siegbahn(瑞典)	发展高分辨电子光谱学	物理奖	1981 年
J. B. Fenn(美国)	发明了对生物大分子进行确认和结构分析的方法		
Koichi Tanaka(日本)	对生物大分子的质谱分析法	化学奖	2002 年
K. Wuthrich(瑞士)	利用核磁共振测定溶液中生物大分子三维结构的方法		

随着现代科学技术的发展,人民生活水平的日益提高,对各生产企业的产品质量和生产工艺提出了更高的要求。这也就对产品分析检验、质量控制提出了新的、更高的要求。特别是近年来,随着环境科学、资源调查、医药卫生、生命科学及材料科学的进展和深入研究,更新产品分析方法迫在眉睫。为了适应科学的发展,仪器分析也随之出现了以下发展趋势:

①方法的创新。为进一步提高分析方法的灵敏度、选择性和准确度,各种选择性检测和多组分同时分析等技术成为研究重点。

②分析仪器的智能化。工作站系统的应用使微机不仅能进行结果运算和试验数据处理,而且还可以存储分析方法、控制操作过程,实现分析操作的自动化和智能化。分析仪器的智能化可以让分析工作者摆脱复杂、重复、冗长而枯燥的操作,能集中精力开展创造性的工作。

③在线检测和无损检测。离线的分析检测不能瞬时、直接、准确地反映生产和环境的

实际情况,不能及时控制生产、生态和生物过程。运用新型动态分析检测和非破坏性检测手段建立有效而实用的实时、在线、高灵敏度、高选择性的新方法是21世纪仪器分析发展的大趋势。生物传感器、免疫传感器、DNA传感器、细胞传感器、纳米传感器等新科技的大量涌现,为各类生物样本的在线分析提供了可能。

④仪器联用技术。多种仪器分析方法的联合使用汇集了每种方法的优点,也弥补各自的不足,能更好地实现分析目标。同时,仪器联用技术也成为当今食品分析的重要发展方向。

⑤时空多维信息的扩展。随着人们对客观物质认识的深入,过去人们不甚熟悉的领域,如多维、不稳态和边界条件等问题亟待解决。现代仪器分析技术不再局限于将待测组分分离出来进行表征和测量,而是成为一门为物质提供尽可能多的化学信息的科学。核磁共振光谱、质谱、红外光谱等分析方法可以提供未知物质的精细结构、空间排列构型及瞬态变化等信息,为人们对化学反应历程及生命的认识奠定了重要基础。总之,随着与各种学科的相互渗透,与各种新技术、新方法的相互结合,仪器分析正向快速、准确、自动、灵敏及适应特殊分析的方向迅速发展,将为人类认识自然、利用自然、更好地与自然和谐相处作出新的贡献。

□ **案例导入:**

如何选择仪器分析方法?

食品安全国家标准食品中铅的测定(GB5009.12—2010)提供了5种方法:

第一法　石墨炉原子吸收光谱法,检出限为0.005 mg/kg;

第二法　氢化物原子荧光光谱法,固体试样检出限为0.005 mg/kg,液体试样检出限为0.001 mg/kg;

第三法　火焰原子吸收光谱法,检出限为0.1 mg/kg;

第四法　二硫腙比色法,检出限为0.25 mg/kg;

第五法　单扫描极谱法,检出限为0.085 mg/kg。

对于同一检测项目,往往有多种分析方法可供选择,即使用同一种仪器分析方法检测同一项目时,又会有多种不同的具体方法可供选择。怎样选择最合适的分析方法是保证分析结果准确和高效低耗的关键步骤,需要周密考虑。

任务1.2　影响仪器分析方法选择的因素

1.2.1　应用范围和分析目的

在装备良好、人员素质较高的实验室中,常选择具有参考性、结论性、法定性的重要方法进行产品质量检测、科研开发;而速度较快的、简便的、所需仪器价廉的方法主要用于在线加工过程中的监测。

1.2.2　样品的特性

各类样品中待测成分的形态和含量不同,可能存在的干扰物质及其含量不同,样品的溶解和待测成分提取的难易程度也不相同。要根据样品的这些特性来选择样品处理方法及仪器分析条件,以求最大限度地排除杂质干扰,提高测量结果的准确率。美国分析化学家协会(AOAC)认为:脂肪、蛋白质、碳水化合物这3种基本营养成分对分析方法的操作有重要影响。比如,测定高脂高糖食品存在的干扰往往比低脂低糖食品多,因此必须对样品进行消化、皂化、萃取等处理排除杂质干扰才能得到精确的分析结果。

1.2.3　分析方法的繁简和速度

不同分析方法的操作步骤的繁简程度和所需时间及费用各不相同,应根据所测样品的数目和对分析时间的要求来选择适当的分析方法。当对同一样品测定多种成分时,尽量用同一样品处理方法或同一仪器分析条件同时测定多种成分,力求“多、快、好、省”。

1.2.4　现有条件

不同实验室的仪器设备条件和技术水平差异较大,应根据客观条件选择切合实际的分析方法。

1.2.5　方法的有效性

选择的分析方法是否有效需从3个方面考虑。

1)精确度、准确度和灵敏度

(1)精确度

实际工作中,分析某一待测物质需进行多次平行测定,再将多次平行测定的数据取平均值作为结果。精确度是指多次平行测定结果之间相互接近的程度,代表着分析方法的重复性和重现性。精确度常用相对标准偏差(RSD)来表示,计算如式(1.1),偏差越小精确度越高。

$$S = \sqrt{\frac{\sum_{i=1}^{n}(x_i - \bar{x})^2}{n-1}} = \sqrt{\frac{(x_1 - \bar{x})^2 + (x_2 - \bar{x})^2 + \cdots + (x_n - \bar{x})^2}{n-1}}$$

$$RSD = \frac{S}{\bar{x}} \times 100\% \tag{1.1}$$

式中　S——标准偏差;

$\bar{x}$——测量平均值;

n——试样总数或测量次数,一般 n 值少于20;

i——物料中某成分的各次测量值,取值范围1~n。

（2）准确度

准确度是指测定值与真实值的接近程度。测定值与真实值之间的差别越小,反映分析结果的准确度越高,测定结果越可靠。

严格地讲,客观存在的真实值是不可能准确知道的,实际上往往用"标准值"代替真实值。而标准值是由具有丰富经验的分析人员,采用多种可靠的分析方法,经过反复分析,用数理统计方法得出的相对准确的结果。在化学分析和仪器分析中衡量准确度的参数不同。

①在化学分析法中常用绝对误差 E 或相对误差 E_r 衡量,其公式为

$$E = X - T$$

$$E_r = \frac{E}{T} \times 100\%　　　　　　　(1.2)$$

式中　X——测定值;

　　　T——真实值;

　　　E——绝对误差;

　　　E_r——相对误差。

②在仪器分析中用加标回收率来衡量。测量方法为:用同种方法、同等条件下对加标样品(加入已知量的标准物质的待测样品)和待测样品(未加标准物质的待测样品)分别进行预处理和上机测定得到测定值 x_1 和 x_0,加标回收率为

$$P = \frac{(x_1 - x_0)}{m} \times 100\%　　　　　　　(1.3)$$

式中　P——加标回收率;

　　　x_1——加标样品的测定值;

　　　x_0——待测样品的测定值;

　　　m——加入标准物质的量。

P 值越大,说明该方法的准确度越高。一般情况下,加标回收率允许范围在80% ~ 120%,超过100%是由于系统误差、样本基质效应等造成。加标回收率过低过高都说明该方法不可采用。例如,用气相色谱仪(配有氮磷检测器)检测韭菜中的甲胺磷等7种农药残留时,该方法对各种农药的加标回收率见表1.5。

表1.5　气相色谱法检测韭菜中7种农药残留的加标回收率

农药名称	添加浓度/(mg·kg⁻¹)	回收率/%
甲胺磷	0.01 ~ 0.5	79.7 ~ 82.2
甲拌磷	0.01 ~ 0.5	80.0 ~ 88.2
久效磷	0.05 ~ 0.5	100.7 ~ 98.0
对硫磷	0.01 ~ 0.5	79.3 ~ 78.2
甲基异柳磷	0.01 ~ 0.5	82.4 ~ 98.1
毒死蜱	0.05 ~ 0.5	93.8 ~ 100.0
呋喃丹	0.01 ~ 0.5	82.0 ~ 99.1

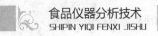

（3）灵敏度

灵敏度是指分析方法所能检测到的最低限量。一般情况下，仪器分析方法比化学分析方法具有较高的灵敏度。在选择分析方法时，要根据待测成分的含量范围选择适宜的方法。待测成分含量低时，宜使用灵敏度高的方法；含量高时，宜选择灵敏度低的方法，以减少稀释倍数太大所引起的误差。在仪器分析法中，灵敏度一般用检测限表示，通常有两种表示形式：最低检出量（在色谱分析法中用检测限表示）和最低检出浓度。

最低检出量是指某种仪器所能检测到的最低限量，常用质量单位表示；最低检出浓度反映的是整个分析方法所能检测到的最低限量，常用浓度单位表示。例如：国家标准中规定面粉中过氧化苯甲酰的高效液相色谱测定方法的检测限为：最低检出量 5 μg；取样量为 1 g 时，最低检出浓度为 5 mg/kg。不同的仪器分析方法分析同种待测物质时最低检出浓度也有差异。

2）对照物验证

确定分析方法是否有效的最常用方法就是将分析方法用于对照物的分析，考察其结果是否与对照物的标准数据一致。对照物一般来源于权威机构，并且具有标准对照物合格证。国内提供标准对照物的机构主要有国家标准物质研究中心和中国药品生物制品检测所，国外有美国国家标准和技术研究所（NIST）等。

3）法定标准方法

在开展食品检测工作时，制订和实施相应的分析标准是十分必要的。采用标准的分析方法，利用统一的技术手段使分析结果具有权威性，便于比较与鉴别产品质量，为国际贸易往来和国际经济技术合作有关的质量管理和质量标准提供统一的技术依据。

（1）国内食品分析标准

我国食品质量监督部门通常使用法定的国家标准、行业标准及国际标准规定的分析方法，对于尚没有标准的检测项目，可参考权威杂志发表的文献方法。我国食品质量标准分 4 级：国家标准、行业标准、地方标准和企业标准。目前我国现行的食品分析标准是 2003 年颁布的《中华人民共和国国家标准食品卫生检验方法》，包括理化部分和微生物部分。在仪器分析中主要用到的是《中华人民共和国国家标准食品卫生检验方法（理化部分）》（GB/T 5009.1～5009.70）。检测成分包括：食物一般营养成分、有害元素、农药、食品添加剂、致癌物质等。检测对象包括：粮油、瓜果蔬菜、肉与肉制品、乳与乳制品、水产品、蛋与蛋制品、豆制品、淀粉类制品、食糖、糕点、饮料、酱醋和腊制品、橡胶塑料制品（食品用）、食品包装用纸、陶瓷、铝制、搪瓷食具容器等。每一检测项目列有几种不同的分析方法，可根据条件选择使用，但以第一法为仲裁法。对于没有国标，但又要在某个行业范围内统一的技术要求，由国内各行业部颁布相应的行业标准，如轻工业部部颁标准（QB）和商业部部颁标准（SB）。对于既没有国标又没有行业标准的产品，需要在省市范围内统一的，可由省市标准局制订、审批，报国家标准局备案，当相应的国标和行业标准实施后自行废止。当企业生产的一种新产品，无任何标准时就要制订企业标准，作为组织生产的依据。如果企业产品质量非常好，即便有国标、行业标准也可再制订高于这些标准之上的企业标准。国家质检部门根据企业标准检测产品，颁发"生产许可证"和"产品合格证"。

（2）国际食品分析标准

国际食品分析标准主要是指国际标准化组织制订的,在国际间通用的食品分析标准。国际标准化组织(ISO),成立于1947年2月23日,总部设在瑞士日内瓦,是目前世界上最大的、最具权威的国际性标准化组织,下设27个国际组织,其中与食品分析有关的组织有:联合国粮农组织(FAO),世界卫生组织(WHO),食品法典联合委员会(CAC)和国际农药残留法典委员会(CCPR)。ISO下设200多个技术委员会,与食品相关的有:农产食品(TC34)、香精油(TC54)、包装(TC122)、接触食品的陶瓷器皿和玻璃器皿(TC166)。目前食品分析国际标准方法多采用食品法典委员会制订的标准。此外,在国际上影响较大的组织还有美国分析化学家协会(AOAC)。该协会推荐的分析方法比较可靠,目前已为越来越多的国家采用,并作为标准方法。

□ **案例导入:**

什么是玻璃仪器

我们把实验室使用的玻璃器皿统称为玻璃仪器。玻璃仪器种类繁多,主要对样品进行研磨、称量、干燥、分离、提取、消化、定容、蒸馏、浓缩处理、试剂配制及储存等。不同专业使用的玻璃仪器也不同,有的也很特殊。

任务1.3 认识食品分析实验室常用玻璃仪器

食品分析实验室中常用的玻璃仪器一般可分为容器、量器和特定用途的玻璃仪器三类。容器类:装载物品的玻璃贮存器称为容器,有烧杯、烧瓶、锥形瓶、试剂瓶、滴瓶、试管、培养皿等。量器类:有吸量管、移液管、滴定管、量杯、量筒、容量瓶、称量瓶等。特定用途的玻璃仪器:有研钵、漏斗、分液漏斗、干燥器、冷凝管、层析柱、索氏脂肪提取器、凯氏分解烧瓶等。

1.3.1 容器

1)试剂瓶

（1）用途

试剂瓶用来盛装各种试剂或样品。实物图如图1.1所示。

（2）规格

从容量上分有20～2 000 mL等不同规格。从颜色上分,常用的有白色和棕色两种。棕色试剂瓶用来盛装见光易分解的试剂,如碘液、碘化钾、硝酸银、高锰酸钾溶液等。从瓶口大小上分,有广口瓶(大口试剂瓶)和细口瓶(小口试剂瓶)。广口瓶多用于盛装固体样品,细口瓶多用于盛装液体试剂等。从瓶口上分,有磨口和非磨口两种。一般来说,非磨口试剂瓶用于盛装碱液或浓盐酸,使用胶塞或软木塞,以防止试剂结晶或溶解玻璃,导致塞子

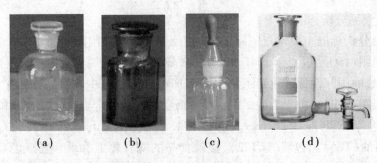

(a)　　　　(b)　　　　(c)　　　　(d)

图 1.1　不同规格试剂瓶

(a)白色细口瓶;(b)棕色广口瓶;(c)滴瓶;(d)蒸馏水瓶

与瓶口粘结而不易打开。磨口试剂瓶则盛装酸、非强碱性试剂或有机试剂溶液等对玻璃侵蚀性小的物质,使用时应注意原瓶用原塞,瓶与塞的号码要相符以利密封,避免溶液蒸发,改变浓度。还有一些特型试剂瓶,如容量在 1 000 mL 以上的大口试剂瓶带有下口龙头和下口塞的,通常为蒸馏水瓶。容量在 125 mL 以下,瓶口带一个磨口滴管的叫滴瓶。

(3)操作注意事项

不论是哪种类型的试剂瓶均不能直接用明火加热,也不宜骤冷骤热。

2)烧杯

(1)用途

烧杯在实验室中应用范围广泛,可用于配制、蒸发、浓缩溶液及进行某些加热或非加热反应和小量物质的制备,可承受 500 ℃ 以下的温度。烧杯呈圆柱形,顶部的一侧开有一个槽口,便于倾倒液体(见图 1.2)。

(2)规格

烧杯通常由玻璃、塑料或耐热玻璃制成,形状差不多,只在高矮和直径上有所不同。规格繁多,容量从 5 mL 到几千毫升不等。有的烧杯在外壁上亦会有一小区呈白色或是毛

图 1.2　带粗刻度的玻璃烧杯

边化,在此区内可以用铅笔写字描述所盛物的名称。若烧杯上没有此区时,则可将所盛物的名称写在标签纸上,再贴于烧杯外壁作为标志之用。

(3)操作注意事项

①加热时,盛装溶液的量不应超过烧杯容积的2/3,一般以烧杯容积的1/2 为宜。加热腐蚀性药品时,可将一表面皿盖在烧杯口上,以免液体溅出。

②加热时,烧杯外壁须擦干,底部要垫上石棉网,以均匀供热。

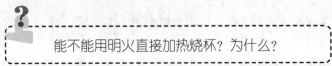

能不能用明火直接加热烧杯? 为什么?

③溶解时,溶液的量不应超过烧杯容积的1/3。在溶解或稀释过程中,用玻璃棒不断轻轻搅拌,玻璃棒不要触及杯底或杯壁。

④不能用烧杯长期盛放化学药品,防止溶液中水分蒸发和落入尘土。

⑤有些烧杯外壁标有刻度,可以粗略估计盛装溶液的体积,属于粗刻度量具,不能用于

准确量取溶液之用。

⑥倾倒溶液时,为防止溶液沿杯壁外侧流下,可用一枝玻璃棒轻触烧杯顶部槽口,倾斜烧杯溶液即可顺利沿玻璃棒流下。

3)三角烧瓶

（1）用途

三角烧瓶,又叫三角瓶、锥形瓶,纵剖面呈三角形状,口小底大(见图1.3)。广泛用于物质的加热、煮沸、溶解、稀释以及粗略比色等。多用于加热液体时避免大量蒸发和反应时便于摇动的工作中,特别适用于酸碱滴定。可承受500 ℃以下的温度。

（2）规格

通常根据容积来分,规格较多,有5 mL至5 000 mL不等。主要由玻璃、石英、塑料等材质构成。

三角烧瓶　　具塞三角烧

图1.3　三角烧瓶

（3）操作注意事项

在三角烧瓶里注入的溶液最好不超过其容积的1/2,过多容易造成三角瓶中的液体喷溅。加热时外部需要擦干,应置于石棉网上,保证受热均匀。

 知识链接

具塞三角瓶

具有玻璃磨砂塞的三角烧瓶(见图1.3),与三角烧瓶的使用方法相同,但加温操作时,要将磨砂塞摘除。具塞主要起密封作用,并可以防止瓶内易挥发物质的挥发和外来化学物质(CO、CO_2气体和灰尘等)的侵蚀,对挥发性物质的化验以及不能使用软木塞、橡胶塞的物质实验更为适用。

1.3.2　量器

既能容纳物质又符合计量要求、用作计量器具的容器称为量器。

1)移液管和吸量管

在食品分析检测实验中,移液管和吸量管的使用相当广泛,其正确使用决定标准储备液、标准使用液及标准系列溶液的浓度是否准确。

（1）用途

移液管和吸量管是准确移取一定体积溶液的量器,属于量出式量器,只用来测量它所放出溶液的体积(见图1.4)。移液管是一根细长而中间膨大的玻璃管,在管的上端有一环形标线,膨大部分标有它的容积和标定时的温度。吸量管,全称为分度吸量管,又称为刻度移液管,是带有分度线的量出式量器。用于移取非固定量的溶液。通常又把具有刻度的直形玻璃管称为吸量管。

（2）规格

常用的移液管有 5 mL、10 mL、25 mL 和 50 mL 等规格。常用的吸量管有 1 mL、2 mL、5 mL 和 10 mL 等规格。除移液管、吸量管外,还有奥氏移液管、自动移液管（移液枪）以及具有特殊用途的自动定量加液管等。移液管和吸量管所移取的体积通常可准确到 0.01 mL。

移液管架   移液管   吸量管

图 1.4　移液管和吸量管

（3）操作步骤及注意事项

①使用前检查。使用前需检查移液管（吸量管）管口和尖嘴有无破损,若有破损则不能使用。

②将移液管（吸量管）清洗干净。先用自来水淋洗后,用铬酸洗涤液浸泡片刻后,将洗涤液放回原瓶。并用自来水冲洗移液管（吸量管）内、外壁至不挂水珠,再用蒸馏水洗涤 3 次,控干水备用。移液管（吸量管）不应在烘箱中烘干。

③润洗移液管（吸量管）。摇匀待吸溶液,将待吸溶液倒一小部分于一洗净并干燥的小烧杯中,用滤纸将清洗过的移液管尖端内外的水分吸干,并插入小烧杯中吸取溶液,当吸至移液管容量的 1/3 时,立即用右手食指按住管口,取出,横持并转动移液管,使溶液流遍全管内壁,将溶液从下端尖口处排入废液杯内。反复操作,润洗 3～4 次后即可吸取溶液。移液管（吸量管）不能移取太热或太冷的溶液。

④移取溶液时,应用右手大拇指和中指拿住颈标线上方,将润洗过的移液管插入待吸液面下 1～2 cm 处用吸耳球吸取溶液,边吸边往下插入,始终保持此深度。移液管插入溶液不能太深,太深会使管外粘附溶液过多,影响量取溶液体积的准确性;太浅往往会产生空吸。

⑤当管内液面上升至标线以上约 1～2 cm 处时,迅速用右手食指堵住管口。此时若溶液下落至标准线以下,应重新吸取。

⑥将移液管提出待吸液面,并使管尖端接触待吸液容器内壁片刻后提起,用滤纸擦干移液管或吸量管下端粘附的少量溶液。在移动移液管或吸量管时,应将移液管或吸量管保持垂直,不能倾斜。

⑦调节液面。左手另取一干燥洁净小烧杯,将移液管管尖紧靠小烧杯内壁,小烧杯保持倾斜,使移液管保持垂直,刻度线和视线保持水平。稍稍松开食指,使管内溶液慢慢从下口流出,可微微转动移液管或吸量管。液面将至刻度线时,按紧右手食指,停顿片刻,再按上法将溶液的弯月面底线放至与标线上缘相切为止,立即用食指压紧管口。将尖口处紧靠

烧杯内壁,向烧杯口移动少许,去掉尖口处的液滴。将移液管或吸量管小心移至承接溶液的容器中。在使用吸量管时,为了减少测量误差,每次都应从最上面刻度(0刻度)处为起始点,往下放出所需体积的溶液,而不是需要多少体积就吸取多少体积。

⑧放出溶液。将移液管或吸量管直立,接受容器倾斜45°,管下端紧靠接受容器内壁,放开食指,让溶液沿接受容器内壁流下,管内溶液流完后,保持放液状态停留15 s,将移液管或吸量管尖端在接受容器靠点处靠壁前后小距离滑动几下,也可将移液管尖端靠接受器内壁旋转一周,移走移液管。残留在管尖内壁处的少量溶液,不可用外力强使其流出,因为校准移液管或吸量管时,已考虑了尖端内壁处保留溶液的体积,否则就造成体积误差,影响结果的准确度。若在管身上端标有"吹"字的,可用吸耳球吹出,不允许保留。

⑨清洗归位。洗净移液管,放置在移液管架上。移液管(吸量管)在使用完毕后,应立即用自来水及蒸馏水冲洗干净,置于移液管架上;同一实验中应尽可能使用同一支移液管(吸量管)。

小贴士

如何用铬酸洗涤液浸泡移液管(吸量管)?

用右手拿移液管或吸量管上端合适位置,食指靠近管上口,中指和无名指张开握住移液管外侧,拇指在中指和无名指中间位置握在移液管内侧,小指自然放松;左手拿吸耳球,持握拳式,将吸耳球握在掌中,尖口向下,握紧吸耳球,排出球内空气,将吸耳球尖口插入或紧接在移液管(吸量管)上口,注意不能漏气。慢慢松开左手手指,将洗涤液慢慢吸入管内,直至刻度线以上部分,移开吸耳球,迅速用右手食指堵住移液管(吸量管)上口,等待片刻。

2)容量瓶

容量瓶是一种细颈、梨形、平底的容量器,带有磨口玻璃塞(见图1.5)。容量瓶上标有温度、容量、刻度线,表示在所指温度下,液体凹液面与容量瓶颈部的标线相切时,溶液体积恰好与瓶上标注的体积相等。容量瓶常和移液管(吸量管)配合使用。

(1)用途

图1.5　容量瓶

主要用于配制一定浓度的标准溶液、稀释溶液以及制备样品溶液。不能直接用火加热,如用水浴加热时也不宜骤冷或骤热。

(2)规格

容量瓶有多种规格,小的有5 mL、25 mL、50 mL、100 mL,大的有250 mL、500 mL、1 000 mL、2 000 mL等。书写溶液体积时一般保留4位有效数字,如250.0 mL。

(3)操作步骤及注意事项

①检漏。检查容量瓶及瓶塞是否严密,不漏水。具体操作方法:在容量瓶中放水到标线附近,塞紧瓶塞,使其倒立2 min,用干滤纸片沿瓶口缝处检查,看有无水珠渗出。如果不漏,再把塞子旋转180°,塞紧,倒置,检查这个方向有无渗漏。这样做是因为瓶塞与瓶口不是在任何位置都是密合的。经过密合检查的容量瓶需用绳(或橡皮筋)把瓶塞系在瓶颈

上,以防跌碎或与其他容量瓶搞混。

注意事项:容量瓶与塞子需配套使用,不能乱用、乱放,否则塞子将塞不严密。

②溶解固体溶质。把准确称量好的固体溶质置于一干燥洁净烧杯中,用少量溶剂溶解。将溶液沿玻璃棒转移至容量瓶中。为保证溶质能全部转移到容量瓶中,需用少量溶剂将烧杯洗涤2~3次,并将洗涤液一起倒入容量瓶中。

注意事项:洗涤液总量不能超过容量瓶的标线,一旦超过,必须重新进行配置。不能在容量瓶里进行溶质的溶解。

③定容。当溶液加到容量瓶中2/3处以后,将容量瓶水平方向摇转几周(勿倒转),使溶液大体混匀。把容量瓶平放在桌子上,慢慢加水到距标线2~3 cm,等待1~2 min,使粘附在瓶颈内壁的溶液流下,用胶头滴管伸入瓶颈接近液面处,眼睛平视标线,加水至溶液凹液面底部与标线相切。具体操作方法:操作人员直立,用左手拇指和中指提起容量瓶瓶颈,至刻度线与视线水平线相切位置为止,右手持洗瓶向容量瓶内滴入蒸馏水,至接近刻度线处,用胶头滴管逐滴滴入溶剂至弯月面与刻度线水平相切。

注意事项:用手捏住瓶口以下、刻度线以上位置,保证瓶直(容量瓶垂直)、眼平(视线与刻度线水平相切)、逐滴加。

④混匀。盖紧瓶塞,用掌心顶住瓶塞,另一只手的手指托住瓶底随后将容量瓶倒转,使气泡上升到顶,此时可将瓶振荡数次。再倒转过来,仍使气泡上升到顶。如此反复10次以上,使瓶内的液体混合均匀。

注意事项:不要用手掌握住瓶身,以免体温使液体膨胀,影响容积的准确;对于容积小于100 mL的容量瓶,不必托住瓶底。

⑤贴标签。标签上需注明溶液名称、浓度、配制时间和配制人员。

注意事项:配制好的溶液若需放置一段时间,应及时倒入试剂瓶中保存,试剂瓶应先用配好的溶液荡洗2~3次。配制好的溶液不能长期贮存在容量瓶中,因为溶液可能会腐蚀瓶体,影响容量瓶的精确度。

3)量筒和量杯

(1)用途

量筒和量杯都是用来量取液体的玻璃仪器,但两者还有一些区别。量杯下小上大,刻度下疏上密,能测量的液体体积较大;量筒上下粗细相同,刻度均匀,能测量的液体体积较小(见图1.6)。但量杯比量筒测量精度更低些。

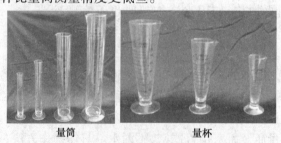

量筒　　　　　　　　量杯

图1.6　量筒和量杯

(2)规格

常用的有10 mL、25 mL、50 mL、100 mL、250 mL、500 mL、1 000 mL等10余种规格。量

筒越大,管径越粗,其精确度越小,由视线的偏差所造成的读数误差也越大。

（3）操作注意事项

①量筒面的刻度是指温度在20℃时的体积数。温度升高,量筒发生热膨胀,容积会增大。因此,量筒不能加热,也不能用于量取过热的液体,更不能在量筒中进行化学反应或配制溶液。

②读数时,视线应与凹液面最低点水平相切。俯视时视线斜向下,视线与筒壁的交点在水面上所以读到的数据偏高,实际量取溶液值偏低;仰视时视线斜向上,视线与筒壁的交点在水面下所以读到的数据偏低,实际量取溶液值偏高。

③量筒没有"0"的刻度,一般起始刻度为总容积的1/10,比如最大刻度为10 mL量筒标准最低刻度1 mL,500 mL的量筒则最低刻度应为50mL。应根据所取溶液的体积,尽量选用能一次量取的最小规格的量筒,如量取70 mL液体,应选用100 mL量筒。在量取液体时,要根据所量的体积来选择大小恰当的量筒。

 **案例分析**

如何正确操作量筒?

案例1:怎样把液体注入量筒?

解析:向量筒里注入液体时,应用左手拿住量筒,使量筒略倾斜,右手拿试剂瓶,使量筒瓶口紧挨着量筒口,使液体缓缓流入。待注入的量比所需要的量稍少时,把量筒放平,刻度面对操作人员,改用胶头滴管滴加到所需要的量。

案例2:怎样正确读出所取液体的体积数?

解析:把量筒放在平整的桌面上,注入液体后,等1~2 min,使附着在内壁上的液体流下来,视线与量筒内液体的凹液面的最低处保持水平,再读出所取液体的体积数。

案例3:从量筒中倒出液体后是否要用水冲洗量筒?

解析:无需用水冲洗量筒,因为制造量筒时已经考虑到有残留液体这一点。相反,如果冲洗反而使所取体积偏大。如果要用同一量筒再量取别的液体,就必须用水冲洗干净。注意:量筒一般只能用于精度要求不很严格时使用,属于粗量器,通常应用于定性分析方面)。

 小贴士

如何正确选择和使用玻璃仪器?

定量分析中,准确地测量溶液的体积是获得良好分析结果的重要因素。不同类型的量器,其容量允差和标准容量等级不同,若选择不当会造成误差。因此需要注意以下事项:

◇ 通常要求准确量取一定体积的溶液时,应采用移液管,而不能用量筒、量杯等量具。

◇ 应定期校正容量瓶、滴定管、移液管等计量量具,以免标值与真实体积不相符合,造成体积误差,从而引起系统误差。一般每半年校正一次。

◇ 取用试剂时,应将试剂瓶盖反放在操作台上,避免试剂、药品被污染。

◇ 使用称量瓶称取试样时,应将称量瓶先在 105 ℃烘干,冷却恒重后取用;干燥好的称量瓶不能用手直接拿,应该用干燥洁净的纸条套在称量瓶上来取用。

1.3.3 食品分析实验室常用实验设备

食品分析过程除需要各种各样的玻璃仪器外,还需配合使用玻璃仪器的夹持器械、台架及加热用品,如浴灯、水浴锅、石棉网等,由于篇幅有限不作详细介绍。下面主要对食品分析实验室常配备实验设备进行介绍。

1)电热恒温箱

电热恒温箱是利用电热丝隔层加热,是物体干燥的设备(见图 1.7)。它用于室温至 300 ℃范围内的恒温烘焙、干燥、热处理等操作。根据温度范围可将电热恒温箱分为两类:一类是低温恒温箱,也叫培养箱,恒温范围由室温起至 60 ℃,主要用于微生物培养;另一类是高温干燥箱,也叫烘箱,主要用于玻

图 1.7　电热恒温箱

璃仪器的干燥。电热恒温箱的型号很多,但结构基本相似,一般由箱体、电热系统和自动恒温控制系统三部分组成。使用时应注意以下事项:

①应安装在室内干燥和水平处,防止震动和腐蚀。

②要注意安全用电,根据电热恒温箱功率安装定容量的电源闸刀一只,并有良好的接地。

③插上温度计后将排气孔旋开,先进行空箱试验,看各部分工作是否正常。

④禁止烘焙易燃、易爆、易挥发及有腐蚀性的物品。

⑤恒温后,一般不需人工监视,但为了防止控制器失灵,必须安排人员经常查看,不可以长时间远离。

⑥有鼓风机的干燥箱,在加热和恒温过程中必须将鼓风机启开,以使工作室温度均匀和防止损坏加热元件。

2)电热恒温水浴锅

电热恒温水浴锅有单孔、两孔、四孔、六孔等不同规格,常用于蒸发和恒温加热用(见图 1.8)。使用时注意事项:

图 1.8　电热恒温水浴锅

①电源线必须有良好的接地,以防触电。

②关闭放水阀,注入适当的清水至总高度1/2~2/3。

③未加水之前不要进行加热操作以免烧毁电热管。

④通电后,温度计示数离预定温度差2 ℃时,调整调节器,使其红、绿灯不断交错的息与亮,表示恒温器工作正常,这时再稍动调节器使其达到预定的恒温室温度。

⑤水浴锅在长期不用时需把水放净,并清洗内槽,以免生苔。

3)马弗炉

在食品分析中常用于有机物灰化和测定灰分、灼烧残渣的分析。炉膛最高温度可达到1 100~1 200 ℃。高温电炉的炉膛是用耐高温下无涨缩碎裂的氧化硅结合体制成的。炉膛内外壁之间有空槽,炉丝串在空槽中。所以通电后,整个炉膛周围被均匀加热而产生高温(见图1.9)。使用时注意事项:

①必须放置在稳固的水泥台上,安装热电偶时要注意正负极不要接错。

②灼烧完毕后,应先拉下电闸,切断电源,将炉门先开一条小缝,使其降温,最后用长柄坩埚钳取出被烧物品。

③在使用时,需要经常照看。晚上人不在时,切勿启用。

④不使用时,要切断电源,关好炉门,防止潮气侵蚀。

图1.9 马弗炉

图1.10 美国millipore 纯水系统

4)实验室水纯化设备

目前,国内外已有商品化仪器用于生产各种用途的纯水、超纯水,所纯化的水达到其至超过一级、二级或三级纯水的标准。例如,美国millipore 纯水系统(见图1.10)整合了反渗透、连续电流去离子、紫外光氧化、微孔过滤、超滤和超纯水去离子等技术,可以为超衡量元素分析、微量有机化合物分析、分子生物学、微生物培养基设备、缓冲液配备和生化试剂配制等各种特定用途的场合提供纯化水。

□ **案例导入:**

玻璃仪器的洗涤是检验工作的第一步

食品品种繁多,检验项目复杂,不可能每测一个指标固定使用一套专用仪器,往往交替使用。在食品分析检测工作中,洗涤玻璃仪器不仅是一个实验前的准备工作,也是一个技术性的工作。如果忽视了在检验前和完毕后对玻璃仪器的清洗、清洁度检验工作,导致玻璃仪器内壁严重挂有水珠,甚至污垢、沉淀干涸粘附于内壁,试剂间的交替污染,则对分析结果的准确度和精确度均有很大影响。

任务1.4 洗涤玻璃仪器

洗涤玻璃仪器的方法很多,一般应根据不同的分析工作、实验的要求、污物的性质和沾污的程度,以及玻璃仪器的类型和形状来选择合适的洗涤方法。本任务主要以定量化学分析为基础介绍玻璃仪器的洗涤。洗涤玻璃仪器的一般步骤如图1.11所示。

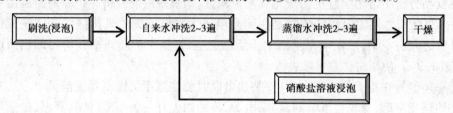

图1.11 洗涤玻璃仪器的一般步骤

1.4.1 常用的洗涤方法

针对玻璃仪器沾污物的性质,采用不同洗涤液能有效地洗净仪器。最常用的洗涤液是肥皂、洗衣粉、去污粉、各种洗液、有机溶剂等。肥皂、洗衣粉、去污粉用于可以用刷子直接刷洗的玻璃仪器;洗液常用于不便用刷子洗刷的仪器;有机溶剂常用于溶解油腻性污物或油脂。洗刷前,应先用肥皂把手洗净,免得手上的油污附在玻璃仪器上而增加洗刷的困难。如仪器长久存放,附有尘灰,需先用清水冲去,再按要求选用适宜的洗涤剂刷洗。

1)用毛刷刷洗

新购买的玻璃仪器表面常附有游离的碱性物质,可先用0.5%的去污粉洗刷,再用自来水洗净,然后浸泡在1%~2%的盐酸溶液中过夜(至少4 h),再用自来水、蒸馏水冲洗。对一般的玻璃仪器,如烧杯、烧瓶、锥形瓶、试管和量筒等,先用粗细、大小、长短等不同型号的毛刷从外到里用自来水刷洗灰尘和易溶物,再蘸取合成洗涤剂,如洗衣粉、去污粉或洗涤液,转动毛刷刷洗仪器的内壁。

小贴士

如何使用去污粉刷洗玻璃仪器?

去污粉是由碳酸钠、白土、细纱等混合而成的。清洗前,先用少量自来水润湿玻璃仪器,然后撒入少量去污粉,再用毛刷擦洗。碱性的碳酸钠具有强的去污能力,加上细纱的摩擦作用和白土的吸附作用,增强了清洗的效果。玻璃仪器内外壁经刷洗后,先用自来水洗去去污粉颗粒,再用蒸馏水洗3次,去掉自来水中带有的钙、镁、铁、氯离子等。蒸馏水的使用采取"少量多次"的原则,注意节约。

2）用特殊洗液清洗

对不易用毛刷刷洗的或用毛刷刷洗不干净的玻璃仪器,如滴定管、容量瓶、移液管等,通常将洗液倒入或吸入玻璃仪器内润洗、浸泡一段时间后,再用自来水、蒸馏水冲洗。实验室常用洗液的特性、制备方法、使用方法及注意事项详见表1.6。在使用性质不同的洗液时,一定要把上一种洗液除去后再用另一种,以免相互作用生成的产物更难洗净。

表1.6　常用洗液特性一览表

分类	应用范围	洗液名称	特性	配制方法	使用方法	注意事项
强氧化剂洗液	主要用于洗涤被无机物、有机油污和沾污小、细口状的管形特殊器皿,如吸量管、容量瓶等	铬酸洗液	由浓硫酸和重铬酸钾配制而成。重铬酸钾在酸性溶液中有很强的氧化能力且对玻璃仪器腐蚀极小,所以这种洗液在实验室使用最广泛。铬酸洗液具有强酸性、强氧化性,对衣服、皮肤、桌面、橡皮等有腐蚀作用,使用时要特别小心	研细的重铬酸钾（工业级）20 g溶于40 mL蒸馏水中,慢慢加入360 mL浓硫酸（工业级）并不断搅拌,冷却后储存在磨口试剂瓶中,防止吸水而失效	将少量洗液倒入干燥玻璃仪器内,转动仪器使其内壁被洗液浸润,必要时可用洗液浸泡。洗液可回收反复使用。用自来水、蒸馏水反复冲洗玻璃仪器直至干净。加热的洗液去污能力更强	①尽量使玻璃仪器干燥,以免冲稀洗液。②洗液用完后应倒回原瓶内,可反复使用。③洗液具有强的腐蚀性,会灼伤皮肤,破坏衣物,如不慎把洗液洒在皮肤、衣物和桌面上,应立即用水冲洗。④新配制的洗液为红褐色,反复使用至污绿色时,即说明洗液已无氧化洗涤能力,不能继续使用。⑤由于铬酸洗液有毒,需将废液收集到废液缸中,集中处理,以免腐蚀下水管道和污染环境
酸性洗液	主要用于洗涤溶于酸的无机物和残附着在器皿上的氧化剂、碱性物质等	纯酸洗液	可采用不同浓度的硝酸、盐酸和硫酸	常规配制方法	洗涤、浸泡或浸煮玻璃仪器	浸煮时温度不宜过高,避免浓酸挥发刺激
		草酸洗液	洗涤高锰酸钾洗液后产生的二氧化锰,必要时加热使用	5～10 g草酸溶于100 mL水中,加入少量浓盐酸	常规洗涤	
		硝酸-氢氟酸洗液	洗涤玻璃仪器和石英器材的优良洗涤剂,可以避免杂质金属离子的粘附。洗涤效率高,清洗速度快,但对油脂及有机物的清除效率差	由100～120 mL 40%氢氟酸、150～250 mL浓硝酸和650～750 mL蒸馏水配制而成。储存于塑料瓶中	常温常规洗涤	①对皮肤有很强的腐蚀性,操作时应戴乳胶手套,若沾到皮肤上,应立即用大量水冲洗。②洗液出现混浊时,可用塑料漏斗和滤纸过滤。③洗涤能力降低时,可适当补充氢氟酸。④对玻璃和石英器皿有腐蚀作用,精密玻璃量器、标准磨口仪器、活塞、砂芯漏斗、光学玻璃、精密石英部件、比色皿等不宜用这种洗液

续表

分类	应用范围	洗液名称	特性	配制方法	使用方法	注意事项
碱性洗液	主要用于洗涤有油污物的玻璃仪器	纯碱洗液	常使用碳酸钠、碳酸氢钠、磷酸钠和磷酸氢二钠配制	常规配制方法	长时间(24 h以上)浸泡或浸煮	从纯碱洗液中捞取玻璃仪器时,需戴乳胶手套,以免烧伤皮肤
		10%氢氧化钠-乙醇洗液	洗涤油脂的效力比有机溶剂高,但不能与玻璃仪器长期接触	120 g氢氧化钠溶解在120 mL水中,再用95%乙醇溶液稀释至1 L	常规洗涤	使用碱性洗液时要特别注意,碱液有腐蚀性,不能溅到眼内
		氢氧化钠-高锰酸钾洗液	洗涤油污或玻璃上的墨水污斑,洗后容器玷污处有褐色二氧化锰析出,再用浓盐酸或草酸洗液等去除	4 g高锰酸钾溶于水中,加入10 g氢氧化钠,用水稀释至100 mL	常规洗涤	
有机溶剂洗液	主要用于洗涤带脂肪性污物的有机玻璃仪器		常使用三氯乙烯、苯、二甲苯、丙酮、乙醇、三氯甲烷、四氯化碳、汽油、醇醚混合液等。浪费较大	常规配制方法。一般先用有机溶剂洗两次或浸泡,然后用水冲洗,再用浓硫酸或浓碱性洗液洗涤,最后用水冲洗。如洗不干净,可先用有机溶剂浸泡一定的时间,然后如上依次处理。		主要用于无法使用刷子的小件或特殊形状的玻璃仪器,如活塞内径、移液管尖头、滴定管尖头、滴定管活塞孔、滴管等
洗消液	主要用于洗涤检验致癌化学物质的玻璃仪器	5%次氯酸钠溶液	对黄曲霉毒素有破坏作用	取漂白粉100 g,加水500 mL,搅拌均匀;另将160 g碳酸钠(工业级)溶于500 mL温水中;再将两液混合、搅拌、澄清后过滤备用。浸泡片刻		为了防止对人体的侵害,在洗刷之前应用洗消液破坏、分解致癌物质后,再进行洗涤
		1%次氯酸钠溶液		由配制成5%次氯酸钠溶液按比例进行稀释。浸泡半天		
		20%硝酸溶液	主要用于对苯并芘污染的玻璃仪器	常规配制方法	浸泡24 h后自来水冲去残存酸液按常规洗涤	
		2%高锰酸钾溶液	主要用于对苯并芘污染的乳胶手套及微量注射器等		浸泡2 h后用自来水冲去残存酸液按常规洗涤	

备注:铬酸洗液因毒性较大尽可能不用,近年来多以合成洗涤剂和有机溶剂来除去油污,但有时仍要用到铬酸洗液,故也列入表内。

小贴士

特殊要求的洗涤方法

◇ 某些测量痕量金属的分析对玻璃仪器要求很高,要求洗去 μg 级的杂质离子,通常按常法洗涤后还要用 1:1~1:9 硝酸溶液浸泡 24 h 后,再用纯水或去离子水冲洗干净,以免吸附无机离子。有的还需要在几百摄氏度下烧净,以达到痕量分析的要求。

◇ 进行荧光分析的玻璃仪器应避免使用洗衣粉洗涤玻璃仪器,因为洗衣粉中含有荧光增白剂,会给分析结果带来误差。

◇ 进行致癌物质分析的玻璃仪器应选用适当洗消液浸泡,然后再按常法洗涤。

3)洗涤要求

不论用何种方法洗涤,最后都必须用自来水冲洗,再用蒸馏水或去离子水冲洗 3 次。洗涤干净的玻璃仪器除了水分子以外无其他任何杂物,内壁只应留有均匀的一层水膜,而不挂水珠。否则说明没有洗干净,必须重洗。

注 意

玻璃仪器洗涤时的注意事项

①容量量具与非容量量具的洗涤方法不同。非容量量具可使用去污粉刷洗,而容量量具不能用去污粉刷洗,否则会使容量量具容量不准确,影响测定结果的准确性。

②避免毛刷底部的铁丝将玻璃仪器捅破。

③洗涤时不要同时抓多个仪器一起洗,避免将仪器碰坏或摔坏。

1.4.2 常用的干燥方法

实验用到的玻璃仪器应在每次实验完毕后洗净干燥备用,一般定量分析用的烧杯、锥形瓶等洗净即可使用,而用于食品分析的仪器很多要求是干燥的,要求无水痕或无水。应根据不同要求进行干燥。

1)晾干

不急等用的玻璃仪器,可在蒸馏水冲洗后在无尘处倒置控去水分,然后自然干燥。也可用安有木钉的架子或带有透气孔的玻璃柜放置仪器。

2)烘干

洗净的玻璃仪器控去水分,放在烘箱内烘干,烘箱温度为 105~110 ℃,烘 1 h 左右。也可放在红外干燥箱中烘干。此法适用于一般仪器。称量瓶等在烘干后要放在干燥器中冷却和保存。带实心玻塞及厚壁仪器烘干时要注意慢慢升温并且温度不可过高,以免破裂。但量器,如容量瓶、量筒等不可放于烘箱中烘。硬质试管可用酒精灯加热烘干,要从底部烤起,把管口向下,以免水珠倒流把试管炸裂,烘到无水珠后把试管口向上赶净水气。

3)热(冷)风吹干

对于急于干燥的仪器不适于放入烘箱的较大的仪器可用吹干的办法。通常用少量乙醇、丙酮或最后再用乙醚倒入已控去水分的仪器中摇洗,然后用电吹风机吹,开始用冷风吹1~2 min,当大部分溶剂挥发后吹入热风至完全干燥,再用冷风吹去残余蒸气,不使其又冷凝在容器内。

1.4.3 玻璃仪器的保管

玻璃仪器要分门别类地存放,以便取用。总之我们要本着对工作负责的精神,对所用的一切玻璃仪器用完后要清洗干净,按要求保管,要养成良好的工作习惯,不要在玻璃仪器里遗留油脂、酸液、腐蚀性物质(包括浓碱液)或有毒药品,以免造成后患。

小贴士

玻璃仪器的保管办法

◇ 经常使用的玻璃仪器放在实验柜内,高的、大的放在里面,低的、小的放在外面,要放置稳妥。

◇ 比色皿用毕洗净后,在瓷盘或塑料盘中下垫滤纸,倒置晾干后装入比色皿盒或清洁的器皿中。

◇ 带磨口塞的仪器,如容量瓶或比色管最好在洗净前就用橡皮筋或小线绳把塞和管口拴好,以免打破塞子或互相弄混。

◇ 需长期保存的磨口仪器要在塞间垫一张纸片,以免日久粘住。

□ 案例导入:

准备分析所需试剂

实验室拟采用高效液相色谱法检测果粒橙中合成色素的组成及含量,实验方法需准备以下试剂,请按照配制溶液的具体要求,准确规范完成试剂的配制以保证实验的顺利进行。

①正己烷;盐酸;乙酸;甲醇(经 0.5 μm 滤膜过滤);聚酰胺粉(尼龙 6,过 200 目筛)。

②0.02 mol/L 乙酸铵溶液。

③0.02 mol/L 氨水-乙酸铵溶液。

④200 g/L 柠檬酸溶液。

⑤5% 三正辛胺正丁醇溶液。

⑥饱和硫酸钠溶液。

⑦0.2% 硫酸钠溶液。

⑧无水乙醇-氨水-水溶液(7:2:1)。

⑨甲醇-甲酸溶液(6:4)。

配制试剂是进行分析工作的第一项任务,试剂配制是否准确直接影响测定数据的准确度。

任务1.5 配制试剂

1.5.1 化学试剂的等级

化学试剂的纯度对分析结果的准确度影响很大,不同的分析工作对试剂纯度的要求也不相同。因此,必须了解试剂的规格及分级标准,以便正确使用。化学试剂的分级基本上是根据所含杂质的多少来划分的,其杂质的含量在化学试剂标签上均已注明。按照我国通用的依据试剂纯度分类的方法,结合我国化学工业部颁布的"化学试剂包装及标志"的规定,将我国化学试剂的等级、标志及用途汇总如表1.7所示。

表1.7 我国化学试剂的等级标志及用途

级 别	纯度分类	国际通用符号	瓶签颜色	用 途
一等品	优级纯	G. R.	绿色	主要用于精密分析和科学研究
二等品	分析纯	A. R.	红色	主要用于重要分析和一般性研究工作
三等品	化学纯	C. P. R	蓝色	主要用于工厂、学校一般性的分析工作
四等品	实验试剂	L. R.	棕色	主要用于一般化学实验,不能用于分析工作

 知识拓展

化学试剂的其他等级

化学试剂除上述几个等级外,还有基准试剂、光谱纯试剂及超纯试剂等。

基准试剂(P. T.)相当或高于优级纯试剂,专作滴定分析的基准物质,用以确定未知溶液的准确浓度或直接配制标准溶液,其主成分含量一般为99.95%~100.0%,杂质总量不超过0.05%。

光谱纯试剂(S. P.)表示光谱纯净,其杂质用光谱分析法测不出或杂质低于某一限度,纯度在99.99%以上,主要用于光谱分析中作标准物质。

色谱纯试剂(C. R.)是进行色谱分析时使用的标准试剂,在色谱分析条件下,最高灵敏度时只出现指定峰而不出现杂质峰,杂质比分析纯更低。

超纯试剂(P. C.)又称高纯试剂,主要用于痕量分析和一些科学研究工作。这种试剂是用一些特殊设备如石英、铂器皿生产的,其储存和使用都有一些特殊的要求。

1.5.2 溶液浓度的表示方法

所谓溶液浓度指一定量的溶液或溶剂中所含溶质的量,可用来表达试剂的浓度或分析

结果。国标中规定表示溶液浓度的方法只有两种,物质的量浓度和质量浓度。但是实际工作中经常会遇到其他的表示方法。如表1.8所示为分析工作中常见溶液浓度的表示方法。

表1.8　常见溶液浓度的表示方法

表示方法	溶液浓度的含义	单　位	表示符号
物质的量浓度	溶质的物质的量与溶液体积之比	mol/L	c
质量浓度	溶质的质量与溶液的体积之比	g/L	ρ
质量分数	溶质的质量与溶液质量之比	%	ω
体积分数	同温同压下,溶质体积与溶液体积之比	%	φ
比例浓度	溶液中各液态组分的体积比	无	无

小贴士

这些知识你知道吗?

◇ 仪器分析使用的试剂除特别注明外,均指分析纯试剂。
◇ 乙醇除特别注明外,均指95%的乙醇溶液。
◇ 水除特别注明外,均指蒸馏水或去离子水。
◇ 溶液除特别注明外,均指水溶液。
◇ 常用的酸碱试剂如果没有指明浓度,均指市售浓酸碱试剂。常用酸碱试剂物理性质见表1.9。

表1.9　常用酸碱试剂物理参数

试剂名称	分子式	相对分子质量 Mr	密度 ρ /(g·mL^{-1})	质量分数 ω /%	物质的量浓度 c /(mol·L^{-1})
浓硫酸	H_2SO_4	98.8	1.84	96～98	18
浓盐酸	HCl	36.46	1.19	36～38	12
浓硝酸	HNO_3	63.01	1.42	65～68	16
磷酸	H_3PO_4	98.00	1.69	85	15
乙酸	CH_3COOH	60.05	1.04	36	6.3
氨水	$NH_3 \cdot H_2O$	17.03	0.9	25～28	15

1.5.3　食品分析实验室用水

食品分析中,使用最多的就是水,如玻璃仪器的洗涤、样品的溶解、试剂的配制及稀释都离不开水。分析要求不同,对水质纯度的要求也不同。

1）水的规格

根据中华人民共和国国家标准 GB/T 6682—1992《分析实验室用水规格和试验方法》的规定,分析实验室用水分为 3 个级别:一级水、二级水和三级水。各级水应符合的要求如表 1.10 所示。

表 1.10　分析实验室用水规格

项　目	一级水	二级水	三级水
用　途	有严格要求的分析实验,如高效液相色谱用水	无机痕量分析实验,如原子吸收光谱分析用水	一般化学分析实验
pH 范围,25 ℃	—*	—*	5.0 ~ 7.5
电导率,κ(mS/m),25 ℃ ≤	0.01	0.10	0.50
可氧化物质以(O)计,ρ(O)(mg/L)≤		0.08	0.4
吸光度,254 nm,1 cm 光程,A≤	0.001	0.01	
蒸发残渣(105 ± 2)℃,ρ_B(mg/L)≤	—	1.0	2.0
可溶性硅(以 SiO_2 计),ρ(SiO_2)(mg/L)≤	0.01	0.02	—

注:* 表示难以测定,不作规定。

 知识拓展

水纯度的检查

检查水纯度的法定方法是国家标准 GB/T 6682—1992 规定的实验方法,除此之外,分析实验室根据分析任务的要求和特点,对实验室用水也经常采用下列方法检查一些项目:

①酸度检查:在两支试管中各加 10 mL 待测水,一支试管中加两滴 0.1% 甲基红指示剂,不显红色;另一支试管加 5 滴 0.1% 溴百里酚蓝指示剂,不显蓝色,即为合格。

②硫酸根离子检查:取 2 ~ 3 mL 待测水放入试管中,加 2 ~ 3 滴 2 mol/L 盐酸酸化,再加 1 滴 0.1% 氯化钡溶液,放置 15 h 无沉淀析出,即为合格。

③氯离子检查:取 2 ~ 3 mL 待测水放入试管中,加 1 滴 6 mol/L 硝酸酸化,再加 1 滴 0.1% 硝酸银溶液,不产生混浊,即为合格。

④钙离子检查:取 2 ~ 3 mL 待测水放入试管中,加数滴 6 mol/L 氨水使之呈碱性,再加两滴饱和乙二酸铵溶液,放置 12 h 无沉淀析出,即为合格。

⑤镁离子检查:取 2 ~ 3 mL 待测水放入试管中,加入 1 滴 0.1% 靛靶黄及数滴 6 mol/L 氢氧化钠溶液,如有淡红色出现,即有镁离子,如呈橙色则合格。

⑥铵离子检查:取 2~3 mL 待测水放入试管中,加 1~2 滴奈氏试剂,如呈黄色则有铵离子。

⑦游离二氧化碳检查:取 100 mL 待测水注入锥形瓶中,加 3~4 滴 0.1% 酚酞溶液,如呈现淡红色,表示无游离二氧化碳;如为无色可加 0.100 0 mol/L 氢氧化钠溶液至淡红色,1 min 内不消失,即为终点。计算游离二氧化碳的含量。注意,氢氧化钠溶液用量不能超过 0.1 mL。

2)食品分析实验室常用水

（1）蒸馏水

将自来水在蒸馏装置中加热汽化,然后将水蒸气冷凝即可得到蒸馏水。由于杂质离子一般不挥发,因此蒸馏水中所含杂质比自来水少得多,比较纯净,可达到三级水的指标,但还是有少量金属离子、二氧化碳等杂质。

（2）二次蒸馏水

在蒸馏水中加入适当的试剂来抑制某些杂质的挥发,例如,加入甘露醇能抑制硼的挥发,加入碱性高锰酸钾可破坏有机物并防止二氧化碳蒸出。再进行重蒸馏可获得更加纯净的蒸馏水,即为二次蒸馏水,一般可达到二级水指标。

（3）去离子水

去离子水是使自来水或普通蒸馏水通过离子树脂交换柱后所得水。制备时,一般将水依次通过阳离子树脂交换柱、阴离子树脂交换柱、阴阳离子树脂混合交换柱。去离子水纯度比蒸馏水的纯度高,质量可达到二级或一级水指标,但对非电解质及胶体物质无效,同时会有微量的有机物从树脂溶出,因此根据需要可将去离子水进行重蒸馏以得到高纯水。

（4）无二氧化碳蒸馏水

将蒸馏水煮沸,直至煮去原体积的 1/4 或 1/5,隔离空气,冷却即得,pH 应为 7。

小贴士

食品分析实验室常用水在使用时应注意什么?

◇ 为保持实验室使用蒸馏水的纯净,蒸馏水瓶随时加塞,专用宏吸管内外均应保持干净。

◇ 蒸馏水瓶附近不要存放浓盐酸、浓氨水等易挥发试剂,以防污染。

◇ 通常用洗瓶取蒸馏水。用洗瓶取水时,不要取出管子和玻璃管,也不要将蒸馏水瓶上的虹吸管插入洗瓶内。

◇ 蒸馏水通常保存在玻璃容器中。

◇ 去离子水保存在聚乙烯塑料容器中。

◇ 用于痕量分析的高纯水(如二次蒸馏水)需要保存在石英或聚乙烯塑料容器中。

◇ 无二氧化碳蒸馏水应储存于连接碱石灰吸收管的瓶中。

保管和使用试剂的注意事项

试剂的保管不善或使用不当,都极易被杂质玷污而引起变质,这也是分析实验中引起误差甚至造成失败的主要原因之一。试剂的保管和使用需注意以下事项:

①使用前应认准标签。取用试剂时,应将盖子反放在干净的地方,不可随意乱放。取用后立即还原塞紧,否则会污染试剂,甚至引起意外事故。

②试剂瓶上应贴有标签,写明试剂的名称、浓度规格、配制日期等,不可在试剂瓶中装入与标签不符的试剂,以免造成差错;试剂瓶上未贴有标签的试剂,在未查明前不可使用。

③取用固体试剂时,应用干净的药匙,用毕立即洗净,晾干备用,不可一匙多用;多取的试剂不能放回原瓶,也不能丢弃,应放在指定容器中供他人或下次使用。

④取用液体试剂时,常使用量筒。将试剂瓶贴有标签的一面握在手心,使试剂瓶口与量筒口接触,逐渐倾斜试剂瓶,慢慢倒出试剂。不要将试剂泼洒在外,多余试剂不应倒回试剂瓶内,也不能丢弃,应放在指定容器中供他人或下次使用。取完试剂随手将瓶盖盖好,切不可"张冠李戴",以防污染。使用标准溶液时,应充分摇匀后取用。

⑤开启易挥发的试剂瓶时,尤其在夏季室温较高的情况下,应先经流水冷却后,盖上湿布再打开。开启时瓶口不可对着自己或他人,以防气、液冲出发生伤害事故。使用有机溶剂或挥发性强的试剂应在通风良好的地方或排风柜内进行,任何情况下都不准用明火直接加热有机溶剂。

⑥易腐蚀玻璃的试剂(如氟化物、碱性溶液等)应保存在塑料瓶或涂有石蜡的玻璃瓶中;易受光分解的试剂(如 $KMnO_4$、$AgNO_3$ 等)应用棕色瓶盛装,并保存在暗处;易氧化的试剂(如氧化亚锡、苛性碱)或易风化和潮解的试剂(如 $AlCl_3$、无水 Na_2CO_3、$NaOH$ 等)应用石蜡密封瓶口;易受热分解的试剂、低沸点的液体和易挥发的试剂应保存在阴凉处。

⑦剧毒试剂(如氰化物、As_2O_3、HgO_2 二氧化汞等)必须特别妥善保管和安全使用。配制和使用剧毒试剂,应在有人监护下,穿戴好防护用具,在排风柜内配制好使用。皮肤有外伤的人不得使用剧毒试剂。剧毒试剂瓶标签上应注明"剧毒"字样。未用完的溶液应放在指定的铁柜内加锁保管,试验完后应进行无毒化处理,不得直接排入下水道。

□ 案例导入:

为什么要对食品样品进行预处理

食品组成成分非常复杂。在对食品中某待测组分进行分析检测时,食品本身含有的蛋白质、糖类、脂肪等大分子有机化合物会产生干扰。而这些营养成分往往是以复杂的结合体形式存在于食品中。因此在分析检测之前,必须排除干扰组分。此外,有些被测组分在食品中含量极低,如农药残留、黄曲霉毒素、致癌物质、化学污染物等,想要得出准确含量,必须在检测之前对样品进行浓缩。通常把这种利用化学或物理方法对样品进行分解、提取、浓缩等操作来保证分析检测得到可靠结果的过程称为样品的预处理。样品的预处理是食品分析检测过程中的一个重要环节,对结果的准确度、精确度和灵敏度有直接影响。

任务1.6 食品样品的预处理技术

食品样品预处理的目的就是消除干扰因素,完整保留被测组分,并使被测组分浓缩,以获得可靠的分析结果。常用的样品预处理方法有有机物破坏法、溶剂提取法、蒸馏法、盐析法、化学分离法、色层分离法、浓缩等,实际工作中需根据食品样品的特性、被测组分的理化性质以及仪器分析方法的要求而选择。

1.6.1 有机物破坏法

食品分析检测的对象往往都是有机物含量很高的样品,如肉、蛋、奶、水果、蔬菜等。样品中的无机元素常与蛋白质、维生素等有机物结合成难溶解、难离解的有机化合物而失去原有的特性。要测定这些无机元素的含量,需要在测定前破坏有机结合体,释放出被测的无机元素。有机物破坏法的原理是利用高温或高温结合强氧化剂的条件下破坏样品分子结构,使有机物(C、H、O、N 等元素)分解生成 CO_2、NO、NO_2 和 H_2O 等气体逸散,而待测无机元素以氧化物或无机盐的形式保留下来。该法常用于检测食品中微量金属元素,如矿物质元素、有毒有害重金属等,还可用于检测硫、氮、氯、磷等非金属元素。根据具体操作方法的不同,可分为干法灰化法、湿法消化法和微波消解法。

1)干法灰化法

干法灰化法又称为灼烧法,是在高温灼烧下使有机物氧化分解,剩余无机物供测定的一种方法。除汞外大多数金属元素和部分非金属元素的测定都可用此法处理样品。

(1)具体操作

将一定量的样品置于坩埚中,小火炭化使其中的有机物脱水、碳化、分解、氧化,再置于 $500 \sim 600 \ ℃$ 马弗炉中灼烧灰化,至残灰为白色或浅灰色为止,所得残渣即为无机物,可供测定用。

(2)优点

由于干法灰化法基本不加或加很少的试剂,故空白值低;食品经灼烧后灰分体积很少,因而能处理较大量的食品,可富集被测组分,降低检测限;有机物分解彻底,操作简单,无需操作人员时时照管。

(3)缺点

所需时间长;由于温度过高对易挥发元素的损失较其他方法大,尤其对汞、砷、锑、铅等元素;坩埚对被测元素有一定吸留作用,致使测定结果和回收率偏低,灰化过程中需要加助灰化剂。

小贴士

加入助灰化剂的作用

利用助灰化剂,如氧化镁、硝酸镁、硝酸铵等,与样品共热使有机物分解,防止被测元素的挥发损失和坩埚吸留,促使灰化完全。

◇ 加入氧化镁或硝酸镁可使磷元素、硫元素转化为磷酸镁或硫酸镁,防止损失。

◇ 加入氢氧化钠或氢氧化钙可使卤族元素转化为难挥发的碘化钠或氟化钙,防止损失。

◇ 加入氯化镁或硝酸镁可使砷元素转化为砷化镁,防止损失。

◇ 加入硫酸可使一些易挥发的氯化铅、氯化镉等转化为难挥发的硫酸盐。

2)湿法消化法

样品在加热条件下被硝酸、高氯酸、硫酸、过氧化氢等强氧化剂氧化分解,有机物质完全分解、氧化,呈气态逸出,待测成分转化为无机物质保留在消化液中。因为样品在分解时呈液体状态,故称湿法消化。为使消化彻底,常采用两种或两种以上的强氧化剂结合使用,如硝酸+浓硫酸法、硝酸+浓硫酸+高氯酸法。

(1)具体操作

①硝酸+浓硫酸法。称取 10~20 g 粉碎的样品于凯氏烧瓶中,加入浓硝酸 20 mL,浓硫酸 10 mL,先以小火加热,待剧烈作用停止后,加大火力并不断滴加浓硝酸直至溶液透明不再转黑后,继续加热数分钟至有白烟逸出即可。消化液应澄清透明。

②硝酸+高氯酸+硫酸法。称取 5~10 g 粉碎的样品于 250~500 mL 凯氏烧瓶中加少许水使之湿润,加数粒玻璃珠,加硝酸+高氯酸(4+1)混合液 10~15 mL 放置片刻。小火缓缓加热,待作用缓和后放冷,沿瓶壁加入 5 或 10 mL 浓硫酸,再加热,至瓶中液体开始变成棕色时,不断沿瓶壁滴加硝酸+高氯酸(4+1)混合液至有机物分解完全。加大火力至产生白烟。消化液应澄清透明,呈无色或微黄色。

(2)优点

分解速度快,所需时间短;可减少金属挥发逸散的损失,容器吸留也少。

(3)缺点

在消化过程中,会产生有害气体,因此操作过程需在通风橱内进行;消化初期,易产生大量泡沫外溢,故需操作人员随时照管;试剂用量较大,空白值较高,需做空白试验以校正消化试剂带来的误差。

3)微波消解技术

微波消解技术(microwave-digestion, MWD)是 20 世纪 70 年代中期产生的一种溶样技术,被称为"理化分析实验室的一次技术革命"。它利用频率为 300 MHz~300 GHz、具有较强穿透力的电磁波产生的超高频振荡,使样品与酸分子间剧烈碰撞而达到更有效的接触,从而使样品迅速分解。

(1)具体操作

将适量样品和溶剂(如硝酸溶液、过氧化氢溶液)放入内罐中,再将内罐放入外罐密封好,置于微波消解仪炉腔内,设置加热功率、加热时间、压力和温度后,仪器自动按照严格的程序进行消解,得到的消化液可直接进行测定。

（2）优点

①加热速度快,瞬间可达高温,热能损耗少,利用率高;②微波穿透力强,加热均匀,对某些难溶物质的分解尤其有效;③预热时间短,启动10～15 s即可达到要求温度,大大减少分析时间;④试剂用量,空白值显著降低;⑤易实现自动化。微波消解技术克服了常压湿法消化的很多缺点,近年来已广泛应用于环境、生物、地质、冶金和其他物料的分析中,得到了迅速的发展。

（3）缺点

该法要求密封程度高,高压密封罐的使用寿命有限,因此要定期检查和更换密封罐,保障操作安全;由于微波消解仪对消解过程全程监控,因此仪器较复杂,价格也较昂贵。

 知识拓展

微波消解仪的结构

微波消解仪主要由专用微波炉、高压密闭消解罐和测温测压及控制装置三大部分组成,如图1.12所示。

专用微波炉设计必须考虑消解罐爆罐,因此有更加严密的安全防范措施:①炉腔采用2 mm以上的不锈钢制成,而民用微波炉大多采用0.6 mm的普通镀锌板制成;②门及门钩全部采用不锈钢整体焊接制成,同时具有"浮动门"设计,完全能抵御爆罐时产生的气浪,而民有微波炉采用的是塑料门钩;③炉腔内壁喷涂有

微波消解罐外观

聚四氟乙烯消解罐

图1.12　微波消解仪

聚四氟乙烯涂层以抵御强酸、强氧化剂的腐蚀,而民用微波炉喷涂的是普通涂层。

高压密闭消解罐要应对罐内短时间内发生的化学反应而带来的高温高压,因此必须满足耐高温、耐高压、抗腐蚀和安全性高等要求。消解罐由内罐和外罐组成。内罐是反应罐,是盛装样品和强酸强氧化剂溶液的容器,容积约为60 mL,多采用聚四氟乙烯(PTFE)材料制成。外罐起防护作用,多采用高强度聚醚醚酮(PEEK)制成。

测温测压及控制装置是用来实时检测消解罐内温度和压力的装置,只要温度或压力超过预先设定值,控制电路就会自动关闭微波加热器,并发出安全警报。

微波消解仪的工作参数包括加热功率、加热时间、压力和温度,参数的值与样品和溶剂量有关。通常无机样品量为0.2～2 g,有机样品量为0.1～1 g,溶剂和样品的总体积不能超过20 mL。从安全角度出发,样品量越少越好,因为样品量越多,反应速率越快,温度和压力上升也越快,爆炸的危险性越大,因此运用微波消解技术时要限制取样量。

1.6.2 溶剂提取法

在同一溶剂中,不同的物质具有不同的溶解度;同一物质在不同的溶剂中溶解度也不

同。利用样品中各组分在特定溶剂中溶解度的差异,使其完全或部分分离的方法,称为溶剂提取法。此法常用于维生素、农药及黄曲霉毒素测定的样品预处理。根据提取对象不同可分为浸提法和溶剂萃取法。

1)浸提法

用适当的溶剂将固体样品中的某种待测成分浸提出来,又称液-固萃取法。该法应用广泛,在分析食品中脂肪含量、提取茶多酚、提取活性多糖、检测有机氯农药、黄曲霉毒素 B_1 等实验中均用到此法。使用浸提法时,关键在于提取剂的选择。应根据被提取物的性质,遵循相似相溶原则,选择对被测组分的溶解度最大而对杂质的溶解度最小的提取剂。提取剂沸点应适当,太低易挥发,太高不易浓缩。浸提的方法有以下三种:

(1)振荡浸渍法

将切碎的样品放入适宜的溶剂系统中,经过浸渍、振荡一定时间,使被测组分从样品中提取出来。此法简便易行,但回收率较低。

(2)捣碎法

将切碎的样品放入捣碎机中,加入溶剂捣碎一定时间,使被测组分从样品中提取出来。此法回收率较高,但干扰杂质溶出较多。

(3)索式提取法

将一定量样品放入索式提取器中,加入溶剂加热回流一定时间,将被测组分从样品中提取出来。此法溶剂用量少,提取完全,回收率高,但操作较麻烦,且需专用的索式提取器。

2)溶剂萃取法

溶剂萃取法是利用被提取物在两种互不相容的溶剂中具有不同的溶解度,使其从一种溶剂能够转移到另一种溶剂中,而与样品中其他组分分离开来的方法。此法操作简单、迅速,分离效果好,应用广泛。但使用的萃取剂通常易燃、易挥发、有毒性,因此要特别注意规范操作。与浸提法相同,萃取剂的选择也非常关键。萃取剂应对被测组分有最大溶解度,而对杂质有最小溶解度;与原溶剂不互溶,且两种溶剂易于分层,无泡沫。

知识链接

萃取操作及注意事项

萃取操作常在分液漏斗中进行,一般需经萃取4~5次方可达到完全分离的目的。根据外形可将分液漏斗分为球形分液漏斗、梨形分液漏斗和梨形刻度分液漏斗(见图1.13)。球形分液漏斗多用于滴加反应液的操作,梨形分液漏斗多用于萃取操作。具体操作步骤及注意事项如下:

(1)检漏

选择比被萃取溶液和萃取剂总体积大一倍以上的分液漏斗,检查分液漏斗的活塞与旋塞是否严密。往分液漏斗中加入一定量的水,盖塞振荡,检查活塞、旋塞处是否漏水,不漏水的分液漏斗方可使用。

注意事项:为保证操作安全,不可使用泄漏的分液漏斗;将旋塞芯取出,涂上凡士林,插入塞槽内转动使油膜均匀透明,且转动自如;活塞处不可涂抹凡士林。

（2）加料

将被萃取溶液和萃取剂分别由活塞口倒入，旋紧活塞。此时分液漏斗内溶液分为两层。

注意事项：必要时使用玻璃漏斗加料；选择适宜的萃取剂。

（3）振荡

振荡分液漏斗，使两液层充分接触，溶液混为乳浊液。

注意事项：操作时，使分液漏斗上口端朝下倾斜；活塞上的凹槽应与上口侧面小孔错位封闭塞紧；振荡时用力要大，同时要绝对防止液体泄漏。

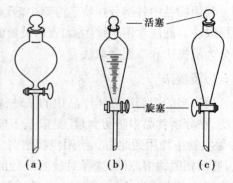

图 1.13　分液漏斗示意图
(a)球形分液漏斗；(b)梨形刻度分液漏斗；
(c)梨形分液漏斗

（4）放气

保持分液漏斗上口端朝下的倾斜状态，打开旋塞，放出振荡时产生的气体，使内外压力平衡。

注意事项：保持分液漏斗上口端朝下倾斜；下口端不能有液体。

（5）重复振荡

再振荡和放气数次。

（6）静置

将分液漏斗放在铁环中静置，液体分为清晰的两层。静置的目的是使乳浊液分层，一般需要 10 min 左右，但对于较难分层者需更长时间。当溶液呈碱性时常会产生乳化现象而影响分层，可以通过增长静置时间、轻旋分液漏斗和加入适当的溶剂等方法消除。

（7）放液

下层液体经旋塞放出，上层液体经活塞口倒出。若上层液体也经旋塞放出，则漏斗颈部所附着的残液会污染上层液体。

注意事项：放液时，要使活塞上的凹槽对准上口侧面小孔，使漏斗内外的空气相通，压强相等，漏斗里的液体才能顺利流出，待分层界面与旋塞上口相切时即可关闭旋塞。

（8）合并

分离出的被萃取溶液再按上述方法进行 3～5 次萃取，将所得萃取液通过适量的干燥剂进行干燥。萃取次数多少取决于萃取剂分配系数的大小。

注意事项：萃取不可能一次就完成，故需多次反复操作；第一次萃取时使用的萃取剂较多于后面几次。

（9）保管

长时间不用的分液漏斗要把旋塞处擦拭干净，塞芯与塞槽之间夹一纸条，防磨砂处粘连；用橡皮筋套住活塞，以免丢失、混淆。

1.6.3　蒸馏法

蒸馏法是利用液体混合物中各组分挥发度不同而进行分离的方法。既可将干扰组分蒸馏除去,也可将待测组分蒸馏逸出,收集馏出液进行分析。蒸馏方式有常压蒸馏、减压蒸馏、水蒸气蒸馏等,其装置如图1.14、图1.15 和图1.16 所示。可根据待蒸馏组分的性质来选择适宜的方式。当待蒸馏组分受热后不易发生分解或沸点不太高时,可采用常压蒸馏方式;当待蒸馏组分易分解或者沸点太高,可采用减压蒸馏方式;当待蒸馏组分沸点较高,直接加热蒸馏时,因加热不均易引起局部炭化或加热到沸点时可能发生分解,可采用水蒸气蒸馏方式。例如,测定防腐剂苯甲酸及其钠盐、从样品中分离有机氯农药六六六时,均可用水蒸气蒸馏方式进行处理。蒸馏法具有分离和净化双重效果,但仪器装置和操作较为复杂。

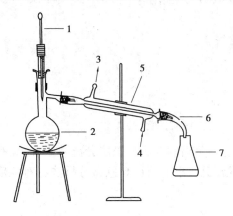

图1.14　常压蒸馏装置

1—温度计;2—蒸馏瓶;3—冷却水出口;

4—冷却水进口;5—冷凝管;6—接引管;7—接收瓶

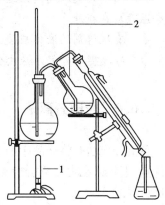

图1.15　水蒸气蒸馏装置

1—加热装置;2—样品瓶

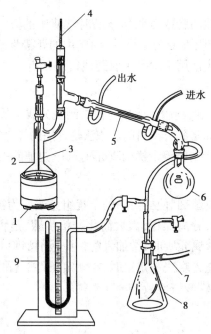

图1.16　减压蒸馏装置

1—加热套;2—克莱森瓶;3—毛细管;4—温度计;5—冷凝管;

6—接收瓶;7—接抽气机;8—安全阱;9—压力计

进行蒸馏操作时需要注意什么？

◇　蒸馏瓶中装入的液体体积最大不超过蒸馏瓶的2/3。同时加瓷片、毛细管等防止爆沸,蒸汽发生瓶也要装入瓷片或毛细管。

◇　温度计插入高度应适当,以与通入冷凝器的支管在一个水平上或略低一点为宜。需查温度应在瓶外。

◇　有机溶剂的液体应使用水浴,并注意安全。

◇　冷凝器的冷凝水应由低向高逆流。

1.6.4　色谱分离法

色谱分离法是将样品中的组分在载体上进行分离的方法。该法分离效果好,具有独特的优点,近年来在食品分析检测中应用越来越广泛。本书项目6色谱分析法将对此部分内容进行详述。

1.6.5　化学分离法

1)磺化法和皂化法

磺化法和皂化法是处理油脂或含脂肪样品时常使用的方法。当食品样品经过磺化或皂化处理后,油脂就会由亲脂性变为亲水性,油脂中的非极性组分就能较容易被非极性或弱极性溶剂提取出来。该法常用于食品中农药残留的分析。

2)沉淀分离法

在试样中加入适当沉淀剂,利用沉淀反应使被测组分或干扰组分沉淀下来,再经过滤或离心将沉淀与母液分开,从而达到分离目的。该法是常用的样品净化方法。如测定冷饮中糖精钠时,可加碱性硫酸铜将蛋白质等干扰杂质沉淀下来,过滤除去,糖精钠留在滤液中。

3)掩蔽法

该法是向样液中加入掩蔽剂,使样液中的干扰组分改变为被掩蔽状态以消除其对被测组分的干扰。该法可以免去分离操作,大大简化分析步骤,是食品分析检测中应用十分广泛。特别是测定食品中的金属元素时,常加入配位掩蔽剂消除共存在于样品中的干扰离子的影响。如双硫腙可见分光光度法测定铅时,在测定条件下($pH = 9$),Cu^{2+},Cd^{2+}等对测定有干扰,可加入氰化钾和柠檬酸铵掩蔽来消除干扰。

1.6.6　浓缩法

食品样品经过提取、净化后,得到的样液有时体积过大,导致待测组分的浓度太小而影响其分析检测。此时需要对样液进行浓缩,以提高待测组分的浓度。常用的浓缩方法有常压浓缩和减压浓缩。若待测组分为非挥发性物质时,可采用常压浓缩法,否则会造成待测组分的损失。常采用蒸发皿直接挥发,若需要回收溶剂,可采用一般蒸馏装置或旋转蒸发仪。该法操作简便、快速。若待测组分为热不稳定或易挥发的物质时,可用 K-D 浓缩器、真空旋转蒸发仪等特殊仪器进行减压浓缩(见图 1.17 和图 1.18)。该法在低压下进行,不但速度快,而且可减少待测组分的损失,操作简便,是一种应用普遍、效果理想的浓缩方法。食品中有机磷农药(如甲胺磷、乙酰甲胺磷)的测定均采用此法浓缩样液。

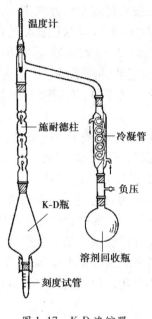

图 1.17　K-D 浓缩器

图 1.18　真空旋转蒸发仪

本章小结

　　仪器分析法是借助特殊仪器以测量物质的物理性质和物理化学性质来对未知物质的化学组成、含量及其结构进行分析的一类分析方法。本项目重点介绍现代仪器分析技术在食品分析领域的应用。从食品分析实验室的用水的要求、常用玻璃器皿的规范操作及洗涤和试剂的配制技术等实验室一般知识和食品样品预处理技术等方面进行介绍,为实验教学和实际工作的开展奠定基础。介绍食品分析检测操作前、过程中及完成后应做的事情,是学生在开始分析检测前必须阅读的内容。

安全食品新概念

　　随着全球经济的发展和社会的进步,人们追求纯天然、无污染的健康食品已成为一种时尚。世界各国都已经推出具有各自特色的生态食品、自然食品、健康食品、有机食品等所谓安全食品,我国也相继推出绿色食品、有机食品和无公害食品等既兼顾中国国情又与世界经济相接轨的、经专门认证机构认证的安全食品。

　　无公害农产品是指产地环境、生产过程和终端产品质量符合无公害食品标准和规范,经专门机构认证合格并允许使用无公害农产品标志的、未经加工或初加工的食用农产品。

无公害农产品生产过程中允许限量、限品种、限时间地使用人工合成的安全的化学农药、兽药、渔药、肥料、饲料和添加剂等,其定位是保障大众消费农产品的基本安全。无公害农产品具有安全性、优质性和高附加值3个明显特征,注重产品的安全质量,但标准要求不是很高,适合我国当前的农业生产发展水平和国内消费者的实际需求,对于多数生产者来说,达到无公害农产品的要求不是很难。当代农产品生产需要解决的问题是加快由普通农产品发展到无公害农产品的速度,保障提供消费者最基本的安全食品。

绿色食品概念是我国提出的,是指遵循可持续发展原则,按照特定生产方式生产,经专门机构认证、许可使用绿色食品标志的食品。无污染、安全、优质、营养是绿色食品的特征。无污染是指在绿色食品生产、加工过程中,通过严密监测、控制,防范农药残留、放射性物质、重金属、有害细菌等对食品生产各个环节的污染,以确保绿色食品产品的洁净。为适应我国国内消费者的需求及当前我国农业生产发展水平与国际市场竞争,从1996年开始,在申报审批过程中将绿色食品区分AA级和A级。

有机食品(organic food)是国际上普遍认同的叫法。这里所说的“有机”不是化学上的概念,是指有机的耕作和加工方式。我国国家环保局有机食品发展中心对有机食品的定义为:来自于有机农业生产体系,根据有机认证标准生产、加工、并经独立的有机食品认证机构认证的农产品及其加工品等。通俗讲是指完全不含人工合成的农药、肥料、生长调节素、家畜禽饲料添加剂的食品,包括粮食、蔬菜、水果、奶制品、禽畜产品、蜂蜜、水产品、调料等。

安全是有机食品、绿色食品和无公害食品的共性,它们从种植、收获、加工生产、贮藏及运输过程中都采用了无污染的工艺技术,实现了从土地到餐桌的全程质量控制,保证了食品的安全性,符合大众对食品营养、安全、健康的要求,可放心食用。但是通过仔细对比,这3类安全食品仍存在着以下不同:

1. 标准不同

无公害农产品中允许限数量、限品种、限时间地使用人工合成的化学物质,如农药、兽药、鱼药、肥料、饲料和添加剂等,最终产品要求符合国标规定的无公害食品的标准和规范。

绿色食品标准是由中国绿色食品发展中心组织制订的统一标准,包括A级绿色食品标准和AA级绿色食品标准。A级绿色食品标准是参照发达国家食品卫生标准和食品法典委员会的标准制定的;AA级绿色食品标准是根据国际有机农业运动联盟有机产品的基本原则,参照有关国家有机食品认证机构的标准,再结合我国的实际情况而制订的。

对有机食品而言,不同的国家、不同的认证机构,其标准不尽相同。在我国,国家环境保护总局有机食品发展中心制订了有机产品的认证标准。日本在2001年公布了有机食品法;美国在2002年公布了有机食品全国统一的新标准;欧洲国家采用欧盟统一制订的有机食品标准。

2. 认证机构不同

无公害农产品的认证机构是农业部农产品质量安全中心,其认证属于政府行为。但是目前,有许多省、市地区的农业管理主管部门进行了无公害食品的认证工作,但认证前提必须是在国家工商局正式注册了标识商标或颁发了省级法规,其认证才有法律效应。

绿色食品的认证机构和管理机构是农业部中国绿色食品发展中心,该中心负责全国绿色食品的统一认证和最终审批。

在我国,国家环境保护总局有机食品发展中心是国内最具权威的有机食品综合认证机构,中国农科院茶叶研究所在有机茶叶行业的认证中最具权威性。另外一些国外认证机构,如德国的 BCS 也参与我国有机食品的认证。

3.认证方法不同

在我国,有机食品和 AA 级绿色食品的认证实行检查员制度,在认证方法上是以实地检查为主,检测认证为辅。A 级绿色食品和无公害农产品的认证是以检查认证和检测认证并重的原则,在环境技术条件的评价方法上,采取调查评价和检验论证相结合的方式。

4.标志不同

无公害农产品、绿色食品和有机食品标识见下图。

由于目前许多省、市地区也在进行无公害食品的认证工作,因此其标识也因认证机构不同而不同。上图显示的为农业部农产品质量安全中心制订的无公害农产品标识。

绿色食品的标识在我国是统一的,也是唯一的。它是由中国绿色食品发展中心制订并在国家工商局注册的质量认证商标。圆形的绿色食品标志非常醒目,是由上方的太阳、下方的叶片和中心的蓓蕾组成,象征着生命、农业、环保。AA 级绿色食品的标志和字体均为绿色,底色为白色;A 级绿色食品的标志和字体为白色,底色为绿色。除此之外,还须印有"经中国绿色食品发展中心许可使用绿色食品标志"字样和批准号,必须做到标志图形、"绿色食品"中英文和编号四位一体。经编号 LB-39-0101118541 为例:LB 即为"绿色标志",39 代表产品类别,01 代表中国,后面的 01 代表批准的年份为 2001 年,11 代表省份,854 代表该产品为当年批准的第 854 个产品,末尾数是 1 为 A 级绿色食品,若是 2 则为 AA 级绿色食品。

有机食品的标志为"中国有机产品",是由国家环境保护总局有机食品发展中心制订并注册的。标志主要由 3 部分组成,外围的圆形形似地球,象征和谐、安全,中间的种子图形代表生命萌发之际的勃勃生机,象征了有机产品是从种子开始的全过程认证。种子周围的环形线条象征环形道路,与种子图形合并构成汉字"中",体现出有机产品植根中国。

5.级别不同

无公害农产品和有机食品无级别之分。无公害农产品在生产过程中允许限数量、限品种、限时间地使用安全的人工合成化学物质。有机食品在生产过程中不允许使用任何人工合成的化学物质,并且禁止使用基因工程技术。而且在土地生产转型方面有严格规定。考虑到残留问题,需要两至三年转换期。在数量上进行严格控制,要求定地块、定产量。

绿色食品分 A 级和 AA 级两个等次。A 级绿色食品产地环境质量要求评价项目的综合污染指数不超过 1,在生产过程中允许限量、限品种、限时间地使用人工合成物质,经检验符合特定标准,并经专门机构认定,许可使用 A 级绿色食品标志的产品。A 级绿色食品标志许可使用期限为 3 年。AA 级绿色食品产地环境质量要求评价项目的单项污染指数不超过 1,生产过程中不得使用任何人工合成的化学物质,经检验符合特定标准,并经专门机构认定,许可使用 AA 级有绿色食品标志的产品。AA 级绿色食品标志许可使用期限为 1 年。

从食品质量安全的角度来看,绿色食品跨接在无公害食品和有机食品之间,无公害食品是绿色食品发展的初级阶段,有机食品是质量更高的绿色食品。

复习思考题)))

一、填空题

1.（　　　）代表着分析方法的重复性和重现性。

2.（　　　）常用相对标准偏差来表示。

3.（　　　）是指测定值与真实值的接近程度。

4. 在仪器分析中用（　　　）来衡量准确度。

5. 分析方法所能检测到的最低限量称为（　　　）。

6. 目前我国现行的食品分析标准是（　　　）。

7. 与食品分析相关的国际组织有（　　　）、（　　　）和（　　　）。

8. 国产化学试剂分为（　　　）、（　　　）和（　　　）三级。

9. 食品分析实验室常用的水有（　　　）、（　　　）、（　　　）和（　　　）。

10. 干法灰化法常使用（　　　）。

二、单项选择题

1. 移液管移取的溶液体积可准确到（　　　）。

　　A.1 mL　　　　　B.0.1 mL　　　　　C.0.01 mL　　　　　D.0.001 mL

2. 检验工作的第一步是（　　　）。

　　A. 配制试剂　　　B. 洗涤玻璃仪器　　C. 制备样品　　　　D. 编辑实验条件

3. 如果没有特别注明,食品分析使用的试剂应该是（　　　）。

　　A. 优级纯　　　　B. 分析纯　　　　　C. 色谱纯　　　　　D. 化学纯

4.（　　　）可以使样液体积浓缩。

　　A. 减压蒸馏装置　　　　　　　　B. 微波消解仪

　　C. 真空旋转蒸发仪　　　　　　　D. 马弗炉

5. 配制 500 mL 10 g/L 氢氧化钠溶液需要氢氧化钠（　　　）。

　　A.100 g　　　　　B.50 g　　　　　　C.10 g　　　　　　D.5 g

6. 仪器分析中衡量准确度的参数是（　　　）。

　　A. 相对标准偏差　　　　　　　　B. 加标回收率

　　C. 检测限　　　　　　　　　　　D. 保留值

7. 配制 1 L 正丁醇:氨水:无水乙醇(1 +3 +6)混合溶液需要氨水（　　　）。

　　A.100 mL　　　　B.300 mL　　　　　C.600 mL　　　　　D.1 000 mL

三、判断题

1. 容量量具可以用去污粉刷洗。　　　　　　　　　　　　　　　　　　　　（　　　）

2. 进行荧光分析的玻璃仪器不能用洗衣粉洗涤。　　　　　　　　　　　　　（　　）

3. 新购买的玻璃仪器非常干净,在使用前无需进行清洗,可直接使用。　　　（　　）

4. 在使用马弗炉时,需要经常照看,晚上人不在时,切勿使用。　　　　　　（　　）

5. 可用 500 mL 规格的量筒量取 70 mL 溶液。　　　　　　　　　　　　　（　　）

6. 磨口玻璃仪器在长期保存时,要在塞间垫一张纸片,以免日久粘住。　　（　　）

7. 仪器分析方法的检测限越低,说明该方法的灵敏度越高。　　　　　　　（　　）

8. 在采用对照物验证法衡量仪器分析方法是否有效时,选用的对照物可在普通试剂商店购买。　　　　　　　　　　　　　　　　　　　　　　　　　　　　　　（　　）

9. 分液漏斗是容器。　　　　　　　　　　　　　　　　　　　　　　　　（　　）

10. 吸量管是量出式量器,是一根细长而中间膨大的玻璃管。　　　　　　（　　）

四、简答题

1. 常用的玻璃仪器中哪些是量器?哪些是容器?各举出 5 种。

2. 为什么要进行样品预处理?食品样品预处理的目的是什么?

3. 常见的样品预处理方法有哪些?

4. 有机物破坏法主要用于食品中什么成分的测定?

5. 在食品分析检验中,如何提高分析结果的准确度与精确度?

6. 简述量筒操作过程中应注意哪些事项。

7. 请简述如何配制以下试剂:

①0.02 mol/L 乙酸铵溶液;

②200 g/L 柠檬酸溶液;

③0.02 mol/L 氨水溶液;

④5% 三正辛胺正丁醇溶液;

⑤饱和硫酸钠溶液;

⑥0.2% 硫酸钠溶液;

⑦无水乙醇-氨水-水溶液(7∶2∶1);

⑧10 g/L 盐酸羟胺溶液;

⑨75% 乙醇溶液。

五、计算题

有甲、乙、丙、丁 4 人分析同一样品中 Fe_2O_3 的含量(mg),其结果见下表。已知样品中 Fe_2O_3 的真实含量为 50,根据平均值与相对标准偏差判断 4 人分析结果的精确度和准确度(保留 3 位有效数字)。

	测定结果/mg			
甲	48.5	49.3	50.1	51.2
乙	48.2	47.5	46.7	45.1
丙	20.5	25.6	30.7	35.2
丁	31.0	42.5	49.6	60.3

六、查阅资料

现代仪器分析技术在食品分析检测领域的用途越来越广泛,发挥着越来越大的作用。下表中列出了在食品分析检测领域常用的 10 种仪器分析方法,请通过查阅资料,了解各种方法的用途,并完成下表。

仪器分析方法		应　用
光学分析法	紫外分光光度法	
	可见分光光度法	
	原子吸收分光光度法	
	原子荧光光度法	
电位分析法	直接电位法	
	电位滴定法	
色谱分析法	气相色谱法	
	高效液相色谱法	
	薄层色谱法	
	纸色谱法	

项目2
紫外-可见分光光度法

项目描述

◎阐述分光光度法的基本原理知识和紫外-可见分光光度计的结构及其工作原理。通过案例学习紫外-可见分光光度计的操作方法、技术要点及利用标准曲线法进行定量分析的方法。介绍维护和保养紫外-可见分光光度计的一般性工作。

学习目标

◎了解光的波粒二象性,明确物质对光的吸收具有选择性;掌握光谱吸收曲线和光吸收定律的意义。

◎能认知紫外-可见分光光度计的基本构造并能正确阐述其工作原理及操作技术要点。

◎熟练掌握标准曲线方法的原理及实验技术。

◎熟悉仪器的使用及日常维护与保养方法。

技能目标

◎能正确绘制光谱吸收曲线和标准曲线。

◎能熟练应用紫外-可见分光光度法进行分析检测及数据处理。

◎能够按照《仪器说明书》,完成仪器的验收、校正及日常维护与保养工作。

□ **案例导入：**

什么是紫外-可见分光光度法？

紫外-可见分光光度法是利用被测物质的分子对紫外-可见光的选择性吸收特性和吸收强度来对物质进行定性定量分析的一种仪器分析方法。1854 年，Duboscq 和 Nessler 等人将此法应用于分析化学领域，并且设计了第一台比色计。1918 年，美国国家标准局研制成功第一台紫外-可见分光光度计。自此，紫外-分光光度计经过不断的改进完善，出现了自动记录、自动打印、数字显示、微机控制等各种新技术，使光度法的灵敏度和准确度不断提高，其应用范围也不断扩大，广泛应用于化工、食品分析、医药、冶金、环境监测等领域的无机物、有机物的定性定量分析。

由于该法灵敏度高、选择性好、准确度高、仪器成本低以及操作简单，在食品分析检测领域应用尤其广泛，如食品中总糖的测定-蒽酮比色法、食品中维生素 C 含量的测定-2,4-二硝基苯肼比色法、马铃薯毒素的测定、食用油脂品质检测等。

任务 2.1   认识紫外-可见分光光度计

2.1.1   紫外-可见分光光度计的分类

1) 根据入射光波长范围划分

由于同种光源不能同时产生紫外光和可见光，根据分光光度计中不同类型的光源辐射的波长范围不同，商品化的分光光度计有可见分光光度计和紫外-可见分光光度计两种类型。可见分光光度计只需要安装一种光源，光源辐射的波长范围在 400 ~ 780 nm；紫外-可见分光光度计需要安装两种光源，光源辐射的波长范围在 200 ~ 780 nm。

2) 根据光路结构划分

根据单色器分光后不同的光路结构，可分为单波长单光束分光光度计、单波长双光束分光光度计和双波长分光光度计 3 种类型。

(1) 单波长单光束分光光度计

光源发出的光经单色器分光后得到一束平行光，轮流通过参比溶液和样品溶液来进行吸光度的测定。这类仪器结构简单、操作方便、维修容易，适用于常规分析。其光路结构如图 2.1 所示。

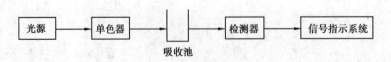

图 2.1   单波长单光束分光光度计

（2）单波长双光束分光光度计

光源发出的光经单色器分光后,经反射镜（M_1）分解为强度相等的两束光,一束通过参比池,另一束通过样品池,光度计能自动比较两束光的强度,最后测得的是透过样品溶液和参比溶液的光强度之差。这类仪器克服了单光束分光光度计由于光源不稳所引起的误差,并且可以对全波段进行扫描,记录光谱吸收曲线。目前使用的紫外-可见分光光度计最常用此类型。其光路结构如图 2.2 所示。

（3）双波长分光光度计

由同一光源发出的光被分成两束,分别经过两个单色器,得到两束不同波长（λ_1 和 λ_2）的单色光;利用切光器使两束光以一定的频率交替照射同一吸收池,最后测得的是两个波长处的吸光度差值 $\Delta A = (A\lambda_1 - A\lambda_2)$。对于多组分混合物、混浊试样（如生物组织液）的分析,以及存在背景干扰或共存组分吸收干扰的情况下,利用双波长分光光度法,往往能提高方法的灵敏度和选择性。其光路结构如图 2.3 所示。

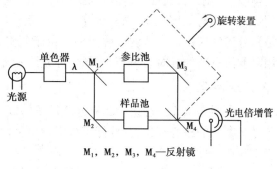

图 2.2 单波长双光束分光光度计

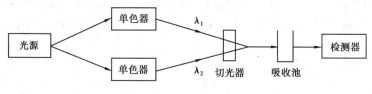

图 2.3 双波长分光光度计

2.1.2 紫外-可见分光光度计的结构及原理

尽管紫外-可见分光光度计的种类和型号繁多,但其结构基本都是由光源、单色器、吸收池、检测器和信号处理及显示系统 5 部分组成。下面以单波长单光束分光光度计为例进行介绍,其结构示意图如图 2.4 所示。

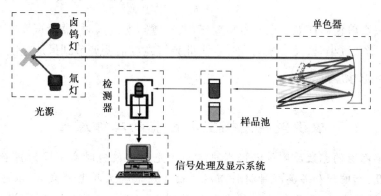

图 2.4 单波长单光束分光光度计结构示意图

1）光源

光源的作用是在整个紫外光区或可见光区能够发射足够强度、稳定性好的连续光谱。分光光度计中常用的光源有热辐射光源和气体放电光源两种类型。热辐射光源，如钨丝灯和卤钨灯，可以辐射波长范围在 320~2 500 nm 的连续光谱，主要用于可见光区；气体放电光源，如氢灯、氘灯和汞灯，可以辐射波长范围在 160~375 nm 的连续紫外光谱，由于受石英窗吸收的限制，通常辐射波长的有效范围一般为 200~375 nm，主要用于紫外光区。氘灯的灯管内充有氢同位素氘，其光谱分布与氢灯类似，但光强度比同功率的氢灯大 3~5 倍，是紫外光区应用最广泛的一种光源。由于氘灯寿命有限，国产氘灯寿命仅 500 h 左右，使用时要注意节约灯时。另外，为了保证光源发出的光稳定性好，需要给光源配一个稳压器。

2）单色器

单色器是从光源辐射的具有连续波长的复合光中分离出所需单色光的光学装置，它是分光光度计的核心部位，其性能直接影响单色性，而单色性的好坏直接影响测定灵敏度、准确度和选择性。

单色器主要由入射狭缝、准直镜、色散元件、聚焦镜和出射狭缝 5 部分组成。入射狭缝限制杂散光进入单色器，准直镜将入射光束变为平行光束后进入色散元件，色散元件将平行复合光分解成单色光，并由聚焦镜将平行单色光聚焦于出射狭缝，调节出射狭缝的角度和宽度就能准确分离出一束平行单色光进入样品池。单色器的核心部分是色散元件，起分光作用。根据色散元件分光原理不同，可分为光栅型和棱镜型两种，工作原理如图 2.5 所示。

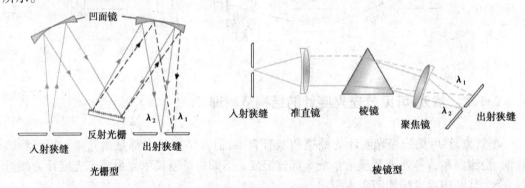

图 2.5　单色器工作原理

狭缝在决定单色器性能上也起着重要作用，狭缝宽度过大时，谱带宽度太大，入射光单色性差；狭缝宽度过小时，又会减弱光强。因此狭缝宽度需要调节到最适宽度。

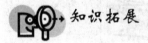

棱镜型和光栅型单色器的工作原理

棱镜型单色器的色散原理是依据不同波长的光通过棱镜时有不同的折射率而将不同波长的光分开，有玻璃和石英两种材料组成。由于玻璃会吸收紫外光，所以玻璃棱镜只适用于 350~3 200 nm 的可见和近红外光区波长范围。石英棱镜适用的波长范围较宽，为

$185 \sim 4\ 000\ nm$,可用于紫外、可见、红外3个光学光谱区域,但主要用于紫外光区。

光栅是利用光的衍射与干涉作用制成的,它可用于紫外、可见及红外光区,而且在整个波谱区具有良好的、均匀一致的分辨能力,所以在现代仪器中较常使用。来自光源的混合光束经凹面镜反射至光栅,经光栅分光后形成依角度大小分布的连续单色光,通过旋转光栅角度使特定波长的单色光经另一凹面镜聚集到出射狭缝。

3)样品池

样品池包括池架、比色皿(或吸收池)、挡板及各种附件。池架有普通池架和恒温池架,通常使用普通池架。比色皿一般为长方体,其底及两面为毛玻璃、另两面为透明材料制成,用于盛放待测溶液,是光与物质发生作用的场所。

根据其材质不同,可以分为玻璃比色皿和石英比色皿两种。由于普通光学玻璃吸收紫外线,所以玻璃比色皿只能用于可见分光光度计,而石英比色皿既可用于在紫外分光光度计,也可用于可见分光光度计。石英比色皿通常还配有玻璃或塑料盖,用来防止样品挥发和氧化。根据其光程长度不同,一般有 1×0.5 cm、1×1 cm、1×2 cm、1×3 cm、1×5 cm 5 种规格,最常使用的是 1×1 cm 的比色皿(容积 3 mL),实物如图 2.6 所示。

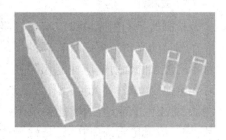

图 2.6　不同规格比色皿

在高精度分析测定中,尤其是在紫外光区,吸收池需要进行挑选进行匹配,使分析中所用吸收池的性能基本一致。因为吸收池材料本身及光学面的光学特性以及吸收池光程长度的精确性等对吸光度的测量结果都有直接影响。

操作比色皿的注意事项

由于比色皿的操作对整个实验结果的准确度有很大影响,因此在使用中有严格的要求:

①彻底清洗。每次使用完毕的比色皿,一般先用自来水冲洗,再用蒸馏水冲洗 3 次,倒置于干净的滤纸上晾干,然后存放于比色皿盒中。若比色皿太脏,可根据被污染物选择合适的洗液浸泡洗涤,但时间不能太长(10 min 左右),再用清水清洗干净。切记:不可使用碱性洗液,也不能用硬布、毛刷刷洗。

②反复润洗。测量时需用待测溶液反复润洗比色皿 $2 \sim 3$ 次,注入溶液的高度为比色皿的 2/3 处即可,光学面如有残液,可先用滤纸轻轻附后再用镜头纸或丝绸擦拭。

③注意方向。比色皿有一组透明的光学面和一组磨砂面,在使用时一定要将光学面垂直置于光路中,保证入射光正常通过,而磨砂面会反射和散射入射光使入射光强度变小。

④尽量匹配。在分析测定中,尽量使用同机配套的比色皿,以减少比色皿材质、光程长度及光学面的光学特性对测量精度的影响。

如何延长比色皿的使用寿命呢?

倾倒比色皿中溶液时,如果不注意方法,很容易沾污光学面,经常擦拭会在光学面上留下划痕,而划痕会影响测定值的准确度,就只能更换新的比色皿。正确的做法是:两手捏住比色皿的磨砂面,沿比色皿的一角将溶液倒入废液缸。此时不要着急将比色皿离开,顺势将此角靠到废液缸壁上,让比色皿中的溶液全部沿这个角流出。这样,比色皿的光学面上就不会粘有液体,也就无需用滤纸或脱脂棉擦拭,比色皿的使用寿命自然就会增长了!

4)检测器

检测器是利用光电效应将透过吸收池的光信号转变成可测的电信号的装置。检测器应在测量的光谱范围内具有高的灵敏度;对辐射能量的响应快、线性关系好、线性范围宽;对不同波长的辐射响应性能相同且可靠;有好的稳定性和低的噪音水平等。常用的检测器有光电池、光电管和光电倍增管。现代的紫外-可见分光光度计广泛使用光电倍增管作检测器,它不但响应速度快,能检测 $10^{-8} \sim 10^{-9}$ s 的脉冲光,而且在紫外和可见光区的灵敏度高,比一般光电管高 200 倍,是检测微弱光最常见的光电元件。但强光照射会引起光电倍增管不可逆损害,因此需避光,不能做高能量检测。

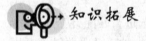 知识拓展

光电二极管的工作原理

光电倍增管结构如图 2.7 所示。外壳由玻璃或石英制成,阴极表面涂上光敏物质,在阴极 C 和阳极 A 之间装有一系列次级电子发射极,即电子倍增极 D_1、D_2、…。阴极 C 和阳极 A 之间加直流高压(约 1 000 V)。当辐射光子撞击阴极时发射光电子,该电子被电场加速并撞击第一倍增极 D_1,撞出更多的二次电子,依此不断进行,像"核裂变"一样,最后阳极收集到的电子数将是阴极发射电子的 $10^5 \sim 10^6$ 倍。与光电管不同,光电倍增管的输出电流随外加电压的增加而增加,且极为

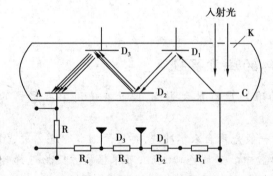

图 2.7 光电倍增管的工作原理

K—窗口;C—光阴极;D_1、D_2、D_3—次电子发射极;

A—阳极;R_1、R_2、R_3、R_4—电阻

敏感,这是因为每个倍增极获得的增益取决于加速电压。因此,光电倍增管的外加电压必须严格控制。光电倍增管的暗电流愈小,质量愈好。光电倍增管灵敏度高,是检测微弱光最常见的光电元件,可以用较窄的单色器狭缝,从而对光谱的精细结构有较好的分辨能力。

5)信号处理及显示系统

该系统的作用是将检测器的电信号经适当放大后,用记录仪器以适当方式指示或记录下来。现在大部分紫外-可见分光光度计都配有计算机,利用相关软件对仪器进行操作控制,可以很方便地进行信号处理、输出、显示、打印。简易的仪器不需要和计算机联机也可以工作,采用液晶显示吸光度值或打印光谱吸收曲线。

□ **案例导入:**

颜色是如何产生的?

为什么在白天可以看到红花绿草、蓝天白云、青山碧水,而晚上,整个世界都笼罩在黑暗之中?为什么没有了光就没有了五彩斑斓的世界?

光带给我们希望,带给我们活力,带给我们无穷的能量,还帮助我们认识奇妙的未知世界。

任务2.2 学习分光光度法原理

2.2.1 光的波粒二象性

1)光的波动性

19世纪初,人们在实验中观察到了光的干涉和衍射现象,这说明光也具有波动性。光是一种电磁波,可以用波长 λ、频率 ν、速度 c、波数 σ、周期 T 等参数来描述其特性,它们之间的关系可用式(2.1)来表示。与其他波,如声波不同,电磁波不需要传播介质,可在真空中传输。

$$\nu = \frac{1}{T} = \frac{c}{\lambda}$$
$$\sigma = \frac{1}{\lambda} = \frac{\nu}{c} \tag{2.1}$$

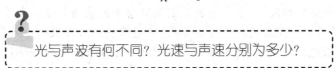

光与声波有何不同?光速与声速分别为多少?

案例分析

钠原子发射出波长为 589 nm 的黄光,其频率是多少?

解析:

$$1 \text{ nm} = 10^{-9}\text{m} = 10^{-7}\text{cm}$$
$$\lambda = 589 \text{ nm} = 5.89 \times 10^{-5}\text{cm}$$

$$\nu = \frac{c}{\lambda} = \frac{3.00 \times 10^{10}\,cm \cdot s^{-1}}{5.89 \times 10^{-5}\,cm} = 5.09 \times 10^{14}\,Hz$$

2)光的粒子性

光电效应明显说明光具有粒子性,光是由光子(或称为光量子)组成,光子具有能量,其能量与光的频率或波长有关,它们之间的关系如

$$E = h\nu = h\frac{c}{\lambda} \qquad (2.2)$$

式中　E——光子的能量,J;

　　　h——普朗克常数,6.626×10^{-34} J·s;

　　　λ——波长;

　　　ν——频率。

式(2.2)反映了电磁辐射的双重性,等式左边表示为粒子的性质,等式右边表示为波动的性质。该式表明,光子能量 E 与它的频率 ν 成正比,或与波长 λ 成反比,而与光的强度无关。该式统一了属于粒子概念的光子的能量 E 与属于波动概念的光的频率 ν(或波长 λ)两者之间的关系。光子的能量还可用焦耳(J)或电子伏特(eV)来表示,电子伏特与焦耳之间的关系为 $1\ eV = 1.602 \times 10^{-19}$ J。

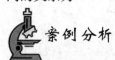
案例分析

波长为 200 nm 的紫外光,光子能量为多少焦耳?

解析:

$$200\ nm = 2 \times 10^{-7}\,m$$

$$E = h\frac{c}{\lambda} = 6.626 \times 10^{-34}\,J \cdot s \times \frac{3.00 \times 10^8\,m \cdot s^{-1}}{2 \times 10^{-7}\,m} = 9.95 \times 10^{-19}\,J$$

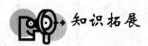
知识拓展

光的波粒二象性

光的一些现象告诉我们,从宏观现象中总结出来的经典理论,对微观粒子不再适用。光波不再是宏观概念中的波,光子也不再是宏观概念中的实物粒子。光子少量时呈现一个一个的粒子,大量时光子呈现的则为波形分布,就好像一个队伍里的个人与队形的关系;光在传播过程显示出光的波动性,光与物质相互作用时,显示出光的粒子性。光的波动性和粒子性不仅仅是对立的,也是统一的,即光具有波粒二象性。不但光子具有波粒二象性,一切微观粒子都具有波粒二象性,微观粒子的规律不能再用经典物理理论解释,而是应用继普朗克量子理论之后建立的量子力学去解释。

3)电磁波谱

将电磁辐射按顺序排列,得到的即称为电磁波谱。按频率从小到大的顺序可分为 γ 射线、X 射线、紫外光、可见光、红外光、微波和无线电波等波谱区域,其中紫外光、可见光、红外光 3 个波谱区域合称为光学波谱区。表2.1 描述了电磁波谱区域的划分情况。

表2.1　光学波谱区域与光学分析方法

波谱名称	波长范围	辐射源	对应的跃迁能级	分析方法
γ射线	$5 \times 10^{-3} \sim 0.14$ nm	钴^{60}、铯^{137}	核能级	γ射线光谱法
X射线	$10^{-3} \sim 10$ nm	X射线管	原子的内层电子能级	X射线光谱法
远紫外光	$10 \sim 200$ nm	氢灯、氘灯、氚灯	价电子能级	由于远紫外光被空气所吸收,故又称为真空紫外区,在光学分析法中应用不多
近紫外光	$200 \sim 400$ nm			紫外-可见分光光度法、原子吸收光谱分析法、原子荧光光谱法
可见光	$400 \sim 780$ nm	钨灯、卤钨灯		
近红外光	$0.78 \sim 2.5$ μm	碳化硅热棒	分子振动能级	红外分光光度法
中红外光	$2.5 \sim 50$ μm			
远红外光	$50 \sim 1\,000$ μm			
微波	$0.1 \sim 100$ cm	磁控管	分子转动能级	微波光谱法
无线电波	>1 m	普遍存在	核自旋能级	核磁共振波谱法

 知识链接

光学分析法的分类

光学分析法涉及了以上所有波谱区域,其方法通常可分为非光谱分析方法和光谱分析方法两大类。

非光谱分析方法主要利用电磁辐射与物质相互作用而引起电磁辐射在方向上或物理性质上发生改变,不涉及能级的跃迁,如折射、反射、色散、散射、干涉及偏振等现象,依此变化来进行分析的一种方法。如比浊法、折射法、偏振法、旋光色散法及X射线衍射法等。

光谱分析方法是利用电磁辐射的波长及强度来对待测组分进行定性定量分析的一种方法。根据电磁辐射的波长范围可分为分子光谱法和原子光谱法;根据辐射能量传递的方式不同可分为发射光谱法和吸收光谱法(见图2.8)。

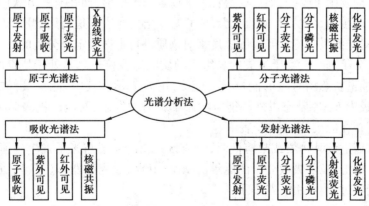

图2.8　光谱分析方法的分类

在食品分析检测中,应用广泛的有紫外可见分光光度法、原子吸收光谱分析法、原子荧光光谱法,故本书将对这 3 种光谱分析法进行重点讲述。

4)四种特殊光

(1)复合光

由不同波长的光组合而成的光称为复合光。太阳、白炽灯和氢灯等发出的光都是复合光。

(2)单色光

具有同一波长(或频率)的光称为单色光。单色光很难直接从光源获得,必须通过适当的手段从复合光中获得。比如说单色器。

(3)可见光

凡是能被肉眼感受到的光称为可见光。超出可见光波长范围的光,人的眼睛感觉不到。在可见光范围内,不同波长的光会让人感觉出不同的颜色。如,一束白光通过棱镜后,各种波长的光被彼此分开得到红、橙、黄、绿、青、蓝、紫等各种颜色。相反的,红、橙、黄、绿、青、蓝、紫等 7 色光按一定强度比例混合后可以形成白光。

(4)互补色光

互补色光指的是一对光,如果把适当颜色的两种光按一定强度比例混合也可得到白光,就把这两种颜色的光称为互补色光。通过表 2.2 可以了解各种颜色对应的互补色。

表 2.2   不同颜色可见光的波长及其互补色

波长/nm	400 ~ 450	450 ~ 480	480 ~ 490	490 ~ 500	500 ~ 560	560 ~ 580	580 ~ 610	610 ~ 650	650 ~ 780
颜色	紫	蓝	绿蓝	蓝绿	绿	黄绿	黄	橙	红
互补色	黄绿	黄	橙	红	红紫	紫	蓝	绿蓝	蓝绿

2.2.2　物质对光的选择性吸收

光与物质相互作用的方式很多,在有些方式中,光与物质之间没有发生能量的传递,只是光的传播方向发生了改变,如反射、折射、散射、干涉、衍射;而在有些方式中,光与物质之间发生了能量的传递,如发射、吸收。紫外-可见分光光度法就是利用物质与光发生吸收作用,根据物质对光的吸收特征和吸收强度来对物质进行定性和定量分析的。

物质是由分子、原子、离子组成的。组成物质的这些粒子总是处于特定的不连续的能量状态,与各能量状态相对应的能量成为能级,用 E 表示。其中,能量最低的状态称为基态,对应的能极为 E_0;除基态以外的能级状态都称为激发态,对应的能级为 E_j。不同能量状态的粒子间存在能级差,用 ΔE 表示。

当一束光照射到某物质或某溶液时,组成该物质的粒子与光子发生碰撞,使得光子的能量传递到粒子上,粒子吸收光子的能量由基态(M)跃迁到激发态(M^*)。这个过程就是物质对光的吸收过程,可用下式表示:

$$M(基态) + E_{光子} \rightarrow M^*(激发态)$$

由于粒子的能量状态是不连续的,只有当光子的能量正好与物质粒子的激发态与基态

的能级差相等时物质才能吸收该光子,即

$$E_{光子} = \Delta E$$

$$E_{光子} = h\nu = \frac{hc}{\lambda}$$

$$\Delta E = E_j - E_0$$

$$\nu = \frac{\Delta E}{h}$$

$$\lambda = \frac{hc}{\Delta E} \tag{2.3}$$

由于不同物质粒子的结构不同,粒子的能级分布不同,能级差也不相同,所吸收的光子的波长(或频率)就不同,因此我们说,物质对光的吸收具有选择性。

 案例分析

某分子中两个电子能级之间的能级差为 1 eV,若要电子在两个能级之间发生跃迁,需要吸收光的波长为多少纳米?

解析:

$$\Delta E = 1 \text{ eV} = 1.602 \times 10^{-19} \text{ J}$$

$$\lambda = \frac{hc}{\Delta E} = 1\,241 \text{ nm}$$

2.2.3　物质颜色的产生

在日常生活中,看到各种溶液呈现不同的颜色,正是反映了物质对可见光有选择性的吸收。当一束白光照射到液体物质时,如果溶液对各种颜色的光透过的程度相同,则溶液无色透明;如果溶液中的粒子选择性吸收白光中某种特定波长的光而呈现的是它所吸收的特定波长光的互补色。例如,硫酸铜溶液因为吸收了白光中的黄色(波长为 580 ~ 610 nm)而呈现蓝色;高锰酸钾溶液因为吸收了白光中的绿色(波长为 500 ~ 560 nm)而呈现紫色。物质呈现的颜色与吸收光的对应关系可通过图 2.9 简单描述。

图 2.9　互补色光示意图

当一束白光照射到固体物质时,固体物质对不同波长光的吸收、透过、反射、折射程度不同,从而使物质产生不同的颜色。如果固体物质对各种波长的光都完全吸收,则呈黑色;如果固体物质对各种波长的光都完全反射,则呈白色;如果固体物质选择性吸收了某些波长的光,则呈现的颜色与其反射或透过的光的颜色有关。

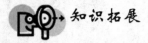

紫外-可见吸收光谱的产生

构成物质的分子一直处于运动状态,并且以3种形式进行运动:即电子的运动、原子核之间的相互振动和分子作为整体围绕其重心的转动。分子的总能量可以认为是这3种运动动能量总和,即:$E_{分子} = E_{电子} + E_{振动} + E_{转动}$。这3种运动状态都对应有一定的能级,即电子能级、振动能级和转动能级。一般情况下,在每一个电子能级上有许多间距较小的振动能级,在每一个振动能级上又有许多间距更小的转动能级。如果用 $\Delta E_{电子}$,$\Delta E_{振动}$ 以及 $\Delta E_{转动}$ 表示各能级差,则:$\Delta E_{电子} > \Delta E_{振动} > \Delta E_{转动}$。由于这个原因,处在同一电子能级的分子,可能因振动能量不同而处于不同的能级上。同理,处于同一电子能级和同一振动能级上的分子,由于转动能量不同而处于不同的能级上。

当用波长连续的复合光照射某一物质时,组成物质的分子就要选择性地吸收某些波长(频率)的光而由低能级状态跃迁到较高能级状态上,所吸收的光子的能量正好等于两能级的能量差,所吸收的波长为:$\lambda = hc/\Delta E$。由于分子中存在着各种能级,分子就选择性地吸收了某些波长的光,使得这些波长光的强度降低,因此当透射出来的光通过棱镜时便可得到一组不连续的光谱,这就是分子吸收光谱。

分子吸收光谱有很多类型,包括远红外光谱、红外光谱、紫外-可见吸收光谱。不同类型吸收光谱的产生是与分子发生何种能级跃迁有关。当分子发生转动能级或振动能级的跃迁时需吸收红外光谱区的光,产生的光谱称为红外光谱。当分子发生电子能级的跃迁时所需要的能量最大,主要吸收近紫外光区到可见光区的光,即波长在 $200 \sim 780$ nm 之间的光,形成的光谱称为紫外-可见吸收光谱。分子发生电子能级的跃迁形成了紫外-可见吸收光谱。

2.2.4 光吸收定律

紫外-可见分光光度法用于定量分析的原理是,用选定波长的光照射含有待测组分的溶液,通过测量它的吸光度值计算出待测组分的含量,计算的理论依据是光的吸收定律,该定律是由朗伯和比尔两个定律相连而成,因此又称作朗伯-比尔吸收定律,即光的吸收定律。

1)基本概念

(1)光强度

光强度是指单位时间(1 s)内照射在单位面积(1 cm^2)上的光的能量,用 I 表示。光被物质吸收的程度可以用光通过该物质前后的光强度的变化来反映。

(2)透射率

当一束光强度为 I_0 的平行单色光通过一均匀、非散射和非反射的、含有吸光物质的溶液时,由于吸光物质与光子作用,一部分光子被吸收,另一部分光子透过溶液。透过溶液后单色光的强度减弱为 I_t,如图 2.10 所示。将 I_t 与 I_0 之比定义为透射率,用 T 表示,则

$$T = \frac{I_t}{I_0} \times 100\% \qquad (2.4)$$

式中　I_t——透射光强度；

　　　I_0——入射光强度。

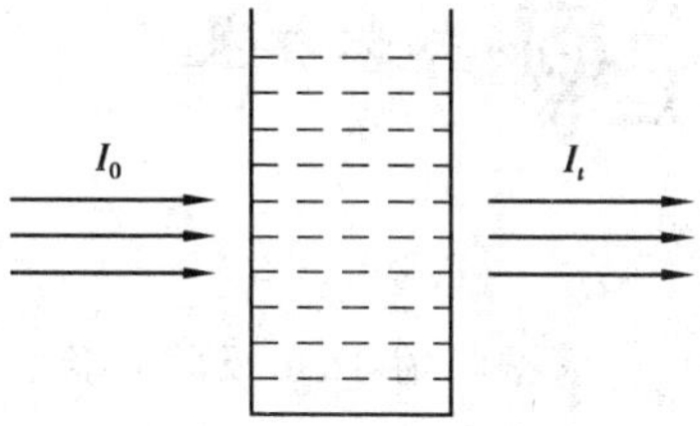

物质吸收光的能力越强，I_t 就越小，则 T 值越小；反之，物质吸收光的能力越弱，I_t 就越大，则 T 值越大。当入射光全部被物质吸收时，$I_t = 0$，则 $T = 0\%$；当入射光不被物质吸收时，$I_t = I_0$，则 $T = 100\%$。T 越大，表示物质对光的吸收越少；T 越小，表示物质对光的吸收越多。$T = 0.00\%$ 表示光全部被吸收；$T = 100.0\%$ 表示光全部透过。

图 2.10　溶液吸收光的过程

（3）吸光度

吸光度表示光束通过溶液时，吸光物质对光的吸收程度，通常用 A 表示。吸光度 A 与光强度 I、透射率 T 之间的关系为：

$$A = -\lg T = -\lg \frac{I_t}{I_0} \qquad (2.5)$$

吸光度 A 的大小与透射率 T 的大小成反比关系，即 A 越小，物质对光的吸收越少；A 越大，物质对光的吸收越大。当 $A = 0$ 时，表示光全部透过；当 $A \to \infty$ 时，表示光全部被吸收。

2）朗伯-比尔吸收定律

1760 年，朗伯在研究了吸光度与液层厚度之间的关系后指出，当一束平行单色光照射到浓度一定、含有吸光物质的溶液时，其吸光度 A 与光通过的液层厚度 b 成正比，即朗伯定律：

$$A = k_1 b \, (k_1 \text{ 为比例常数}) \qquad (2.6)$$

1852 年，比尔在研究了吸光度与溶液浓度之间的关系后指出，当一束平行单色光通过液层厚度 b 一定的含吸光物质的溶液时，其吸光度 A 与溶液浓度 c 成正比，即比尔定律：

$$A = k_2 c \, (k_2 \text{ 为比例常数}) \qquad (2.7)$$

如果溶液浓度 c 和液层厚度 b 都不是固定的，就必须同时考虑 c 和 b 对吸光度 A 的影响。为此，可以将两个定律合并起来，就得到了朗伯-比尔吸收定律：

$$A = Kbc \qquad (2.8)$$

光吸收定律表明：当一束平行单色光垂直通过均匀的、含有吸光物质的溶液时，溶液的吸光度与吸光物质浓度和液层厚度的乘积成正比。这是紫外-可见分光光度法定量分析的依据。式中，K 为比例常数，是与吸光物质性质、入射光波长及溶液温度有关的常数，是吸光物质的重要特征值。

3）应用朗伯-比尔吸收定律时必须符合的条件

①入射光必须为单色光。

②被测试液必须是均匀的、非散射和非反射的介质。

③在光与被测物质的吸收过程中，吸光物质之间、吸光物质与其他物质之间均不能发生相互作用。

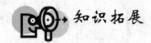 知识拓展

光吸收定律的偏离现象

根据朗伯-比尔吸收定律,当入射光的波长、强度及液层厚度一定时,溶液的吸光度与溶液浓度成正比。以吸光度为纵坐标,溶液浓度为横坐标作图,应该得到一条通过原点的直线,即两者之间呈线性关系。但在实际工作中,特别是在溶液浓度较高时,常会偏离线性而发生弯曲,如图 2.11 所示。这种现象称为光吸收定律的偏离现象。若在弯曲部分进行定量分析时,则会产生较大的测定误差。产生偏离的因素主要有:

(1)朗伯-比尔吸收定律自身的局限性

朗伯-比尔吸收定律的基本假设是吸收粒子是独立的,彼此之间无相互作用,通常稀溶液能很好地服从该定律。在高浓度(通常 $c > 0.01$ mol/L)时,由于吸光物质粒子(分子或离子)间的平均距离缩小,使每个粒子都可影响其相邻粒子的电荷分布,这种相互作用可使其吸光能力发生变化。因此,一般认为该定律仅适用于稀溶液。

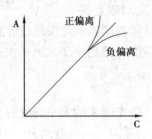

图 2.11 光吸收定律的偏离现象

(2)非单色光引起的偏离

严格地讲,光吸收定律只适用于单色光,而单色光仅是一种理想情况。实际工作中,即使质量很好的分光光度计光源所辐射的入射光也并非纯的单色光,而是具有一定波长范围的光谱带。在这种情况下,吸光度与浓度并不完全呈直线关系,因而引起朗伯-比尔吸收定律的偏离。

(3)待测溶液不均匀性引起的偏离

当待测溶液是胶体溶液、乳浊液或悬浮物质时,入射光通过溶液后,除了一部分被溶液吸收外,还有一部分因散射现象而损失,导致偏离。

(4)待测溶液发生化学反应引起的偏离

待测溶液中的各种组分,因条件的变化发生缔合、解离,形成络合物以及与溶剂的相互作用,从而改变了吸光物质的浓度,都将导致偏离朗伯-比尔吸收定律。

2.2.5 物质的光谱吸收曲线

用不同波长的单色光按波长大小顺序依次照射某种有色溶液,分别测定该溶液中某物质对各种波长光的吸收程度。以波长为横坐标,以吸光度为纵坐标作图,得到吸光度随波长变化的曲线,此曲线即为该物质的光谱吸收曲线。光谱吸收曲线描述了物质对不同波长光的吸收情况。图 2.12 是不同浓度 $KMnO_4$ 溶液的吸收曲线。从图中可以看出,$KMnO_4$ 溶液对不同波长光的吸收程度不同,其中在 525 nm,545 nm 处的光吸收程度大,形成吸收峰。在同一波长处溶液吸光度随 $KMnO_4$ 浓度增加而增大。

通过对大量不同物质的光谱吸收曲线研究后,得出以下三个结论:

(1)同一种物质对不同波长光的吸光度不同。吸光度最大处对应的波长称为最大吸收

波长,用 λ_{max} 表示。

（2）同一物质不同浓度的溶液,光谱吸收曲线的形状相似,λ_{max} 不变,并且在同一波长处的吸光度随溶液的浓度增加而增大,这个特性可作为物质定量分析的依据。在实际测量时,只有在 λ_{max} 出测定吸光度,其灵敏度才最高,因此,光谱吸收曲线是分光光度法中选择测量波长的依据。

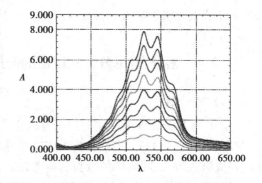

图 2.12 不同浓度 $KMnO_4$ 溶液的光谱吸收曲线

（3）不同物质光谱吸收曲线的特性不同。光谱吸收曲线的特性包括曲线的形状、峰的数目、峰的位置、λ_{max} 和峰的强度等,它们与物质本身有关。因此,吸收曲线可作为定性分析的依据。

典型工作任务

绘制铁-邻二氮菲溶液的光谱吸收曲线

一、实验原理

相同浓度的铁离子溶液对 420 ~ 580 nm 波长的可见光具有不同的吸光度。不同浓度的铁离子溶液的最大吸收波长相同,光谱吸收曲线特性相同。

二、仪器与试剂

1. 仪器

VIS-7220N 可见分光光度计。

2. 试剂

浓度分别为 0.00,2.00,4.00 μg/mL 的铁-邻二氮菲溶液各 50.0 mL。

三、操作步骤

用 1 × 2 cm 玻璃比色皿,以 0.00 μg/mL 的铁-邻二氮菲溶液为参比溶液,用分光光度计在 440 ~ 550 nm 波长区间测定溶液的吸光度,并将结果记录于下表(注意:每调节一次波长,需要用参比溶液调透射率 100%)。

	波长 λ/nm	440	445	450	455	460	465	470	475	480	485	490	495
A	2.00 μg/mL												
	4.00 μg/mL												
	波长 λ/nm	500	505	510	515	520	525	530	535	540	545	550	
A	2.00 μg/mL												
	4.00 μg/mL												

四、数据处理

以波长为横坐标,吸光度为纵坐标,在坐标纸上绘制铁-邻二氮菲溶液的光谱吸收曲

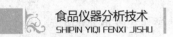

线,并求出最大吸收峰处的波长λ_{max}。

2.2.6 紫外-可见分光光度法的应用

1)定性分析

紫外-可见分光光度法主要用于有机化合物的分析和鉴定、同分异构体的鉴别、物质结构推断和纯度检验等。定性分析的方法常采用比较吸收光谱曲线法。光谱吸收曲线的形状、最大吸收波长、吸收峰的数目和位置是定性分析的光谱依据。在定性分析具体操作时,为消除溶剂的影响,应将待测物质与标准物质以相同浓度配制在相同溶剂中,在相同实验条件下分别扫描吸收光谱。通过对比待测物质和标准物质的紫外-可见吸收光谱图是否相同,包括对比吸收光谱吸收曲线的形状、最大吸收波长、峰的个数及位置等,来鉴定两者是否为同一物质。但是,紫外-可见吸收光谱简单,光谱信息少,特征性不强,并且有不少简单的官能团在紫外光区和可见光区没有吸收或吸收很弱,仅凭借一个紫外-可见吸收光谱来对未知物质进行定性分析是不可靠的。但是该法比较适用于不饱和有机化合物,尤其是共轭体系的鉴定,并以此推断出未知物的化学结构。另外,在结合红外光谱法、核磁共振波谱法和质谱法等常用的定性分析仪器进行未知物质的定性鉴定和结构分析中,紫外-可见分光光度法不失为一种有用的辅助方法。

2)定量分析

紫外-可见分光光度法是应用最广泛、最有效的定量分析方法之一。紫外-可见分光光度法进行定量分析的依据是朗伯-比尔吸收定律,通过测定待测溶液对一定波长入射光的吸光度,而得出待测物质的浓度和含量。根据待测溶液中待测组分的多少可分为单组分定量分析和多组分定量分析。单组分定量分析比较简单,在一个试样中只要测定一种组分。一般有标准对照法和标准曲线法两种。

（1）标准对照法

标准对照法是指在相同实验条件下,平行测定未知浓度c_x的待测溶液和已知浓度c_s的标准溶液的吸光度A_x和A_s,根据朗伯-比尔吸收定律$A = Kbc$推导出$c_s/c_x = A_s/A_x$,从而求得待测溶液浓度c_x的值。该方法快速、简捷,但误差较大,且不能用于批量分析。

（2）标准曲线法

标准曲线法是实际分析工作中最常用的一种方法。配制一系列含有不同浓度被测组分的标准溶液(一般要求至少4个以上浓度,又作标准系列溶液),以不含被测组分的空白溶液为参比,在选定的波长下,依次测定标准系列溶液的吸光度。以标准系列溶液浓度为横坐标,吸光度为纵坐标,绘制吸光度A-浓度c曲线,称为标准曲线(也叫做工作曲线或校正曲线)。在相同条件下测定待测试液的吸光度,在标准曲线上查得与之对应的被测组分的浓度。该法准确度高,适用于批量检测,在企业中最常使用。

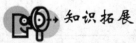 知识拓展

多组分的定量分析

多组分的定量分析是指在同一试样中可以同时测定两个或两个以上的组分。假设要

测定试样中的两个组分 A 和 B,如果分别绘制 A 和 B 两种纯物质的光谱吸收曲线,根据吸光度具有加和性的特点,可能会出现 3 种情况,如图 2.13 所示。

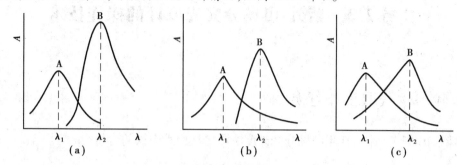

图 2.13 两种组分的吸收光谱图

情况(a)表明 A 和 B 两组分互不干扰,可以用测定单组分的方法分别在 λ_1、λ_2 测定 A、B 两组分的吸光度。

情况(b)表明 A 组分对 B 组分的测定有干扰,而 B 组分对 A 组分的测定无干扰,则可以在 λ_1 处单独测量 A 组分,求得 A 组分的浓度 C_A。然后在 λ_2 处测量溶液的吸光度 $A_{\lambda_2}^{A+B}$ 及 A、B 纯物质的 $k_{\lambda_2}^A$ 和 $k_{\lambda_2}^B$ 值,根据吸光度的加和性,可得

$$A_{\lambda_2}^{A+B} = A_{\lambda_2}^{A} + A_{\lambda_2}^{B} = k_{\lambda_2}^{A}bc_A + k_{\lambda_2}^{B}bc_B$$

则可计算出 C_B。

情况(c)表明两组分彼此互相干扰,在 λ_1、λ_2 处分别测定溶液的吸光度 $A_{\lambda_1}^{A+B}$ 及 $A_{\lambda_2}^{A+B}$,而且同时测定 A,B 纯物质的 $k_{\lambda_1}^A$,$k_{\lambda_2}^A$ 和 $k_{\lambda_1}^B$,$k_{\lambda_2}^B$。然后解方程组

$$A_{\lambda_1}^{A+B} = k_{\lambda_1}^{A}bc_A + k_{\lambda_1}^{B}bc_B$$
$$A_{\lambda_2}^{A+B} = k_{\lambda_2}^{A}bc_A + k_{\lambda_2}^{B}bc_B$$

则可计算出 C_A 和 C_B。

由以上 3 种情况可以推知,如果有 n 个组分的光谱互相干扰,就必须在 n 个波长处分别测定吸光度的加和值,然后解 n 元一次方程方可求出各组分的浓度。虽然多组分定量分析可以同时测定同一试样中两个或两个以上组分,但数据处理烦琐,组分越多结果的准确性越差,因此应用较少。

□ **案例导入**:

2007 年,北京某小区众多业主出现食欲不振、呕吐、发热、出汗、全身疼痛和倦怠等症状,怀疑水质有问题。经疾控中心对该小区抽取的水样检测表明,水中铁含量达到 0.34 mg/L,超过我国城市饮用水中铁含量的标准 ≤0.3 mg/L,证实铁元素超标。疾控中心决定停止对小区原水质检测合格证书的年检工作,并要求物业限期整改,降低铁含量,否则将考虑对其进行经济处罚。我们都知道,饮用水中含有适当范围的金属元素对人体健康是有益的,但是长期饮用金属元素含量超标的水会对身体造成危害。

任务2.3　紫外-可见分光光度计的操作技术

步骤一　获取工作任务

典型工作任务:邻二氮菲可见分光光度法测定饮用水中铁的含量。

实验方法

一、实验原理

在 pH 为 2~9 的溶液中,二价亚铁离子 Fe^{2+} 能与邻二氮菲生成稳定的橙红色配合物,在 510 nm 处有最大吸收,其吸光度与铁的含量成正比。

二、仪器与试剂

1. 仪器

可见分光光度计;电子天平。

2. 试剂

①铁标准储备液(Fe^{3+} 含量为 1.000 mg/mL):准确称取 4.979 g 硫酸亚铁($FeSO_4 \cdot 7H_2O$)溶于 100 mL 水中,加入 5 mL 浓硫酸微热,溶解即滴加 2% 高锰酸钾溶液,至最后一滴红色不褪色为止,用水定容至 1 000 mL,摇匀。

②铁标准使用液(Fe^{3+} 含量为 10.0 μg/ mL):准确吸取铁标准储备液 10 mL 于 100 mL 容量瓶中,加水至刻度,混匀,得到溶液浓度为 100.0 μg/ mL。再准确吸取该溶液 10 mL 于 100 mL 容量瓶中,加水至刻度,混匀。

③1.2 g/L 邻二氮菲水溶液:准确称取 0.12g 邻二氮菲于小烧杯中,加入 2~3 mL 95% 乙醇溶解,再用水稀释到 100 mL。

④100 g/L 盐酸羟胺($NH_2OH \cdot HCL$)溶液:称取 5 g 盐酸羟胺,用水溶解定容至 50 mL 容量瓶中,摇匀备用。

⑤1 mol/L 醋酸钠溶液:称取 8.2 g 醋酸钠,用水溶解定容至 100 mL 容量瓶中,摇匀备用。

三、操作步骤

①准备9个洁净的 50 mL 容量瓶,在 6 个容量瓶中分别加入铁标准使用液 0 mL、2.0 mL、4.0 mL、6.0 mL、10.0 mL、14.0 mL,在另 3 个容量瓶中分别加入 10 mL 样品。

②往 9 个容量瓶中依次加入 1.0 mL 盐酸羟胺溶液、2.0 mL 邻二氮菲溶液和 5.0 mL 醋酸钠溶液,用蒸馏水稀释至刻度,摇匀,放置 10 min。

③用 1×1 cm 玻璃比色皿,以试剂空白为参比溶液,在 510 nm 下,测定并记录各溶液吸光度。

编号	0	1	2	3	4	5	6	7	8
$V_{铁标}$/mL	0.0	2.0	4.0	6.0	10.0	14.0			
$C_{铁}$/(μg·mL^{-1})									
A									

④以铁标准使用液中铁的质量浓度 $C_{铁}$ 为横坐标,与其对应的吸光度为纵坐标,绘制标准曲线。

⑤在标准曲线上查出与待测试液的吸光度对应的铁的质量浓度(μg/mL)。

四、结果计算

样品中铁的含量由下式计算。

$$X = \frac{V_1}{V} \times C$$

式中　X——样品中铁的含量,μg/mL;

　　　C——测试样液中铁的含量,μg/mL;

　　　V——样品体积,mL;

　　　V_1——测试样液体积,mL。

步骤二　制订工作计划

通过对工作任务进行分析,结合实验室现有设备、仪器情况,制订工作任务单,见表2.3。

表2.3　饮用水中铁含量的测定工作任务单
(结合自己学校的设备和开设的实验编写)

工作任务	食品中铁含量的测量		工作时间	××××年××月××日
样品名称	饮用水			
检验方法依据	可见分光光度法测定食品中铁的含量			
检验方法原理	在 pH 为 2~9 的溶液中,二价亚铁离子 Fe^{2+} 能与邻二氮菲生成稳定的橙红色配合物,在 510 nm 处有最大吸收,其吸光度与铁的含量成正比			
准备工作	所需仪器及设备	名称及型号		厂家
		VIS-7220N 可见分光光度计		北京瑞丽分析仪器公司
		XB224 电子天平		上海精科实验有限公司
	所需试剂及级别	硫酸亚铁、邻二氮菲、盐酸羟胺、醋酸钠、浓硫酸、高锰酸钾、95% 乙醇,均为分析纯		

续表

准备工作	所需玻璃仪器	名　称	规　格	数　量
		容量瓶	1 000 mL	1个
			100 mL	5个
			50 mL	10个
		烧杯	200 mL	2个
		其他:玻璃棒、吸耳球		
工作流程	洗涤玻璃仪器→配制试剂→上机测定→数据处理→撰写实验报告单			
小组成员				
注意事项				

步骤三　实施工作过程

洗涤玻璃仪器、配制试剂均参照项目1相关内容实施。因检测对象为饮用水,无需特殊样品预处理环节可直接量取测定。下面以 VIS-7220N 型可见分光光度计(如图 2.14 所示)操作流程为例介绍。具体操作流程如表 2.4 所示。

表 2.4　饮用水中铁含量的测定上机操作流程

步骤	操作流程		具体操作
1	测量前准备		配制试剂和标准系列溶液
2	开机预热		打开仪器电源开关,显示屏亮,预热 15 min 即可进行测量
3	选择测量波长		调节波长旋钮,垂直观察波长显示窗中波长读数,直至标线对准测量波长 510 nm
4	测量前调整	调百	打开样品室门,将装有参比溶液的比色皿和黑色挡光块放入样品池,盖上样品室门。将参比溶液拉入光路,按"100%"键调节透射率(简称调百),待液晶显示 T 值为 100.0% 时表示已调整完毕
		调零	将挡光块拉入光路,观察 T 值是否显示为 0,否则按"0%"键调透射率(简称调零),待液晶显示 T 值为 0% 时表示调整完毕
		复检	参比溶液再次拉入光路,观察 T 值是否为 100%,如果不是则再次进行调百调零步骤,直至参比溶液 T 值为 100%,挡光块 T 值为 0%(注意:测量过程中若波长发生改变,需重新进行测量前调整步骤)
5	测量		按浓度从小到大的顺序依次测量标准系列溶液,得到标准曲线线性回归方程,再将待测试液拉入光路中,即可得到其吸光度值和被测组分的浓度(具体操作参照《VIS-7220N 型可见分光光度计使用说明书》)
6	关机		使用完毕,关闭电源。检查样品池内是否留有溶液,需擦拭干净。盖上样品室门,洗净比色皿

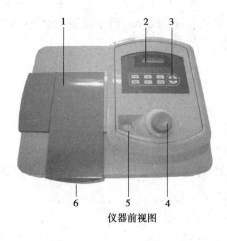 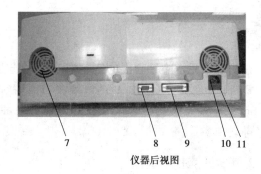

图 2.14 VIS-7220N 型可见分光光度计

1—样品室门;2—液晶显示窗;3—操作键盘;4—波长调节旋钮;5—波长显示窗;
6—样品池拉手;7—风扇;8—RS232 接口;9—打印输出接口;10—电源插座;11—保险

步骤四 控制操作技术要点

2.3.1 样品的制备

紫外-可见分光光度法通常是在溶液中进行测定的,因此样品需要经过预处理转化成溶液才可上机测定。一般无机样品可用合适的酸溶液或碱溶液溶解,有机样品可用有机溶剂溶解或提取。有时还需要先用有机物破坏法将样品中有机物除去后再用溶剂溶解。因为溶剂对紫外-可见吸收光谱的影响较为复杂。因此在样品制备环节中,选择合适的溶剂至关重要。选择溶剂时需遵循以下原则:

①所选溶剂不能与被测组分发生化学反应,形成的溶液应具有良好的光学稳定性。

②所选溶剂在测定波长内没有明显的吸收。

③所选溶剂应该对被测组分有良好的溶解能力,并在溶剂中有良好的吸收峰。

④在溶解度允许的范围内,尽量选择极性较小的溶剂。因为改变溶剂极性会引起吸收光谱形状发生变化。

⑤所选溶剂应该挥发性小,不易燃,无毒性,价格便宜。

2.3.2 仪器测量条件的选择

1)测量波长的选择

根据光谱吸收曲线,通常选择被测组分的最大吸收波长(λ_{max})作为测量波长来获得较高的灵敏度和精确度,并能减少非单色光引起的误差,此为最大吸收原则。但当在 λ_{max} 处有干扰时,则应根据"吸收最大干扰最小"的原则重新选择测量波长。如用丁二酮肟比色法测定钢中的镍时,丁二铜肟镍络合物的 λ_{max} 为 470 nm,而试样中的铁用酒石酸钾掩蔽后,在 470 nm 处也有吸收,对测定有干扰。而当测量波长大于 500 nm 后干扰就比较小,因此选择 520 nm 作为测量波长,符合"吸收最大干扰最小"的原则。

 **案例分析**

在测定饮用水中铁含量的实验中,为什么选择 510 nm 为测量波长?

解析:因为在 pH 为 2 ~ 9 的溶液中,Fe^{2+} 能与邻二氮菲生成稳定的橙红色配合物,在 510 nm 处有最大吸收。这一结论,通过工作任务《绘制铁-邻二氮菲溶液的光谱吸收曲线》已经得到证实。

2)吸光度范围的选择

任何分光光度计都有一定的测量误差,测量误差的来源主要由仪器误差引起,如光源的发光强度不稳定、仪器噪声过大、电位计响应性不好、杂散光的影响导致单色光不纯等因素。对于一台固定的光度计来说,以上引起测量误差的因素都是固定的,即误差具有一定的稳定性。一般而言,当待测试液浓度较大或较小时,相对误差都比较大。实验表明,当吸光度在 0.15 ~ 1.00 范围时,测量误差为 1.4% ~ 2.2%。测量的吸光度过高或过低时误差都很大,因此普通的分光光度计不适于高含量或极低含量物质的测定,最适宜的测量范围为 0.2 ~ 0.8(T 为 15% ~ 65%)之间,此时仪器测量误差最小。

在实际工作中,可以通过调节待测试液的浓度、选用不同厚度的比色皿等办法来调整待测试液的浓度,使其在适宜的吸光度范围内。通常采用的办法:①改变取样量的大小,吸光度过高时可减少取样量,吸光度过低时可适当增加取样量或通过富集浓缩;②改变显色后溶液的总体积。

 **案例分析**

在测定饮用水中铁含量的实验中,为什么要先配制浓度为 1.000 mg/mL 铁标准储备液,再逐级配制成浓度为 10.0 μg/mL 铁标准使用液,而不是其他浓度?

解析:为保证标准系列溶液的吸光度值在 0.2 ~ 0.8 范围内,标准使用液的浓度取值就要合适。而且根据国家标准规定,当标准使用液的浓度低于 0.1 mg/mL 时,应先配成比其浓度高 1 ~ 3 个数量级的浓溶液(不小于 1 mg/mL)作为储备液,然后再逐级稀释至标准使用液浓度。

3)狭缝宽度的选择

出射狭缝的宽度会直接影响到测定的灵敏度和标准曲线的线性范围。狭缝宽度过大时,入射光的单色性降低,标准曲线发生偏离,使准确度降低;狭缝宽度过窄时,光强度变弱,测量的灵敏度降低。选择最佳狭缝宽度的原则是:在不引起吸光度减小的前提下尽量选取最大狭缝宽度。一般来说,狭缝宽度大约是待测物质吸收峰半宽度的 1/10。

2.3.3　显色反应条件的选择

在可见分光光度法定量分析过程中,许多被测组分本身没有颜色或颜色很浅,无法直接进行测定,需要通过适当的化学处理,使待测组分变为能对可见光产生较强吸收的有色物质,再进行吸光度的测定。把将试样中被测组分转变成有色化合物的化学反应称为显色反应。与被测组分反应生成有色物质的试剂称为显色剂。一般来说,同一种被测组分可以与若干种显色剂反应生成各种不同颜色的化合物,其反应原理和对测量波长的灵敏度都不同。那么选择哪一种显色剂与待测组分发生显色反应就尤为重要。

1)显色剂的选择

显色剂一般分为无机显色剂和有机显色剂两类。许多无机显色剂能与金属离子发生显色反应生成具有特殊颜色的物质,如 Cu^{2+} 与氨水反应生成深蓝色的 $Cu(NH3)_4^{2+}$ 配离子;硫氰酸盐与 Fe^{3+} 生成红色的 $FeSCN^{2+}$ 配离子或 $Fe(SCN)_5^{2-}$ 等。但多数无机显色剂的灵敏度和选择性都不高,因此更常用有机显色剂在一定条件下与金属离子发生螯合反应生成具有环状结构的、有色的配合物,称为金属螯合物。无论是无机显色剂、有机显色剂,还是有色显色剂、无色显色剂,都必须符合以下要求:

(1)选择性好

选用的显色剂只与被测组分发生显色反应而与其他共存组分不发生显色反应;或者先用的显色剂与被测组分和干扰组分生成的有色物质的吸收峰相隔较远。

(2)生成的有色物质组成恒定,化学性质稳定

显色剂与被测组分反应生成的有色物质组成要恒定,化学性质要稳定,不易受外界环境条件的影响,也不会受到溶液中其他化学因素的影响,在光的作用下不会发生副反应而生成其他干扰物质。

(3)显色剂与反应生成的有色物质的颜色差异要大

反应生成的有色物质应该对紫外光区或可见光区有较强的吸收能力,同时与显色剂之间的颜色差别要大,这样试剂空白小,显色时颜色变化才会明显。通常要求生成的有色物质与显色剂之间的对比度 $\Delta\lambda_{max} > 60$ nm。通常把两种有色物质最大吸收波长之差称为"对比度"。

(4)显色条件易于控制

如果显色反应的条件过于苛刻,难以控制,测定结果的重现性就不好。

利用金属螯合物显色的特点是什么?

有机显色剂是分光光度法中应用最多的显色剂,利用有机显色剂与金属离子反应生成有色的金属螯合物,其显色反应具有以下特点:

①生成的金属螯合物颜色鲜时,测定的灵敏度高。

②金属螯合物组成及化学性质稳定,不易离解,抗辐射。

③专一性强,绝大多数有机显色剂在一定条件下只与少数或某一种金属离子配位,而且同一种有机显色剂与不同的金属离子配位时,生成的金属螯合物具有不同特征的颜色。

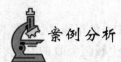 **案例分析**

在测定饮用水中铁含量的实验中,加入邻二氮菲溶液和盐酸羟胺溶液的作用是什么?

解析:当水溶液中的铁含量很低时,溶液本身的颜色很浅,此时无法直接利用可见分光光度计对溶液中的铁进行分析测定。加入邻二氮菲溶液后,溶液中的 Fe^{2+} 将与其反应生成橙红色化合物,这样就可以进行测定了。邻二氮菲在实验中发挥了显色剂的作为。而盐酸羟胺将待测试液中的 Fe^{3+} 还原成可与邻二氮菲反应的 Fe^{2+},发挥了还原剂的作用。

2)显色剂用量

显色反应具有一定的可逆性,可用 M(待测组分)+ R(显色剂)⇌MR(产物)表示。当加大 R 的用量时,有利于反应向右进行。为了减少反应的可逆性,加入过量的显色剂是必要的,但不能过量太多,否则会引起副反应,不利于测定。实际工作中,显色剂的用量是通过实验来确定:固定被测组分的浓度和其他测量条件,分别加入不同量的显色剂后测量吸光度,绘制吸光度-显色剂用量曲线。当显色剂浓度达到某一数值时,吸光度不再增大,表明显色剂浓度已足够。

 **实验探究**

取 6 只洁净的 50 mL 容量瓶,各加入 10.00 μg/mL 铁标准使用液、5.00 mL 盐酸羟胺溶液(100 g/L),摇匀。再分别加入 0,0.5,1.0,2.0,3.0,4.0 mL 邻二氮菲溶液(1.2 g/L)和 5 mL 醋酸钠溶液(1 mol/L),用蒸馏水稀释至刻度线,摇匀。用 1 cm 比色皿,以试剂空白溶液为参比溶液,在 510 nm 波长下分别测定各溶液吸光度。以吸光度为纵坐标,显色剂用量为横坐标作图,可得到吸光度-显色剂用量的曲线,选择吸光度恒定时的显色剂用量作为测量用量。

3)溶液的酸度

影响显色反应的一个重要条件是溶液的酸度。酸度对显色的反应速度、反应完全程度、被测组分和显色剂的存在形式、有色化合物的组成及稳定性等均有显著影响。影响溶液酸度的因素很多,下面主要从显色剂及金属离子两方面进行讨论。

(1)显色剂

显色剂多是有机弱酸(或弱碱),溶液的酸度直接影响着显色剂的离解程度,从而影响显色反应的完全程度。显色反应进行时,显色剂首先发生离解,离解后产生的可配位的阴离子与待测金属离子配位生成有色的金属螯合物。当酸度过高时,显色剂离解度降低,生成的可配位的阴离子浓度降低,显色反应的完全程度也跟着降低。

对于逐级形成金属螯合物的显色反应,在不同的酸度时会生成具有不同配位比的、颜色不同的配合物。如 Fe^{3+} 与水杨酸的配合物随溶液酸度的不同而变化,如表2.5所示。对于这一类的显色反应,控制反应酸度至关重要。

表2.5 溶液酸度对显色反应产物及颜色的影响

溶液 pH 值范围	Fe^{3+}与水杨酸比例	生成的配合物	颜 色
<4	1:1	$Fe(C_7H_4O_3)^+$	紫红色
4~7	1:2	$Fe(C_7H_4O_3)_2^-$	棕橙色
8~10	1:3	$Fe(C_7H_4O_3)_3^{3-}$	黄 色

另外,许多显色剂本身就是酸碱指示剂,溶液酸度一旦改变,显色剂本身就发生颜色改变。如果溶液在某一酸度时,显色反应与显色剂颜色变化同时发生,两种颜色同时存在,无疑对测定造成很大干扰。

(2)金属离子

高价金属离子易发生水解反应,尤其在酸度较低的溶液中,会发生水解而产生一系列的羟基、多核羟基配合物,有的甚至可能析出氢氧化物沉淀,或者生成的氢氧化物破坏了有色配合物,使溶液的颜色完全褪去。由此可见,溶液酸度过低导致金属离子的水解对显色反应的进行是不利的。

通过以上讨论可以看出,酸度对显色反应的影响非常大。在实际工作中是通过实验来确定显色反应的适宜酸度的。具体做法是固定溶液中待测组分和显色剂的浓度,通过控制缓冲溶液的量来改变溶液的酸度(pH),分别测定在不同酸度下溶液的吸光度A,绘制A-pH曲线,从中找出最适宜的 pH 范围。

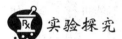 **实验探究**

取 6 只洁净的 50 mL 容量瓶,各加入 10.00 μg/mL 铁标准使用液、5.00 mL 盐酸羟胺溶液(100 g/ L)和2 mL 邻二氮菲溶液(1.2 g/L),摇匀。再分别加入醋酸钠溶液(1 mol/L)0.0,0.5,1.0,1.5,2.0,2.5 mL,用蒸馏水稀释至刻度线,摇匀。用精密 pH 试纸(或酸度计)测定各溶液的 pH 值后,用 1 cm 吸收池,以试剂空白为参比溶液,在 510 nm 波长下分别测定各溶液吸光度。以吸光度为纵坐标,pH 值为横坐标作图,可得到吸光度-pH 值曲线,从中找出最适宜的 pH 范围。

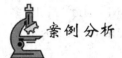 **案例分析**

在测定饮用水中铁含量的实验中,加入醋酸钠溶液的作用是什么?
解析:醋酸钠作为缓冲剂,调节溶液合适的 pH 值,以保持邻二氮菲显色剂的稳定性。

4)**显色时间**

显色反应的速度有快有慢,快得几乎是瞬间完成,颜色很快达到稳定状态,并且能保持较长时间。大多数显色反应的速度是比较慢的,需要一定时间才能达到稳定,而且有些有色化合物放置过久还会褪色。适宜的显色时间要由实验来确定。在实际工作中,要求待测试液与标准系列溶液同时显色来保证显色条件的一致。

5）反应温度

吸光度的测量通常是在室温下进行，温度的稍许变化对测量影响不大。但是也有一些反应要加热到一定温度下才能进行，而且还有一些有色配合物在室温下要分解。对待受温度影响大的显色反应时需进行反应温度的选择和控制，在测量时还需配备恒温样品池。

6）加入试剂的顺序

在某些显色反应中，按一定的顺序加入试剂也很重要，否则反应不完全或根本不发生。

 **案例分析**

在测定饮用水中铁含量的实验中，加入盐酸羟胺溶液、邻二氮菲溶液与醋酸钠溶液的顺序能否改变？

解析：不能。因为这3种试剂在显色反应中发挥的作用是不同的。

7）消除干扰离子的影响

（1）干扰离子的影响

待测试液中或多或少会存在干扰离子，对吸光度的分析带来影响：①干扰物质本身有色，如 Co^{2+}（红色）、Cr^{3+}（绿色）、Cu^{2+}（蓝色）。②干扰离子与显色剂反应生成有色配合物，并对测定波长有吸收。如用硅钼蓝光度法测定钢中硅时，干扰离子磷也能与硅酸铵生成杂多酸，同时被还原为磷钼蓝，使测定结果偏高。③干扰离子与待测离子或显色剂形成更稳定的配合物，消耗大量试剂而使被测离子配位不完全，使显色反应不能进行完全。如由于中 F^- 的存在，在待测试液中与待测离子 Fe^{3+} 以 FeF_6^{3-} 形式存在，使得有色配合物 $Fe(SCN)_3$ 根本不会生成，因而无法正常显色测量。④干扰离子水解，析出沉淀使溶液混浊，导致无法进行吸光度的测定。

（2）消除干扰的方法

在实际工作中，往往需要采取控制酸度、加入掩蔽剂、分离干扰离子、使用参比溶液、选择适当的波长等方法消除干扰离子。

①控制溶液的酸度是消除干扰最简便、最重要的方法。许多显色剂对金属离子和干扰离子间存在着竞争反应。根据配合物的稳定性不同，可以利用控制酸度的方法提高反应的选择性，以保证主反应进行完全。例如，双硫腙能与 Hg^{2+}，Pb^{2+}，Cu^{2+}，Ni^{2+}，Cd^{2+} 等 10 多种金属离子形成有色配合物，其中与 Hg^{2+} 生成的配合物最稳定，但在 0.5mol/L H_2SO_4 介质中仍能定量进行，而上述其他离子在此条件下不发生反应。

②选择适当的掩蔽剂来消除干扰也是常用的有效方法。要求选取的掩蔽剂不与待测离子发生反应，与干扰离子形成的有色配合物的颜色不应干扰待测离子的测定。

③改变干扰离子的化合价达到消除干扰的目的。可以利用氧化还原反应改变干扰离子的价态，使干扰离子不与显色剂反应。例如，用铬天青 S 与 Al^{3+} 发生显色反应时，若加入抗坏血酸或盐酸羟胺可以使干扰离子 Fe^{3+} 还原为 Fe^{2+}，从而消除 Fe^{3+} 的影响。

④改变测量波长。通常使用物质的最大吸收波长为测量波长可以达到仪器最佳的灵敏度。但是如果待测试液中有干扰离子对最大吸收波长也有吸收时，则根据"吸收最大干扰最小"的原则选择其他波长为测量波长，也可达到满意的结果。如在测定 $KMnO_4$ 时，如

果有 $K_2Cr_2O_7$ 的存在时,并不选用 $KMnO_4$ 的最大吸收波长 525nm 作测量波长,而是选用 545nm。在这一波长下测定 $KMnO_4$ 溶液的吸光度时就不存在 $K_2Cr_2O_7$ 的干扰了。

⑤当没有适当的掩蔽剂或无合适的方法消除干扰时,可利用沉淀、萃取、离子交换、蒸发和蒸馏以及色谱分离法等预先除去干扰离子。还可以利用双波长法、导数光谱法等技术来消除干扰。

2.3.4 参比溶液的选择

测量吸光度时,先要用参比溶液调节透射率为100%,以消除溶液中其他成分以及吸收池和溶剂对光的反射和吸收所带来的误差。参比溶液是用于调节仪器工作零点的,若选择不当,对测量读数的准确性影响很大。常见的参比溶液有3种,其选择依据及组成如表2.6所示。实际工作中,可依据待测试液的性质来选择,最常用到的是试剂参比。

表2.6 选择不同参比溶液的依据及组成

参比溶液	选择依据	组 分			
		被测组分	溶 剂	显色剂	其他试剂
溶剂参比	当待测试液的组成较为简单,共存的其他组分和显色剂对测量波长的光几乎没有吸收时采用,以消除溶剂、吸收池等因素的影响		√		
试剂参比（试剂空白）	当显色剂或其他试剂在测量波长处有吸收时采用,以消除试剂中的组分产生吸收的影响		√	√	√
样品参比	当样品中有较多的共存组分,在测量波长处有吸收,且与显色剂不起显色反应时采用,以消除样品中干扰组分产生吸收的影响	√	√		

注:"√"表示含有。

步骤五 数据处理与结果判定

数据处理是指从获得数据开始到得出最后分析结果的整个过程,包括数据记录、整理、计算、分析和绘制图表等。在实验分析工作中,不仅要准确地进行测量,还要正确地进行记录和运算。当记录和表达数据结果时,既要反映测定结果的大小,又要反映测定结果的准确程度。现代分析仪器,往往是用数字显示仪表或用计算机即时采集或用工作站处理后显示在显示屏上。从仪器上读取数时,应读出所示的全部有效数字,它包括确定数和可疑数两部分。确定数是指仪表能被读出的最小分度值,可疑数是指最小分度值内的估计值。在对测量数据进行数据处理时需按照有效数字运算规则进行修约、计算。

2.3.5　测量值的取舍

测量得到的一组数据,当发现其中某一个值明显大于或小于其他测量值时,需找出引起此可疑值的原因。如果是由操作过失等明确的理由引起的可直接舍去;如果不能找到确定的理由,就要用统计的方法来决定数据的去留。在食品分析检测中,因为测量次数一般小于 10 次,所以可疑值对平均值的影响较大。根据国家计量标准(GB4883—85)推荐,检验可疑值的方法以格鲁布斯(Grubbs)检验法为准。

 **知识链接**

格鲁布斯(Grubbs)检验法

将一组测量值从小到大排序,$X_1, X_2, \cdots, X_n$,其中 X_1 或 X_n 可能为离群值,检验步骤如下:

①计算 n 个测量值的平均值 $\overline{X}$。

②计算标准偏差 S。

③分别计算 X_1 和 X_n 的格鲁布斯临界值 T 值。

根据测定次数和要求的置信度,将计算得到的 T 值与 Grubbs 临界值 T 表(见表2.7)进行比较。若 $T_X > T_表$,则说明该离群值应弃去;否则保留。由于格鲁布斯检验法引入了标准偏差,故准确性比 Q 检验法高。

表 2.7　格鲁布斯检验临界值

双尾检验用表					
n	置信水平		n	置信水平	
	95%	99%		95%	99%
3	1.15	1.15	7	2.02	2.14
4	1.48	1.50	8	2.13	2.27
5	1.71	1.76	9	2.21	2.39
6	1.89	1.97	10	2.29	2.48

 **案例分析**

紫外-可见分光光度法分析西红柿中维生素 C 含量时,测得 4 个平行待测试液的吸光度值分别为 0.225,0.240,0.231 和 0.227。用格鲁布斯检验法判断该组测量值中是否有离群值(取 95% 置信度)?

解析:①从小到大排序:0.225,0.227,0.231,0.240

②计算 $\overline{X}$:$\overline{X} = \dfrac{0.225 + 0.227 + 0.231 + 0.240}{4} = 0.231$

③计算 S：$S = \sqrt{\dfrac{\sum_{i=1}^{n}(X_i - \bar{X})^2}{n-1}} = \sqrt{\dfrac{0.006^2 + 0.004^2 + 0^2 + 0.009^2}{4-1}} = 6.66 \times 10^{-3}$

④计算 T_X：$T_1 = \dfrac{\bar{X} - X_1}{S} = \dfrac{0.231 - 0.225}{6.66 \times 10^{-3}} = 0.901$

$$T_4 = \dfrac{X_4 - \bar{X}}{S} = \dfrac{0.240 - 0.231}{6.66 \times 10^{-3}} = 1.35$$

⑤比较大小：查表 2.5，当 $n = 4$，置信度为 95% 时，$T_表 = 1.48$，T_1，T_4 均小于 1.48。由此计算可知，该组测量值中没有离群值。

2.3.6 有效数字的修约和运算

实际工作中，食品样品经过预处理后，待测组分的浓度可能增高，也可能缩小。仪器测量得到的数据本身不能代表样品的含量，往往需要经过一系列运算后才能获得最终的分析结果。在计算一组准确度不等的数据之前，应先对有效数字进行修约，再按有效数字运算规则进行计算。

1）有效数字的修约

按照国家标准 GB/T8170—1987 的规则，有效数字应按"四舍六入五成双"法则进行修约。其口诀为：逢 4 便舍 6 要入，5 后有数进一位；5 后没数看单双，奇数在前进一位，偶数在前全舍光；数字修约有规定，连续修约不应当。

 案例分析

将下面的数据修约为 4 位有效数字。

解析：$0.52664 \rightarrow 0.5266$ $0.73276 \rightarrow 0.7328$

       $14.8550 \rightarrow 14.86$ $34.0250 \rightarrow 34.02$

       $13.2452 \rightarrow 13.25$ $10.2350 \rightarrow 10.24$

       $18.0852 \rightarrow 18.09$ $250.650 \rightarrow 250.6$

2）有效数字的运算规则

当几个数据进行加减法运算时，应以小数点后有效数字最少的数据为依据，先修约后计算；当进行乘除法运算时，应以有效数字位数最少的数据为依据，先修约后计算再修约。

 案例分析

按有效数字运算规则进行计算。

解析：$478.2 + 3.462 = 478.2 + 3.5 = 481.7$

$$49.27 - \underline{3.4} = 49.3 - 3.4 = \underline{45.9}$$
$$0.0121 + \underline{25.64} + 1.0578 = 0.01 + 25.64 + 1.06 = \underline{26.71}$$
$$49.27 \times \underline{3.4} = 49 \times 3.4 = 166.6 = \underline{1.7 \times 10^2}$$
$$834.5 \times \underline{23.9} = 834 \times 23.9 = 19\,932.6 = \underline{1.99 \times 10^4}$$
$$\underline{0.0121} \times 25.64 \div 1.0578 = 0.0121 \times 25.6 \div 1.06 = 0.3283456 = \underline{0.328}$$

2.3.7　数据处理基本方法

1)列表法

列表法表达数据具有直观、简明、有条理等优点。如食品检验原始记录表一般均以此法记录,如表 2.8 所示。列表没有统一的格式,但要注意表名应简明且能完整表达表格的含义,说明获得数据的条件,数据记录应符合有效数字的规定,并使小数点对齐以便进行数据对比、分析。一般来说,表格纵列为试验号,横列为测量因素。

表 2.8　小麦铅含量测定原始记录表

样品名称		样品编号				
检验日期		环境状况				
方法依据	GB5009.12—2010 食品中铅的测定					
仪器型号	电子天平	型号:		编号:		
	可见分光光度计	型号:		编号:		
	马弗炉	型号:		编号:		
试验次数		1	2	3	4	平均值
称取样品质量5.00 g						
从标准曲线中读取的样液的浓度 $c(\mu g/mL)$						
计算公式		$X = \dfrac{c \times V}{m}$ 式中　X——样品中铅的含量,mg/kg; c——从标准曲线中读取的样液的浓度,$\mu g/mL$; V——样液体积,$V = 25$ mL; m——样品质量,g。				
计算结果/(mg·kg^{-1})						
备注						
检验:		校核:				
年　月　日		年　月　日				

2)图形表示法

图线能够直观地表示实验数据间的关系,许多测量仪器使用记录仪获得测量图形,据此可以直接或间接求得分析结果。图形表示法的主要用途有以下四种：

（1）利用变量间的定量关系图形直接求未知物含量

定量分析中使用广泛的标准曲线法就是将自变量-浓度为横坐标,因变量-仪器测得物理量为纵坐标,绘制标准曲线。对于被测组分的浓度,可以由测得的物理量从标准曲线上查得相应的浓度。

（2）通过曲线外推法求未知物含量

分析化学中的定量校准、定量分析中使用的标准加入法都是通过曲线外推法求未知物含量的。如在氟离子选择电极测定饮用水中氟的实验,就是使用格氏图解法求出氟离子含量。

（3）求函数的极值或转折点

实验中常需要确定变量之间的极大、极小、转折等特殊值,通过图形表示法可以迅速、直观地求得。如绘制某物质的光谱吸收曲线求出该物质的最大吸收波长;滴定分析中通过滴定曲线上的转折点判断滴定终点。

（4）对数据进行微积分

电位滴定分析中,利用微分法确定的滴定终点;色谱分析中,利用积分法获得色谱峰面积。

3）计算机处理实验数据

随着计算机的迅速发展,微型计算机在仪器分析中的应用越来越广泛、发挥出极大的优越性。微型计算机既可以脱机工作,也可以联机工作。如将测量得到的数据,经计算机键盘输入后进行数值计算或非数值计算,此为脱机计算机系统方式。另一种方式是把微型计算机与分析仪器相连接,存贮测量信息,对测量结果进行计算、分析及处理,实现分析测量的自动化,此为联机计算机系统方式。

实际工作中,常应用电子表格 Excel 软件对实验数据进行处理。该软件可自动进行数值计算、结果显示、统计分析、制图等工作,简化了工作过程,提高了工作效率,并可实现数据无纸化管理,可长期大量保存,随时实行数据整理、调用。Excel 软件操作简单,快捷方便,功能强大,只需熟悉 Excel 软件用法,结合数据本身特点,在仪器分析数据处理中的应用会越来越普遍。

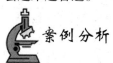 案例分析

用 Excel2007 软件处理表 2.9 和表 2.10 记录的实验数据,绘制出铁-邻二氮菲溶液光谱吸收曲线和铁标准曲线。

表2.9　铁-邻二氮菲溶液的光谱吸收曲线实验数据记录表

波长 λ/nm	440	445	450	455	460	465	470	475	480	485	490	495
吸光度 A	0.132	0.141	0.154	0.160	0.169	0.178	0.187	0.194	0.197	0.198	0.201	0.203
波长 λ/nm	500	505	510	515	520	525	530	535	540	545	550	
吸光度 A	0.209	0.214	0.216	0.214	0.200	0.182	0.153	0.122	0.093	0.086	0.074	

表2.10　铁标准系列溶液的吸光度实验数据记录表

编　号	0	1	2	3	4	5	6	7	8
C 铁(μg/ mL)	0	0.40	0.80	1.20	1.60	2.00	2.50	3.20	4.00
吸光度 A	0	0.075	0.153	0.245	0.327	0.396	0.496	0.661	0.804

解析:

(1)绘制光谱吸收曲线

①启动微软的 Excel 2007 软件,将表2.8 记录的实验数据输入表格,A1 单元格输入"波长",B2 单元格输入"吸光度"。

②选中 A1～B24 矩形区域,居中;分别选中 A2～A24 和 B2～B24 条形区域,调整数据的有效位数。

③点击"插入图表",选择"XY 散点图-带平滑线的散点图",单击"确定"。

④点击"数据-选择数据",选择图表数据区域为 A2～B24,单击"确定"。

⑤在"图表工具-布局"中设置"图表标题""横纵坐标轴标题""坐标轴"和"网格线",生成光谱吸收曲线如图2.15 所示。

⑥在 B25 单元格中输入"= MAX(B:B24)",得到最大吸光度 0.216,对应的吸收波长 510 nm 即为最大吸收波长。

(2)绘制标准曲线

①将表2.9 记录的实验数据输入新表格,A1 单元格输入浓度"C/μg·mL-1",B2 单元格输入"吸光度"。

②选中 A1～B9 矩形区域,居中;分别选中 A2～A9 和 B2～B9 条形区域,调整数据的有效位数。

③点击"插入图表",选择"XY 散点图-带平滑线的散点图",单击"确定"。

④点击"数据-选择数据",选择图表数据区域为 A2～B9,单击"确定"。

⑤在"图表工具-布局"中设置"图表标题""横纵坐标轴标题""坐标轴"和"网格线"。

⑥选择"趋势线-线性预测趋势线",在"设置趋势线格式"对话框中,选中"显示公式"和"显示 R 平方值",生成标准曲线如图2.16 所示。

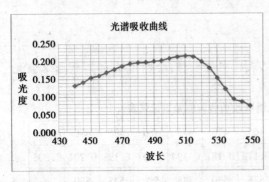

图2.15　铁-邻二氮菲溶液的光谱吸收曲线

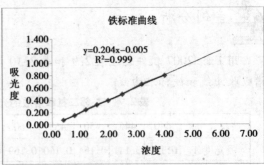

图2.16　铁-邻二氮菲溶液标准曲线

计算机绘图方法如今已经非常普及,但在缺少条件的情况下,有时尚需手工绘图。作图的方法和技术会影响图解结果,现将手工标绘时的要点介绍如下:

(1)标绘工具及图纸的选择

绘图工具主要有铅笔(1H)、透明直尺、角度曲尺、圆规等。一般情况下,均选用直角坐标纸。

(2)坐标标度的确定

坐标标度即坐标轴上单位长度所代表的物理量大小,合理选择坐标标度是图解法的关键。

①绘图时通常以自变量为横坐标,因变量为纵坐标。坐标轴确定后,用粗实线在坐标纸上描出坐标轴,并注明坐标轴所代表物理量的符号和单位。

②坐标标度的选取以易于读数为原则。通常每厘米表示数量1,2,4或5是适宜的,避免使用3,6,7,9等数字,给绘图、读数造成困难。

③确定坐标标度后,应对坐标轴进行标度,一般在每格处标出所代表物理量的整齐数值,标记所用的有效数字位数应与实验数据的有效数据位数相同。

④标度不一定从零开始,一般用小于最低测量值的某一整数作起始点,大于最高测量值的某一整数作终点,以充分利用坐标纸。

(3)数据点的标出

实验数据点在坐标纸上用"+""⊙""×"等符号标出,保证符号的交叉点正是数据点的位置。若在同一张图上绘多条曲线时,则每组数据应选用不同的符号标出,以示区别。

(4)曲线的描绘

由实验数据点描绘出平滑的实验曲线,需用透明直尺或三角板、曲线板等拟合。根据随机误差理论,实验数据应均匀分布在曲线两侧,与曲线的距离越小越好。个别偏离曲线较远的点,需检查是否标点错误或是错误数据。如果是错误数据,在连线时不予考虑。

(5)图名和说明

绘好图后需注明图名、测量的主要条件及作图者姓名、作图日期等。

2.3.8　结果判定

实验结果的表示方法应与食品卫生标准的表示方法一致,一般有以下几种表示形式:①mg/kg 或 μg/kg,表示每千克样品中所含被测组分的质量;②mg/L 或 μg/L,表示每升样品所含被测组分的质量;③mg/100g(毫克百分含量),表示每百克样品中所含被测组分的质量,常用来表示食物中营养成分的含量。

在食品安全的监督检验和分析检测工作中,大部分实验除形成检测数据外,还需要技术人员给出结果判定。判定结果主要作为主管行政部门执法的主要依据,还可为企业进行质量控制或标准化控制提供数据基础。食品分析检验的结果,最后必须以检验报告的形式表达出来。检验报告单必须列出各个项目的测定结果,并与相应的质量标准进行对照比较,从而对产品作出合格或不合格的判断。报告单的填写需实事求是、一丝不苟、认真负责、准确无误,按照标准进行公正的仲裁。表2.11显示黄桃罐头的检验报告单。

表2.11　黄桃罐头检验报告单

			2012（　）检字第（　）号
样品名称	黄桃罐头	检验目的	营养成分分析
样品规格	530 g 罐装	收检日期	2012-11-5
生产日期	2012-10-15	检验日期	2012-11-6
样品来源	自送	报告日期	2012-11-21
检验所依据的标准编号		检品包装	玻璃瓶
检验结果			
检验项目	单　位	标准值	实测值
维生素 B7	mg/100 g		0.02
维生素 B6	mg/100 g		<0.01
维生素 C	mg/100 g		0.52
β-胡萝卜素	mg/100g		0.01
K	g/kg		0.12
Ca	mg/kg		68.7
Zn	mg/kg		1.89
Se	mg/kg		0.022
检验结论			
检验员：	校核：		技术负责人：

□ **案例导入：**

维护与保养分析仪器的重要性

分析仪器的性能和使用寿命与其维护保养有着密切的关系,使用得当,保养得法,既可以保证仪器正常运转,还能避免昂贵的维修费用。因此,操作人员除了要认真阅读仪器操作说明书,熟悉仪器性能,严格按操作规程规范使用外,还必须重视仪器的日常维护和保养。

任务2.4　学会分光光度计的日常维护与保养

知识储备

分析仪器日常维护与保养的基本要求

(1)环境要求

①清洁。精密仪器或周围环境灰尘较多,一旦进入仪器就会影响仪器性能。例如,灰

尘进入光路系统会影响仪器的灵敏度;引起零部件间接触不良;导致电气绝缘性能变差引起漏电事故。所以,清洁工作看似普通,但意义重大。

②适宜的温度和湿度。电子元件尤其是集成电路工作时对温度有一定的要求,因此要求仪器的环境温度始终处于适宜范围,以保证仪器的精确度。潮湿的环境极易因仪器组件生锈、绝缘性能变差而产生不安全因素,造成故障。可利用空调机的去湿功能来控制实验室的湿度。必须定期检查置于仪器内的干燥剂,一旦失效应立即更换。

③防止腐蚀。工作中,常会发生化学物品残留在仪器上的情况;精密仪器接近挥发性较强的化学物质也会被腐蚀,而损坏某些零部件。因此,每次使用完仪器后应该及时做好清洁工作,避免化学物品残留,确保精密仪器远离腐蚀源。

④防震。精密仪器应安放在坚实稳固的实验台或基座上。

(2)电源要求

良好的供电对仪器的精确度和稳定性极为重要。不稳定的电源会引起气相色谱仪、液相色谱仪等工作时基线不稳,难以得到正确的测试结果;还会干扰前置放大器、微电流放大器等组件而引起信号图像畸变。虽然仪器一般都配有电源稳压装置,但确保电源电压稳定起见,最好外接稳压电源,减小波形失真。同时,应确保有正确良好的接地,必要时仪器应单独另接地线。最好可选高性能的不间断电源,以防止突然停电而造成仪器损坏或数据丢失。

(3)定期通电

在仪器长期停用期间,应保证每周开机通电一次至两次,这样做既能防潮,也可以使仪器始终保持在工作状态,避免长期停机后仪器性能指标发生明显变化。

(4)定期校验

分析仪器所提供的数据应准确可靠,除了要求分析方法正确,仪器本身也应符合要求。可以按照国家计量检定规程,或仪器说明书提供的方法和标准对仪器定期进行校验,也可以委托有资质单位进行校验,使仪器始终处于计量受控状态,保证测量值的准确可靠和可溯源性。

(5)作好记录

仪器使用完毕需认真作好工作记录,内容包括仪器状态、开机或维修时间、操作或维修人员、工作内容等内容。这样做,一方面可为统计工作提供充分的数据,另一方面可以掌握零部件的使用情况,有助于故障分析、排查。

分光光度计是精密光学仪器,正确安装、使用和保养对保持仪器良好的性能和保证测试的准确度有重要作用。

2.4.1 工作环境的要求

①仪器应安放在干燥的房间内,使用温度为 $5\sim35$ ℃,相对湿度不超过85%。
②仪器应放置在坚固平稳的工作台上,且避免强烈的震动或持续的震动。
③室内照明不宜太强,且应避免直射日光的照射。
④电扇不宜直接向仪器吹风,以防止光源灯因发光不稳定而影响仪器的正常使用。
⑤尽量远离高强度的磁场、电场及发生高频波的电器设备。

⑥供给仪器的电源电压为 AC220 V ± 22 V,频率为 50 Hz ± 1 Hz,并必须装有良好的接地线。推荐使用功率为 1 000 W 以上的电子交流稳压器或交流恒压稳压器,以加强仪器的抗干扰性能。

⑦避免在有硫化氢等腐蚀性气体的场所使用。

2.4.2　日常维护和保养

1)光源

①光源的寿命是有限的,为了延长光源使用寿命,在不使用仪器时不要开光源灯,应尽量减少开关次数。

②在短时间的工作间隔内可以不关灯。刚关闭的光源灯不能立即重新开启。

③仪器连续使用时间不应超过 3 h。若需长时间使用,最好间歇 30 min。

④如果光源灯亮度明显减弱或不稳定,应及时更换新灯。更换后要调节好灯丝位置,不要用手直接接触窗口或灯泡,避免油污粘附。若不小心接触过,要用无水乙醇擦拭。

2)单色器

①单色器是分光光度计的核心部分,装在密封盒内,不能拆开。

②选择波长应平衡地转动,不可用力过猛。

③为防止色散元件受潮生霉,必须定期更换单色器盒干燥剂(硅胶)。若发现干燥剂变色,应立即更换。

3)吸收池

必须正确使用吸收池,应特别注意保护吸收池的两个光学面。

4)检测器

光电转换元件不能长时间曝光,且应避免强光照射或受潮积尘。

5)其他

①当仪器停止工作时,必须切断电源。

②为了避免仪器积灰和玷污,在停止工作时,应盖上防尘罩。

③仪器若长期不用应定期通电,每次不少于 20 ~ 30 min,以保持整机呈干燥状态,并且维持电子元器件的性能。

2.4.3　仪器验收与校正

在实验室工作中,新购置的仪器要进行验收,维护保养旧仪器时要定期进行校正。常采用镨钕玻璃或钬玻璃来进行波长校正,因为镨钕玻璃或钬玻璃都有一些特征的吸收峰,可用来校正分光光度计的波长标尺。镨钕玻璃用于可见光区,钬玻璃在紫外光区和可见光区都适用。方法如下:

配制 K_2CrO_4 标准溶液(将 0.040 0 g K_2CrO_4 溶解于 1 L 的 0.05 mol/L KOH 溶液中),在 25 ℃用 1 cm 比色皿测量不同波长下的吸光度值,根据表 2.12 所示标准吸光度进行校正。

表2.12 铬酸钾溶液的吸光度

λ/nm	吸光度 A	λ/nm	吸光度 A	λ/nm	吸光度 A	λ/nm	吸光度 A
220	0.455 9	300	0.151 8	380	0.928 1	460	0.017 3
230	0.167 5	310	0.045 8	390	0.684 1	470	0.008 3
240	0.293 3	320	0.062 0	400	0.387 2	480	0.003 5
250	0.496 2	330	0.145 7	410	0.197 2	490	0.000 9
260	0.634 5	340	0.314 3	420	0.126 1	500	0.000 0
270	0.744 7	350	0.552 8	430	0.084 1		
280	0.723 5	360	0.829 7	440	0.535		
290	0.429 5	370	0.991 4	450	0.032 5		

 案例分析

实验室新购置一台 VIS-7220N 型可见分光光度计,请对该仪器进行验收和校正。

解析:仪器开机预热 30 min 后,按以下顺序进行检定:

(1)波长准确度的检定

开机预热后,将镨钕玻璃片放入样品池,拉入光路,单方向转动手轮调节波长至 529.8 nm附近,读出液晶显示最小值所对应的波长数值,应满足 529.8 ±2.0 nm。再单方向将波长手轮调到 807.7 nm 附近,读出液晶显示最小值时所对应的波长数值,应满足 807.7 ± 2.0 nm。

(2)100%T 稳定性的检定

开机预热后,调节波长至 500 nm,按 100%T 键调 100%T,观察 3 min,透射比示值应在 3 min 内漂移≤0.5%T。

(3)0%T 稳定性的检定

开机预热后,在样品池内放入挡光杆,使光路被遮挡,按 0%T 键调 0%T,观察 3 min,透射比示值应在 3min 内漂移≤0.2%T。

本章小结)))

紫外-可见分光光度法是一种广泛应用的定量分析方法,也是对物质进行定性分析和结构分析的一种手段。本项目在介绍了光吸收定律、光谱吸收曲线等光学基本知识的基础之上,通过典型工作任务,对紫外-可见分光光度计的操作方法和数据处理方法进行了详细阐述。重点介绍紫外可见分光光度计的操作技术要点和标准曲线法对食品样品进行定量分析的方法;同时,对紫外-可见分光光度计的日常维护和保养也作了补充介绍。

蔬菜中硝酸盐和亚硝酸盐的来源及监控措施

2001 年 10 月 1 日正式实施的农产品安全质量 8 项系列标准中,将水果和蔬菜农产品

中硝酸盐和亚硝酸盐的限量作为重要指标列入,硝酸盐含量已成为评价蔬菜安全品质的一项重要指标。1973 年,世界卫生组织(WHO)和联合国粮农组织(FAO)在制订了食品中硝酸盐的限量标准,提出蔬菜中硝酸盐积累程度分为四级:一级 ≤432 mg/kg,允许生食;二级 ≤785 mg/kg,不宜生食,允许盐渍和熟食;三级 ≤1 440 mg/kg,只能熟食;四级 ≥3 100 mg/kg,不能食用。WHO 还对食品中硝酸盐和亚硝酸盐制订了食用限量标准,规定硝酸盐(按 $NaNO_3$)日食用量最高为 5 mg/kg 体重,亚硝酸盐为 7 mg/kg 体重。作为我国大力发展的无公害蔬菜,其中硝酸盐积累程度应 ≤432 mg/kg。蔬菜是一种易于富集硝酸盐的植物,人体摄入的硝酸盐有 70% ~80% 来自蔬菜,尤其是白菜、甘蓝、菠菜、芹菜、结球莴苣、小油菜、韭菜等叶菜类蔬菜受硝酸盐的污染严重高于其他植物性食品。同时,错误食用方式也可能导致摄入过多的硝酸盐和亚硝酸盐,对人体健康危害很大,我国 20 世纪 60 年代爆发的"青紫病"就是由于过量食用蔬菜导致亚硝酸盐中毒引起的。蔬菜是人体维生素、矿物质、膳食纤维等营养素的重要来源,在全民追求健康膳食的理念下,普及蔬菜中关于硝酸盐和亚硝酸盐的知识对提高人民的生活质量与健康水平也具有重要的意义。

一、蔬菜中硝酸盐和亚硝酸盐的来源

1.过量施用氮肥

新鲜蔬菜中硝酸盐和亚硝酸盐最主要的来源就是过量施用氮肥,如硝酸钠、硝酸钾、硝酸铵等。蔬菜施用过多氮肥后,未被蔬菜吸收利用的部分就以硝酸盐的形式储存在蔬菜中。摄入人体后,硝酸盐在体内可以转变成亚硝酸盐。研究表明,外界硝酸盐进入体内后,其中 98% 在胃和肠道上段被吸收,经血液循环在唾液腺浓集后主动分泌到唾液中,而唾液中的硝酸盐在一定的条件下可被还原成亚硝酸盐。

2.腌渍蔬菜制品

泡菜、腌菜、咸菜、酱菜等腌渍蔬菜制品已成为一种特殊风味食品被广大消费者接受。由于生鲜叶菜中会含有一定量的硝酸盐,在腌渍过程中,硝酸盐被还原成亚硝酸盐,随后自然分解。一项研究家庭腌制酸菜的实验表明,随着发酵时间的延长,酸菜中亚硝酸盐含量不断上升,至 6 d 达到最高,随后会逐渐下降,20 d 后基本彻底分解。如果不注意食用时间,就会摄入过量的亚硝酸盐。

3.剩菜、发霉及腐烂蔬菜

吃剩菜是我国普遍存在的一个现象,而剩菜中亚硝酸盐含量增多是众多家庭容易忽视的一个问题。烹调熟制好的蔬菜中营养成分更容易被微生物吸收利用而大量繁殖,其产生的硝酸盐还原酶可以把蔬菜中的硝酸盐还原成亚硝酸盐。而放置时间过长的叶菜会发黄、发霉、腐烂,也会滋生大量微生物,同样会产生硝酸盐还原酶可以把蔬菜中的硝酸盐还原成亚硝酸盐,导致亚硝酸盐含量的增多。

二、亚硝酸盐对人体健康的危害

1.引起肠原性青紫症

当胃肠道功能紊乱或胃酸浓度较低时,大量食用硝酸盐含量较高的蔬菜,可使肠道内亚硝酸盐形成速度过快,机体来不及分解转化便被大量吸收进入血液。具有强氧化性的亚硝酸盐将血红蛋白中的 Fe^{2+} 氧化为 Fe^{3+},使正常的亚铁血红蛋白转变成高铁血红蛋白而失去运氧功能。当血液中有 20% 的亚铁血红蛋白转变为高铁血红蛋白时就会造成缺氧症状,临床表现为皮肤黏膜青紫、头晕、恶心、呕吐、全身无力,严重者会因呼吸衰竭而死。

2. 生成具有致癌作用的亚硝胺

在酸性条件下,亚硝酸盐与蛋白质分解或降解产生的次级胺反应生成强力致癌物——亚硝胺,从而诱发消化系统癌变,如食道癌、结肠癌、胃癌、肝癌等。长期摄入亚硝胺或一次冲击量均可致癌。不仅对成年动物致癌,妊娠动物摄入一定量后可通过胎盘使子代动物致癌。动物实验显示,给妊娠母鼠 $10 \sim 19$ d 经口摄入乙基脲(88 mg/kg)和亚硝酸钠(35 mg/kg),其仔鼠于出生后 $133 \sim 279$ d 100% 死于神经系统为主的肿瘤。

3. 致畸危害

动物实验研究发现,亚硝酸盐的重要代谢产物——亚硝酰胺中甲基以及亚硝基脲可以使大鼠、小鼠、仓鼠等实验动物子代产生先天畸形,特别是中枢神经系统畸形和骨骼系统畸形。

三、蔬菜中硝酸盐和亚硝酸盐含量的检测方法

检测蔬菜中硝酸盐和亚硝酸盐含量具有指导生产、控制市场流通质量和保障消费者食用安全的重要意义。目前,应用于蔬菜样品中硝酸盐和亚硝酸盐的测定方法主要有光谱法、色谱法、电化学法和快速检测法。

1. 光谱法

测定蔬菜中硝酸盐和亚硝酸盐含量的国标方法是镉柱法。镉柱法虽然结果准确,但是操作复杂,时间较长,不适宜大批量样品的检测,且其还原剂镉对环境构成很大威胁。盐酸萘乙二胺法(GB/T5009.33—2003)是测定肉及肉制品中亚硝酸盐的典型方法,用于蔬菜中亚硝酸盐检测时需对样品预处理方法进行改进。盐酸萘乙二胺法虽然操作简便,准确度高,但该方法所用试剂易失效,必须现用现配,而且大多有毒,因此在实际应用中多只作为对照。唐宁莉等(2002)采用中性红与亚硝酸根在盐酸介质中重氮化,然后在氨性溶液中与8-羟基喹啉偶联成黄褐色产物在 560 nm 处有最大吸收。在此原理基础上建立了一个适用于水样、食品、蔬菜样品中亚硝酸根测定的可见分光光度法。

2. 色谱法

目前较常用的色谱法主要是高效液相色谱法和离子色谱法。色谱法准确度高、精确度好,而且可以同时测定蔬菜中痕量的 NO_3^- 和 NO_2^-。但是测定速度较慢,只有在测定大批量样品时才能体现出优势。而且色谱法一般需要昂贵的仪器,因此这类方法不易普及。

3. 电化学法

采用 NO_3^- 离子选择性电极测定蔬菜中硝酸盐含量是硝酸盐分析方法的重要发展趋势。该方法所用设备简单,分析速度快,测定硝酸根的线性范围较宽,但是该法费用较高,且只能检测硝酸盐,影响结果准确性的因素较多。

4. 快速检测方法

近两年,食品安全问题跃然成为消费者最关注的焦点。如何方便、快捷、准确地检测出蔬菜中的硝酸盐、亚硝酸盐,不仅为市场监测提供一项监督技术手段,而且可以帮助消费者选择健康、安全的无公害蔬菜食品,具有重要的实际意义。目前,硝酸盐快速检测方法主要有硝酸盐电极法、硝酸盐比色法、硝酸盐试粉法和硝酸盐试纸法。由于快速检测方法可直接现场采样、现场测定,操作简便,成本低,可在 4 min 内得到可靠的结果,近年来得到迅速广泛的应用。德国 Merck 公司生产的硝酸盐速测试纸条和配套使用的反射仪,可在短时间

内迅速完成硝酸盐的测定,非常适合田间操作及在基层工作使用。谢增鸿等(2003)在专利中公开了一种蔬菜中亚硝酸盐、硝酸盐的快速检测试纸。该试纸的制造方法为,取1.2%～2.1%二盐酸-1-萘乙二胺、12.8%～20.7%磺胺、77.3%～85.8%酒石酸混合均匀,将定性滤纸浸入上述混合液中3～5 min取出,立即送入60～70 ℃的烘箱内将其烘干,避光低温保存。应用该试纸检测亚硝酸盐时,直接取蔬菜汁滴在上述试纸上,当菜汁中亚硝酸盐的含量达到或超过8 mg/kg时,试纸显示出淡紫红色,含量越高,颜色越深。检测硝酸盐时,先向被测菜汁中加入适量锌粉还原,然后按检测亚硝酸盐的方法检测,当菜汁中硝酸盐的含量达到或超过10 mg/kg时,试纸就显示出淡紫红色。该试纸同传统检测方法相比,检测更加快速、简便、价格便宜。

四、控制蔬菜中硝酸盐和亚硝酸含量的措施

1. 施肥要科学

种植蔬菜过程中,尤其是叶菜类蔬菜,不能单纯依靠氮肥,宜配合使用钼肥、有机肥、微生物肥、腐殖酸类肥料等,在施用氮肥时不施或少施硝酸铵和其他硝态氮肥,筛选适宜蔬菜施用的低累计亚硝酸盐氮肥。氮肥与磷钾肥配合使用以促进蛋白质和重要含氮化合物的合成,减少硝酸盐的积累。同时,严格掌握氮肥施用方法,遵守"少量多次"和采前不施用氮肥的原则来控制和降低蔬菜中硝酸盐和亚硝酸盐的含量。

2. 食用前处理要正确

(1)贮藏方法要得当

从营养角度来看,新鲜蔬菜中营养成分损失较少;从安全角度看,新鲜蔬菜被微生物污染程度低,霉变少,亚硝酸盐含量低。现代生活节奏快,很多家庭一周购物一次,把一周要食用的蔬菜都买回来放在冰箱中冷藏。这样做虽然可以减缓采后蔬菜后熟的进度,但如果贮藏方法不得当却可增加不安全的隐患,尤其是叶菜类蔬菜。营养学家认为,贮存蔬菜时必须注意合适的温度、湿度和摆放位置,才能更好地保存蔬菜中营养成分,防止亚硝酸盐的生成。王双明(2004)对小白菜和莲花白在不同温度下贮藏24 h后硝酸盐和亚硝酸盐含量的变化进行了研究。结果表明:两种蔬菜中的硝酸盐及亚硝酸盐含量随贮存温度的增高而相应增高,其原因可能是高温加强了硝化细菌的硝化作用。颜海燕等(2006)研究了室温存放下蔬菜中亚硝酸盐的含量变化。结果表明在第一天时亚硝酸盐含量处于最低值,随后开始缓慢上升,在第二天含量达到最高峰,之后24 h内含量急剧下降,至5～7 d又缓慢下降。又有研究表明,对于茄果类、根菜类、豆芽类、白菜类蔬菜在密封下贮存比不密封贮存时亚硝酸盐含量增加较小,而绿叶菜中亚硝酸盐变化规律则相反。因此在贮藏时,要根据蔬菜种类采取不同的通风与密封措施。

(2)清洗方法要正确

很多人因为担心蔬菜表面残留的农药,喜欢将蔬菜放在水中或盐水中浸泡20 min或0.5 h左右。亚硝酸盐易溶于水,采用浸泡处理可以有效地去除蔬菜中的亚硝酸盐含量,但去除效果与浸泡溶液的种类、浓度和时间有关。研究发现,在30 ℃时,用浓度为0.001 mol/L过氧化氢溶液浸泡芹菜40 min去除效果最好。但最新的国内研究显示,浸泡蔬菜比漂洗蔬菜更容易增加蔬菜中的亚硝酸盐。分析认为,可能是因为浸泡是一种无氧状态,有利于提高硝酸还原酶的活性,降低亚硝酸盐还原酶的活性,从而提高亚硝酸盐在蔬菜中的含量。其实用洗洁精洗过再漂洗干净的蔬菜中亚硝酸盐的含量明显低于用清水洗涤

的样品。实际上,长时间的浸泡还可能使叶片破损,增加营养成分的损失。有实验比较了洗洁精和自来水浸泡对蔬菜中硝酸盐含量的影响,结果发现不论何种蔬菜,经洗洁精洗涤后蔬菜的硝酸盐含量明显低于同种条件下的自来水洗涤,平均降低近100 mg/kg。洗洁精浸泡洗涤能较好地去除蔬菜体内的一部分硝酸盐,这个结果可以引导消费者正确看待洗涤剂。

（3）加工方法有影响

漂烫处理对蔬菜中硝酸盐和亚硝酸盐含量的影响规律存在差异。刘爱文等(2002)研究发现,白菜、芥菜、西洋菜经漂烫处理后亚硝酸盐含量均增高。但邱贺媛等(2005)以莴苣和筒蒿为试验材料研究发现,随着漂烫时间的延长,蔬菜体内硝酸盐、亚硝酸盐均呈现不同程度的降低,但同时维生素C等其他营养成分也会有不同程度的损失。

腌渍蔬菜中亚硝酸盐的含量也随腌渍时间增长而变化。吴艳华(2001)研究显示,大白菜在腌渍20 d后亚硝酸盐含量出现峰值,然后逐渐下降,至30 d含量降到最低。此时才是食用腌渍蔬菜的安全期。同时,腌渍蔬菜在食用前或烹调前也应多清洗、浸泡,有助于降低亚硝酸盐含量。孟良玉等(2005)研究发现,当换水4次,浸泡时间为8 h时,亚硝酸盐去除率可达90%左右。

3. 节约为本,不吃剩菜

吴润琴(2007)对20种蔬菜进行了当天与隔夜熟蔬菜中亚硝酸盐的检测,发现总体上隔夜熟蔬菜中的亚硝酸盐含量比当天熟蔬菜中的要高。吃剩菜在我国是一个比较普遍的现象。即使把剩菜放在冰箱中冷藏也不能完全阻碍微生物分解硝酸盐产生亚硝酸盐的过程,尤其是叶菜类蔬菜。因此杜绝剩菜是追求健康生活最基本的一个原则,为了防止剩菜,要严格把握食用分量,以节约为本。

4. 注意食用水

洗菜离不开水,水中亚硝酸盐的含量直接影响菜肴中亚硝酸盐的含量。如:沸腾过久的水;放置1~2 d的温开水;反复煮沸的开水;保温瓶中非当天的水;蒸锅水;有苦味的井水中亚硝酸盐的含量都比较高,不宜用于清洗和烹调。

5. 合理搭配,有效阻断亚硝酸盐

硝酸盐还原成亚硝酸盐继而形成亚硝胺的过程是可以被许多化合物或环境条件所抑制的。茶叶中的茶多酚能够阻断亚硝胺的形成。实验证明,在37 ℃,pH 3的模拟胃液条件下,绿茶可抑制胃内硝酸盐还原酶,使亚硝酸盐生成量明显降低。另外,贺观群等(2005)研究发现,用5%绿茶水溶液浸泡蔬菜15 min后使亚硝酸盐含量减少52.99%。VC在体内也可以阻断亚硝酸盐和亚硝胺的合成。食用腌渍蔬菜时,可以搭配一些富含VC的水果或果汁,如:山楂、猕猴桃、柑橘等。另外,姜汁、大蒜也可以有效清除亚硝酸盐。尤其是大蒜中的大蒜素可以抑制胃中的硝酸盐还原菌,使胃内的亚硝酸盐明显降低。

追求健康生活是每个消费者的权利,普及健康饮食理念是每个食品工作者的义务。蔬菜及其制品是中国人膳食结构中最丰富多彩的一类食物,但目前蔬菜中硝酸盐和亚硝酸盐污染日益严重。如何从源头控制,如何从食用前处理,采用何种正确合理的食用方法才既可完美体现蔬菜营养美味,又能保证蔬菜的安全性,这是摆在政府和蔬菜生产者、加工者面前亟待解决的一项重大课题。

复习思考题)))

一、填空题

1. X 射线、红外区、紫外光区、可见光区 4 个电磁波谱区,能量最小的是(　　);频率最小的是(　　);波长最短的是(　　)。

2. 单色光是指具有单一(　　)的光。

3. (　　)是指物质对光的吸收程度,用 A 表示。

4. 溶液颜色的产生是由于溶液中的粒子选择性吸收白光中特定波长的光而呈现出它所吸收的特定波长光的(　　)。

5. 某分子的电子能级差为 4ev,若要电子在两个能级之间发生跃迁,该分子需要吸收波长为(　　)nm 的光。

6. 光的基本特性是指光既具有(　　)性又具有(　　)性。

7. 按照保留 4 位有效数字的要求,52.315 0 应修约为(　　),13.245 2 应修约为(　　),11.385 6 应修约为(　　),14.855 0 应修约为(　　)。

8. 分光光度计中色散元件有(　　)和(　　)两种。

9. 可见分光光度计常采用(　　)作为光源。

10. 物质对光的吸收具有(　　)。

二、单项选择题

1. 光量子的能量正比于电磁辐射的(　　)。
   A. 频率　　　　　　B. 波长　　　　　　C. 波数　　　　　　D. 传播速度

2. 下列关于光的波粒二象性的说法中,正确的是(　　)。
   A. 有的光是波,有的光是粒子
   B. 光子与电子是同样的一种粒子
   C. 光的波长越长,其波动性越显著;波长越短,其粒子性越显著
   D. 大量光子的行为往往显示出粒子性

3. 下列现象中,说明光具有波动性的有(　　)。
   A. 光的干涉　　　B. 光的衍射　　　C. 光的反射　　　D. 光电效应

4. 分光光度计测量吸光度在(　　)时测量误差最小。
   A. <0.2　　　　　B. >0.8　　　　　C. 0.2~0.8　　　　D. >3

5. 透射率等于(　　)时,表示物质对光没有吸收。
   A. 0%　　　　　B. 50%　　　　　C. 100%　　　　D. 3.00

6. 吸光度 A 与透射率 T、入射光强度 I_0、透过光强度 I_t 之间的关系正确的是(　　)。
   A. $A = -\lg I_t/I_0$　　B. $A = -\lg I_0/I_t$　　C. $A = \lg T$　　　　D. $A = \lg I_1/I_0$

7. 一束(　　)通过有色溶液时,溶液的吸光度与溶液浓度和液层厚度的乘积成正比。
   A. 平行可见光　　B. 平行单色光　　C. 白光　　　　　D. 紫外光

8. 紫外-可见分光光度计结构中检测微弱光最常见的光电元件是(　　)。
   A. 光电管　　　　B. 光电池　　　　C. 光电倍增管　　D. 感光板

9. 配制 500 mL 20 g/L 氯化钠溶液需要氯化钠(　　)g。

  A. 200   B. 100   C. 20   D. 10

10. 在(　　)光范围内,不同波长的光会让人感觉出不同的颜色。

  A. 可见光   B. 紫外光   C. 红外光   D. X 射线

11. 下列电磁辐射光子能量最大的是(　　)。

  A. 263 nm   B. 562 nm   C. 780 nm   D. 1 500 nm

12. 在分光光度法分析中,使用(　　)可以消除试剂的影响。

  A. 用蒸馏水 B. 待测标准溶液 C. 试剂空白溶液 D. 任何溶液

13. 有两种不同颜色的溶液均符合朗伯-比耳定律,测定时若采用同一规格的比色皿,入射光强度及溶液浓度皆相等,以下说法正确的是(　　)。

  A. 透过光强度相等   B. 吸光度相等

  C. 吸光系数相等   D. 以上说法都不对

三、判断题

1. 光被物质吸收的过程中,光与物质之间没有发生能量的传递。　　　　　(　　)

2. 不同浓度的高锰酸钾溶液,它们的最大吸收波长不同。　　　　　　　　(　　)

3. 紫外-分光光度计的光源常用碘钨灯。　　　　　　　　　　　　　　　　(　　)

4. 标准曲线的横坐标是波长。　　　　　　　　　　　　　　　　　　　　(　　)

5. 不少显色反应需要一定时间才能完成,而且形成的有色配合物的稳定性也不一样,因此必须在显色后一定时间内进行。　　　　　　　　　　　　　　　　　　　(　　)

6. 分光光度计中,光与物质发生作用的场所是比色皿。　　　　　　　　　　(　　)

四、简答题

1. 简述铁-邻二氮菲法测定饮用水中铁含量的原理。

2. 简述盐酸萘乙二胺法测定硝酸盐的原理和技术要点。

3. 简述可见分光光度计测量前的调整步骤。

4. 分光光度计有哪些主要部件? 它们各起什么作用?

5. 当研究一种新的显色剂时,必须作哪些实验条件的研究? 为什么?

6. 什么是光谱吸收曲线? 什么是标准曲线? 它们有何实际意义? 利用标准曲线进行定量分析时可否使用透光度 T 和浓度 c 为坐标?

7. 何谓朗伯-比耳定律(光吸收定律)? 数学表达式及各物理量的意义如何? 引起吸收定律偏离的原因是什么?

8. 试比较紫外-可见分光光度计与原子吸收分光光度计的结构及各主要部件作用的异同点。

五、计算题

1. 计算频率为 4.47×10^{14} Hz 的可见光的波长。

2. 计算频率为 $4.47 \times 10^{15} \, \text{s}^{-1}$ 电磁波的光子的能量。

3. 计算波长为 2.0×10^5 cm 的电磁波的频率。

4. 计算波长为 0.25 nm 电磁波的光子的能量。

5. 下列波长的电磁辐射分别在电磁波谱的什么区域?

2 cm, 0.7 μm, 10 μm, 100 nm, 250 nm, 500 nm, 10 nm

6. 在《可见分光光度法测定肉制品中亚硝酸盐含量》实验中,称取 2.5 g 火腿肠经处理后定容至 250 mL 容量瓶中,吸取 10 mL 已制备好的样液于 100 mL 容量瓶中,分别加对氨基苯磺酸、盐酸萘乙二胺溶液,最后用蒸馏水定容至刻度线。待测样液吸光度为 0.389。亚硝酸盐标准系列溶液的浓度和吸光度数据见下表,试计算火腿肠中亚硝酸盐的含量(mg/Kg)。

	标准 1	标准 2	标准 3	标准 4	标准 5	样品
相当于亚硝酸盐含量/$(\mu g \cdot mL^{-1})$	0.0	2.0	4.0	6.0	8.0	
吸光度 A	0.000	0.091	0.226	0.338	0.455	0.389

7. 用磺基水杨酸法测定微量铁。标准铁溶液是由 0.216 0 g$NH_4Fe(SO_4)_2 \cdot 12H_2O$(相对分子质量为 482.178)溶于水中稀释至 500 mL 配制成;待测试液是由样液 5.00 mL 稀释至 250 mL 配制而成。吸取 2.00 mL 待测试液,同条件下显色和测得吸光度 $A = 0.500$。根据下列数据,绘制标准曲线,并求样液中铁含量(单位:mg/mL)。

标准铁溶液的体积 V/mL	0.0	2.0	4.0	6.0	8.0	10.0
吸光度 A	0.0	0.165	0.320	0.480	0.630	0.790

拓展训练　　肉制品中亚硝酸盐含量的测定——盐酸萘乙二胺法

一、实训目的

了解食品中亚硝酸盐的含量与成品质量之间的关系;掌握盐酸萘乙二胺法的基本原理与操作方法。

二、实训原理

样品经沉定蛋白质、除去脂肪后,在弱酸性条件下,亚硝酸盐与对氨基苯磺酸重氮化后,产生重氮盐,此重氮盐再与耦合试剂——盐酸萘乙二胺耦合生成紫红色化合物,其最大吸收波长为 538 nm,可测定样品的吸光度并与标准溶液比较定量。

三、仪器与试剂

1. 仪器

可见分光光度计;小型绞肉机;恒温水浴锅;25 mL 具塞比色管。

2. 试剂

①亚铁氰化钾溶液:称取 106.0 g 亚铁氰化钾,用水溶解,并定容至 1 000 mL。

②乙酸锌溶液:称取 220.0 g 乙酸锌,加 30 mL 冰乙酸,溶于水并稀释至 1 000 mL。

③饱和硼砂溶液:称取 5.0 g 硼酸钠($NaB_4O_7 \cdot 10H_2O$)溶解 100 mL 热水中,冷却后备用。

④氢氧化钠溶液(20 g/L):称取 20 g 氢氧化钠用水溶解,稀释至 1 000 mL。

⑤对氨基苯磺酸溶液(4 g/L):称取 0.4 g 对氨基苯磺酸溶解于 100 mL 20%盐酸中,置棕色瓶中避光保存。

⑥盐酸萘乙二胺溶液(2 g/L):称取 0.2 g 盐酸萘乙二胺于,溶解于 100 mL 水中,混匀后置棕色瓶中避光保存。

⑦亚硝酸钠标准储备液(200 μg/ mL):精确称取 0.100 0 g 亚硝酸钠(硅胶干燥中干燥 24 h),加水溶解后移入 500 mL 容量瓶中,用水稀释至刻度线,混匀。

⑧亚硝酸钠标准使用液(5 μg/ mL):临用前,吸取亚硝酸钠标准储备液 2.50 mL 于 100 mL 容量瓶中,用水稀释至刻度线,混匀。

3. 样品

牛肉午餐肉。

四、操作步骤

1. 样品处理

①称取 5.00 g 经绞碎混匀的样品置于 50 mL 烧杯中,加饱和硼砂溶液 12.5 mL,搅拌均匀。

②用 70 ℃左右的热水约 300 mL 将样品全部洗入 500 mL 容量瓶中,置于沸水浴加热 15 min(注意:加热时需打开瓶塞)。

③取出冷却至室温,一面转动一面滴加 5 mL 亚铁氰化钾溶液,混匀,加入 5 mL 乙酸锌溶液,以沉淀蛋白质,再加水至刻度,混匀,静置 30 min。

④除去上层脂肪,上清液用滤纸过滤,弃去最初 30 mL 滤液,收集滤液备用。

2. 亚硝酸盐标准曲线的绘制和样品测定

①取 6 支 25 mL 比色管,编号后按下表顺序加入各试剂及操作。

管　号	0	1	2	3	4	5
5 μg/ mL 亚硝酸钠标准溶液/ mL	0	0.50	1.00	1.50	2.00	
相当于亚硝酸钠含量/μg						
样品提取滤液/ mL						20.00
(4 g/L)对氨基苯磺酸溶液/ mL	2.00					
	混匀,静置 3~5 min					
(2 g/L)盐酸萘乙二胺溶液/ mL	0.5					
吸光度 A						

②加水至刻度,混匀,静置 15 min,用 2 cm 比色皿,以零号管为参比,于 538 nm 处测吸光度并记录。

③以亚硝酸钠量为横坐标(μg),以对应溶液的吸光度为纵坐标绘制标准曲线。

④用样品提取滤液的吸光度,在以上亚硝酸钠标准曲线上查出亚硝酸钠的量(μg)。

五、结果计算

样品中亚硝酸盐的含量由下式求得,计算结果保留两位有效数字。

$$X = \frac{m_1 \times 1\,000}{m_2 \times \dfrac{V_2}{V_1} \times 1\,000}$$

式中　　X——样品中亚硝酸盐的含量,mg/kg;

　　　　m_1——测定用滤液中亚硝酸钠的含量,μg;

　　　　m_2——样品的质量,g;

　　　　V_2——测定用样液的体积,mL;

　　　　V_1——样品处理液的总体积,mL。

六、能力提升

①若从标准曲线上查不到滤液所相当的亚硝酸钠量(即大于 4 μg),如何改进实验?

②采用线性回归方程法与标准曲线法得出的结果一样吗? 请分析哪一种方法得出的结果更准确?

③为什么要用试剂空白作参比溶液?

④肉制品中添加亚硝酸盐的作用是什么? 最新国家标准规定的最大允许添加量是多少? 食品中最大限量是多少?

拓展训练　　蔬菜、水果中硝酸盐的测定——紫外-可见分光光度法

一、实训目的

了解食品中硝酸盐的含量与成品质量之间的关系;掌握紫外-可见分光光度法的原理、仪器构造;熟悉紫外-可见分光光度法测量果蔬中硝酸盐的原理及操作方法。

二、实训原理

用 pH9.6~9.7 的氨缓冲液提取样品中硝酸根离子,同时加活性炭去除色素类,加沉淀剂去除蛋白质及其他干扰物质,利用硝酸根离子和亚硝酸根离子在紫外区 219 nm 处具有等吸收波长的特性,测定提取液的吸光度,其测的结果为硝酸盐和亚硝酸盐吸光度的总和,鉴于新鲜蔬菜、水果中亚硝酸盐含量甚微,可忽略不计。测定结果为硝酸盐的吸光度,可从工作曲线上查相应的质量浓度,计算样品中硝酸盐的含量。

三、仪器与试剂

1. 仪器

UV-1201 紫外-可见分光光度计;分析天平(感量 0.01 g,0.000 1 g);组织捣碎机;可调式往返振荡机;pH 酸度计(精度为 ±0.01,使用前校正)。

2. 试剂

①盐酸(HCl)。

②氢氧化铵(NH_4OH)。

③氨缓冲溶液(pH = 9.6~9.7):量取 20 mL 盐酸(3.1),加入到 500 mL 水中,混合后加入 50 mL 氢氧化铵(3.2),用水定容至 1 000 mL。用精密 pH 到 9.6~9.7。

④活性炭(粉状)。

⑤正辛醇。

⑥亚铁氰化钾溶液(15%):称取 150 g 亚铁氰化钾溶于水,定容至 1 000 mL。

⑦硫酸锌溶液(30%):称取 300 g 硫酸锌溶于水,定容至 1 000 mL。

⑧硝酸盐标准溶液：称取 0.203 9 g 经 110 ℃ ±5 ℃ 烘干至恒重的硝酸钾(优级纯),用水溶解,定容至 250 mL。此溶液硝酸根质量浓度为 500 mg/L,于冰箱内保存。

3.样品

市售蔬菜。

四、操作步骤

1.试样制备

选取一定数量有代表性的样品,先用自来水冲洗,再用水清洗干净,晾干表面水分,用四分法取样,切碎,充分混匀,于组织捣碎机中匀浆(部分少汁样品可按一定质量比例加入等量水),在匀浆中加 1 滴正辛醇清除泡沫。

2.提取

称取匀浆试样 10 g(准确至 0.01 g)于 100 mL 烧杯中,用 100 mL 水分次将样品转移到 250 mL 容量瓶中,加入 5 mL 氨缓冲溶液,2 g 粉末状活性炭。在可调式往返振荡机上(200 次/min)振荡 30 min,加入亚铁氰化钾溶液和硫酸锌溶液各 2 mL,充分混合,加水定容至 250 mL,充分摇匀,放置 5 min,用定量滤纸过滤。同时做空白试验。

3.工作曲线的配制

分别吸取 0,0.2,0.4,0.6,0.8,1.0 和 1.2 mL 硝酸盐标准溶液于 50 mL 容量瓶中,加水定容至刻度,摇匀,此标准系列溶液硝酸根质量浓度分别为 0,2.0,4.0,6.0,8.0,10.0 和 12.0 mg/L。用 1 cm 石英比色皿,于 219 nm 处测定吸光度,以标准溶液质量浓度为横坐标,吸光度为纵坐标绘制工作曲线。

4.测定

吸取样品滤液 10 mL 于 50 mL 容量瓶内,用水定容。用 1 cm 石英比色皿,于 219 nm 处测定吸光度。

五、数据处理

样品中硝酸盐含量以质量分数 ω 表示,按下式计算,结果保留到整数位。

$$\omega = \frac{\rho \times V_1 \times V_3}{m \times V_2}$$

式中　ω——样品中硝酸盐含量,mg/kg;

ρ——从工作曲线中查得测试液中硝酸盐质量浓度,mg/L;

V_1——提取液定容体积,mL;

V_2——吸取滤液体积,mL;

V_3——待测液定容体积,mL;

m——样品质量,g。

六、能力提升

①果蔬中硝酸盐的来源是哪里?

②果蔬中硝酸盐过量会对人体健康带来什么危害?

拓展训练　　饮料中苯甲酸钠含量的测定——紫外-可见分光光度法

一、实训目的

了解食品中苯甲酸钠的含量与成品质量之间的关系;掌握紫外-可见分光光度法测定饮料中苯甲酸钠的基本原理与操作方法。

二、实验原理

苯甲酸,俗称安息香酸钠,分子式为 $C_7H_5NaO_2$,性状为白色颗粒或结晶性粉末。无臭或微带安息香气味,味微甜,有收敛性;易溶于水,常温下溶解度为 53.0 g/100 mL 左右,pH 值为 8 左右。苯甲酸钠亲油性,易穿透细胞膜进入细胞体内,干扰细胞膜的通透性,抑制细胞膜对氨基酸的吸收;还能抑制细胞呼吸酶系统的活性,阻止乙酰辅酶 A 缩合反应,从而达到食品防腐的目的,是我国食品卫生标准允许使用的主要防腐剂之一,根据 GB2760—1996 国家卫生标准规定,碳酸饮料中苯甲酸钠的允许最大使用量为 0.2 g/kg。由于价格便宜,苯甲酸及其钠盐广泛使用于酱菜类、罐头类和一些碳酸饮料类食品中。过量摄入苯甲酸及其钠盐对人体肝脏产生危害,甚至有致癌的可能性。所以检测食品中苯甲酸及其钠盐的含量,对保障人们身体健康有着重要意义。由于苯甲酸钠在 200～350 nm 有吸收,因此可利用紫外-可见光光度法测定饮料中的苯甲酸钠含量。

三、仪器与试剂

1. 仪器

UV-1201 紫外-可见分光光度计(北京瑞利分析仪器公司)。

2. 试剂

①0.1 mol/L NaOH 溶液。

②$6.0 \times 10^{-3}$ mol/L 苯甲酸钠标准溶液。

3. 样品

①可口可乐公司生产的雪碧碳酸饮料 355 mL 1 瓶。

②百事公司生产的美年达碳酸饮料 355 mL 1 瓶。

③七喜公司生产的七喜碳酸饮料 355 mL 1 瓶。

四、操作步骤

①移取 6.0×10^{-3} mol/L 苯甲酸钠标准溶液 1.0 mL 于 10.0 mL 容量瓶中,加入 0.6 mL 0.1 mol/L NaOH 溶液,用去离子水定容,摇匀,以试剂空白为参比,在 200～350 nm 范围内扫描光谱吸收曲线,确定最大吸收波长 λ_{max}。

②分别移取 0.0,0.5,1.0,1.5,2.0,2.5,3.0,3.5 mL 苯甲酸钠溶液于 8 个 10 mL 容量瓶中,各加入 0.6 mL 0.1mol/L NaOH 溶液,用去离子水定容至刻度。在定量测定模式下,以试剂空白为参比,在 λ_{max} 处测定各溶液的吸光度。

③分别移取 0.50 mL 样品 1、样品 2 和样品 3 于 3 个 10 mL 容量瓶中,用超声波脱气 5 min 以驱赶二氧化碳,加入 0.6 mL 0.1 mol/L NaOH 溶液,用去离子水定容至刻度。以试剂空白为参比,在波长 λ_{max} 处测定吸光度。

④精确度的测定。吸取 2.00 mL 的样品 1 于 50 mL 容量瓶中,用超声波脱气 5 min 以驱赶二氧化碳,加入 0.6 mL 0.1 mol/L NaOH 溶液,用去离子水定容至刻度。以试剂空白为参比,在波长 λ_{max} 处测定吸光度 6 次,分别记录吸光度值,计算精密度。

⑤回收率的测定。分别吸取 2.00 mL 的样品 1 于 5 个 50 mL 容量瓶中,用超声波脱气 5 min 以驱赶二氧化碳,分别加入苯甲酸钠标准溶液 1.00,1.25,1.50,1.75,2.00 mL,再分别加入 0.6 mL 0.1 mol/L NaOH 溶液,用去离子水定容至刻度。以试剂空白为参比,在波长 λ_{max} 处测定吸光度并记录下来。

五、数据处理

①将测定结果填写在下表中,并绘制 A-c 标准曲线。

编　号	1	2	3	4	5	6	7	样品 1	样品 2	样品 3
$c/\text{mol} \cdot \text{L}^{-1}$										
A										

②根据样品测定的吸光度 A 值,利用标准曲线分别求出可乐和雪碧中苯甲酸钠的含量。

③精密度的计算。

平行测定	A_1	A_2	A_3	A_4	A_5	A_6	RSD/%
样品							

④加标回收率的计算。

苯甲酸钠标准溶液加入量 /mL	苯甲酸钠加入量 /μg	吸光度	测定值 /μg	回收率 /%
1.00				
1.25				
1.50				
1.75				
2.00				

六、能力提升

①试验中为什么要用最大吸收波长进行定量测定?

②苯甲酸和山梨酸以及它们的钠盐、钾盐是食品卫生标准允许使用的两类主要防腐剂,若样品中同时含有其他防腐剂(山梨酸),是否可以不经过分离直接测定他们的含量?请设计一个方案。

一、实训目的

掌握紫外-可见分光光度法的原理、仪器构造及操作;了解果蔬类样品的处理过程及维生素 C 的测定方法。

二、实训原理

维生素 C 又称抗坏血酸,是所有具有抗坏血酸生物活性的化合物的统称。它在人体内不能合成,必须依靠膳食供给。维生素 C 不仅具有广泛的生理功能,能防治坏血病、关节肿,促进外伤愈合,使机体增强抵抗能力,而且在食品工业上常用作抗氧化剂、酸味剂及强化剂。因此,测定食品中维生素 C 的含量是评价食品品质、了解食品加工过程中维生素 C 变化情况的重要过程之一。

维生素 C 为无色晶体,熔点在 190～192 ℃,易溶于水,微溶于丙酮,在乙醇中溶解度最低,不溶于油剂。维生素 C 在空气中稳定,但在水溶液中易被氧化和其他氧化剂氧化,生成脱氧抗坏血酸;在碱性条件下易分解,见光加速分解;在弱酸条件下较稳定。本实验利用维生素 C 具有对紫外光吸收的特性,采用紫外-可见分光光度法对果蔬中维生素 C 的含量进行测定。

三、仪器与试剂

1. 仪器

UV-1201 紫外-可见分光光度计(北京瑞利分析仪器公司);800 型离子沉淀器(上海手术机械厂);电子天平;家用果蔬绞碎机。

2. 试剂

①浸提剂:2% 草酸 +1% 盐酸混合液(体积为 1:2)。

②维生素 C 标准溶液(100 μg/mL):称取抗坏血酸 10.0 mg,用 5 mL 浸提剂溶液,小心转移到 10 mL 容量瓶中,并稀释到刻度,混匀。

3. 样品

市售番茄。

四、操作步骤

1. 维生素 C 标准系列溶液的配制及测定

①分别移取 0.00,1.25,2.50,3.75,5.00,7.50,8.00,10.00 mL 维生素 C 标准溶液于 8 个 25 mL 比色管中,用浸提剂定容,摇匀,待用。

②以浸提剂为参比溶液,用 5 号管溶液在 200～450 nm 波长范围内扫描维生素 C 的光谱吸收曲线,确定最大波长 λ_{max}。

③以浸提剂为参比溶液,测定维生素 C 标准系列溶液在 λ_{max} 处的吸收度 A。

2. 样品的制备及测定

(1)将番茄洗净、擦干,称取具有代表性样品的可食部分 100 g,放入家用果蔬绞碎机中,加入 25 mL 浸提剂,迅速捣成匀浆。称取 10～50 g 浆状样品,用浸提剂将样品移入 100 mL 容量瓶中,并稀释至刻度,摇匀。若样品呈澄清透明,则可直接取样测定,若有浑浊现象,可通过离心来消除。准确移取澄清透明的 2.00 mL 样品液,置于 25 mL 的比色管中,用浸提剂稀释至刻度处,摇匀,待用。

（2）以浸提剂为参比溶液,测定样品在 λ_{max} 处的吸光度值,记为 A_x。

3.精确度的测定

吸取 2.00 mL 的样品溶液于 25 mL 比色管中,用浸提剂稀释至刻度处,摇匀,测定 6 次,分别记录吸光度值,计算精密度。

4.加标回收率的测定

吸取 2.00 mL 的样品溶液于 25 mL 比色管中,分别加入抗坏血酸标准溶液 1.00,1.25,1.50,1.75,2.00 mL,用浸提剂稀释至刻度处,摇匀,分别测定吸光度并记录下来。

五、数据处理

①将维生素 C 标准系列溶液在 λ_{max} 处测定的吸光度 A 与其所对应的浓度填在下表中,并绘制 A-c 标准曲线。

编号	1	2	3	4	5	6	7	8	样品1	样品2
$c/\text{mol} \cdot \text{L}^{-1}$										
A										

②根据样品在波长 λ_{max} 处测定的吸光度 A 值,通过标准曲线求出所测番茄中维生素 C 的含量。

③精密度的计算。

平行测定	A_1	A_2	A_3	A_4	A_5	A_6	RSD/%
样品							

④加标回收率的计算。

维生素 C 标准溶液加入量/mL	V_C 加入量/μg	吸光度	测定值/μg	回收率/%
1.00				
1.25				
1.50				
1.75				
2.00				

六、能力提升

①实验中浸提剂选择的依据是什么？能否选择其他的一些溶液作为本实验的浸提剂？请写出理论依据。

②本实验中利用维生素 C 的紫外吸收特性,对其含量进行测定。能否利用维生素 C 对碱的不稳定性测定物质中维生素 C 的含量？请设计一个方案。

拓展训练　　可口可乐中咖啡因含量的测定——紫外-可见分光光度法

一、实训目的

熟悉紫外-可见分光光度法测定饮料中咖啡因含量的方法。

二、实训原理

咖啡因是一种生物碱,存在于多种植物的叶子、种子和果实中。少量食用咖啡因能起到提神、消除疲劳的作用,但食用过量会引起呼吸加快、血压升高,甚至呕吐等症状。饮料中咖啡因的含量有限量要求。

本实验利用咖啡因在紫外光区有吸收的特点,采用标准曲线法对可乐饮料中咖啡因进行定量分析。

三、仪器与试剂

1. 仪器

紫外-可见分光光度计;250 mL 分液漏斗;100 mL,10 mL 具塞比色管。

2. 试剂

无水硫酸钠;三氯甲烷;0.1 mol/L 高锰酸钾溶液;5% 亚硫酸钠 + 5% 硫氰酸钾混合溶液(1:1);15% 磷酸溶液;2.5 mol/L 氢氧化钠溶液;200 μg/mL 咖啡因标准溶液。

四、操作步骤

①移取 200 μg/mL 咖啡因标准溶液 1.0 mL 于 10.0 mL 容量瓶中,用三氯甲烷定容后摇匀,以溶剂为参比,在 200~350 nm 范围内扫描光谱吸收曲线,确定最大吸收波长。

②准备 8 支 10 mL 比色管,分别加入咖啡因标准溶液 0.00,0.25,0.50,0.75,0.90,1.00,1.20,1.50 mL,用三氯甲烷定容,摇匀。以溶剂为参比溶液,分别测定标准系列溶液的吸光度。

③取可乐饮料 20.0 mL 置于 250 mL 分液漏斗中,加入 5 mL 0.1 mol/L 高锰酸钾溶液,摇匀,静置 5 min。加入 10 mL 亚硫酸钠和硫氰酸钾混合溶液,摇匀,加入 1 mL 15% 磷酸溶液,摇匀,加入 2 mL 2.5 mol/L 氢氧化钠溶液,摇匀,加入三氯甲烷 50 mL,振摇 100 次,静置分层,收集三氯甲烷。水层再加入 40 mL 三氯甲烷,振摇 100 次,静置分层。合并两次三氯甲烷萃取液于 100 mL 容量瓶中,并用三氯甲烷稀释定容,摇匀,待用。

④取 20 mL 待测样品的三氯甲烷制备液,加入 5 g 无水硫酸钠,摇匀,静置。以三氯甲烷为参比,测定最大吸收波长处的吸光度。

五、数据处理

绘制咖啡因 A-c 标准曲线,根据待测样的吸光度在标准曲线上查出可乐中咖啡因的含量。

六、能力提升

在处理待测样品时,所用的试剂作用分别是什么?

油炸方便面中丙二醛含量的测定——可见分光光度法

一、实训目的

学习食品中丙二醛测定原理和方法,掌握可见分光光度计的使用。

二、实训原理

油脂受到光、热、空气中氧的作用,发生酸败反应,分解出醛、酮之类的化合物。丙二醛就是脂质过氧化物的分解产物之一,一般从丙二醛的含量可反映油脂过氧化的程度。丙二醛能与 TBA(硫代巴比妥酸)作用生成粉红色化合物,在 532 nm 波长处有最大吸收峰,利用此性质对方便面中丙二醛进行定量分析,从而推导出油脂酸败的程度。

三、仪器与试剂

1. 主要仪器

可见分光光度计。

2. 试剂

①丙二醛标准储备液(100 μg/mL):准确称取 1,1,3,3-四甲氧基丙烷(简称 TMP)32.1 mg,用 50 mL 无水乙醇溶解后,用水定容至 1 000 mL 容量瓶中,置于棕色试剂瓶中,放于冰箱内储存。

②TMP 标准使用液(1 μg/mL):准确吸取标准储备液 1 mL 于 100 mL 容量瓶中,再加蒸馏水至刻度,储于棕色试剂瓶中。

四、操作步骤

①取试管(1.5 × 10 cm)分别标明测定、标准及空白。于测定管中加入用乳钵研碎的方便面 0.1 g 及蒸馏水 0.5 mL。标准管及空白管分别加入标准使用液及蒸馏水各 0.5 mL。每管再加入 5% TCA(三氯乙酸)2.5 mL 和 0.2% TBA(硫代巴比妥酸)3.0 mL。

②放入 90 ℃左右的水浴中加热 30 min,注意防止液体外溢。取出后置冷水中冷却,再各加三氯甲烷 3 mL,用塑料盖盖紧管口,用力震荡 10 余次。

③放入 4 ℃冰箱中约 20 min。离心沉淀 10 min(3 000 r/min),便可得到澄清的上层水相。

④吸取上清液,以空白管对照,于 532 nm 波长下进行测定,记录吸光度值。

五、数据处理

$$丙二醛含量(nm/g) = \frac{测定管吸光度}{标准管吸光度} \times 5.0 \times \frac{1.0}{0.1}$$

咔唑比色法测定果酱中的果胶含量

一、实训目的

了解不溶性膳食纤维;掌握不溶性膳食纤维的测定方法。

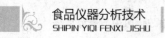

二、实训原理

果胶是不同程度甲酯化和中和的半乳糖醛酸以 α-1,4 键形成的聚合物,包括原果胶、果胶酸酯、果胶酸。果胶广泛分布在水果和蔬菜中,具有增稠、稳定和乳化的性能,在食品工业中用途较广,可以生产果酱、果冻和高级糖果等。

果胶经水解后产生半乳糖醛酸,在强酸中与咔唑试剂发生综合反应,生成紫红色物质,对 530 nm 波长有最大吸收。其呈色强度与半乳糖醛酸含量成正比,由此可进行定量分析。

三、仪器与试剂

1. 仪器

可见分光光度计。

2. 试剂

①精制乙醇:取无水乙醇或 95% 乙醇 1 000 mL,加入锌粉 4 g,硫酸水溶液(1 + 1)4 mL,在水浴中回流 10 h,用全玻璃仪器蒸馏,馏出液每 1 000 mL 加锌粉和氢氧化钾各 4 g,重新蒸馏一次。

②0.15% 咔唑乙醇溶液:称取咔唑(化学纯)0.150 g,溶解于精制乙醇中并定容到 100 mL。咔唑溶解缓慢,需加以搅拌。

③半乳糖醛酸标准溶液:称取半乳糖醛酸 100 mg,溶于蒸馏水中并定容至 100 mL,得到浓度为 1 mg/mL 的半乳糖醛酸储备液。称取储备液 1.0,2.0,3.0,4.0,5.0,6.0,7.0 mL,分别注入 100 mL 容量瓶中,稀释至刻度,即得半乳糖醛酸标准系列溶液,浓度依次为 10,20,30,40,50,60,70 μg/mL。

四、操作步骤

1. 绘制标准曲线

取 8 支 50 mL 比色管,各加入浓硫酸 12 mL,置冰浴中,边冷却边缓慢地依次加入半乳糖醛酸标准系列溶液各 2 mL。充分混合后,再置冰浴中冷却至室温,然后在沸水浴中准确加热 10 min,用流水速冷至室温,各加入 0.15% 咔唑液 1 mL,充分混合,至室温下暗处放置 30 min,以 0 号管为空白在 530 nm 波长下依次测定标准系列溶液的吸光度,绘制标准曲线。

2. 提取果胶

称取草莓果酱 20 g,注入 250 mL 烧瓶中,加入无水乙醇 100 mL,充分搅拌混合后盖以表玻璃。在 85 ~ 90 ℃ 恒温水浴上加热 20 min,冷却,并静置 1 h 后,用玻璃滤器,在轻微抽气下过滤,弃去含糖的乙醇滤液。沉淀用乙醇分次洗涤,除去糖分,直至滤液无色(检验至无糖或接近无糖)。然后,将沉淀移入 250 mL 三角烧瓶,并用加热至沸的 0.05 mol/L HCl 溶液 150 mL 将滤器上残留的沉淀无损地洗入同一烧瓶中,摇匀,接上回流冷凝管,在沸水浴上抽提 1 h,冷却至室温,用蒸馏水定容至 200 mL。混合后,先经脱脂棉粗滤,再用滤纸过滤。移取澄清液 10 mL,注入 100 mL 容量瓶中,加水定容。移取稀释液 2 mL,按半乳糖醛酸标准曲线法操作,测定其吸光度,由标准曲线查出稀释液中半乳糖醛酸的浓度。

五、数据处理

$$果胶物质(以半乳糖醛酸计,\%) = \frac{\rho \times V \times K}{m \times 10^6} \times 100\%$$

式中 ρ——对照标准曲线求得的果胶提取稀释液的果胶含量,μg/mL;

V——果胶提取液原液体积,mL;

K——果胶提取液稀释倍数

M——样品质量,g;

10^6——将 μg 换算为 g 的系数。

六、说明

①硫酸浓度直接关系到显色反应,半乳糖醛酸在低浓度的硫酸中与咔唑试剂的呈色度极低,甚至不起呈色反应;而仅在硫酸中才可使其充分显色。应保证标准曲线、样品中所用的硫酸浓度一致;此外硫酸的纯度对其呈色反应也有一定影响,测定样品时必须选用与标准曲线的制作相同规格和批次的硫酸,以消除其误差。

②可溶性糖类的存在会干扰咔唑的呈色反应,使结果偏高,故提取果胶前需充分洗涤除去可溶性糖类。

③糖分的检测:取待测检液 0.5 mL,注入小试管中,加入 50 g/L 萘酚的乙醇溶液 2～3滴,充分混合,此时溶液稍有白色浑浊。然后,试管稍微倾斜,用吸管沿管壁徐徐加入浓硫酸 1 mL(注意水层与浓硫酸不可混合)。将试管稍予静置后,若在两液层的界面产生紫红色色环,则证明检液含有糖分。

拓展训练　马铃薯中龙葵素的测定——紫外-可见分光光度法

一、实训目的

了解马铃薯中的龙葵素;掌握龙葵素的定量分析方法。

二、实训原理

马铃薯毒素又称作龙葵素,是由葡萄糖残基和茄啶组成的一种弱碱性糖苷,属于生物碱类物质,广泛存在于马铃薯、番茄及茄子等茄科植物中。龙葵素在马铃薯中的含量一般在 0.005%～0.01% 之间,在贮藏过程中含量逐渐增加,尤其是发芽后,其幼芽和芽眼部分的龙葵素含量高达 0.3%～0.5%。龙葵碱对胃肠道黏膜有较强刺激性和腐蚀性,对中枢神经有麻痹作用,对红细胞有溶血作用。

龙葵素不溶于水、乙醚及氯仿,但能溶于乙醇。本实验利用龙葵素在稀硫酸中与甲醛溶液作用生成橙红色化合物,于 520 nm 波长下测定吸光度。

三、仪器与试剂

1. 仪器

离心机;旋转蒸发仪;紫外-可见分光光度计。

2. 试剂

龙葵素标准储备液(1 mg/mL):精确称取 0.100 0 g 龙葵素,以 1% 硫酸溶液溶解并定容至 100 mL。

四、操作步骤

1. 样品提取

称取捣碎的马铃薯样品 20 g 于匀浆器中，加 100 mL 95% 乙醇溶液，匀浆 3 min。将匀浆离心 10 min(4 000 r/min)，取上清液，残渣用 20 mL 乙醇溶液洗涤两次，并入上清液。将上清液于旋转蒸发仪上浓缩至干。用 5% 硫酸溶液溶解残渣，过滤后将滤液用浓氨水调至中性，再加 1～2 滴浓氨水调 pH 10～10.4，再于 80 ℃ 水浴中加热 5 min，冷却后置冰箱中过夜，使龙葵碱沉淀完全。离心，倾去上清液，以 1% 氨水洗至无色透明，将残渣用 1% 硫酸溶液溶解并定容至 10 mL，此为龙葵素提取液。

2. 标准曲线制作

用龙葵素标准储备液配成 100 μg/mL 浓度的标准使用液。分别吸取 0,0.1,0.2,0.3,0.4,0.5 mL 龙葵素标准使用液于 10 mL 比色管中，用 1% 硫酸溶液补足至 2 mL，在冰浴中各滴加浓硫酸至 5 mL(滴加速度要慢，时间应不少于 3 min)，摇匀。静置 3 min，然后在冰浴中滴加 1% 甲醛溶液 2.5 mL 静置 90 min，于 520 nm 波长下测定吸光度，绘制标准曲线。

3. 样品测定

吸取样品提取液 2 mL 于 10 mL 比色管，在冰浴中滴加浓硫酸至 5 mL(滴加速度要慢，时间应不少于 3 min)，摇匀。静置 3 min，然后在冰浴中滴加 1% 甲醛溶液 2.5 mL 静置 90 min，于 520 nm 波长下测定吸光度。

五、数据处理

$$每 100 \text{ g} 马铃薯中龙葵素的含量 = \frac{m_1 \times \dfrac{1}{1\,000}}{m_2 \times \dfrac{V_1}{V}} \times 100$$

式中　　m_1——由标准曲线查得的龙葵素的量,μg;

m_2——样品质量,g;

V_1——测定时吸取样品提取液的体积,mL;

V——样品提取后定容总体积,mL。

六、能力提升

①生物碱是一类什么物质? 有何特点?

②如何预防龙葵素中毒?

项目3
原子吸收光谱分析法

项目描述

◎阐述原子吸收光谱分析法的基本原理知识和原子吸收分光光度计的结构及其工作原理。通过案例学习原子吸收分光光度计的操作方法、技术要点及利用标准曲线进行定量分析的方法。介绍维护和保养仪器的一般性工作。

学习目标

◎了解原子吸收光谱的产生及共振线等基本概念。

◎能认知原子吸收分光光度计的基本构造并能正确表述其工作原理及操作技术要点。重点掌握空心阴极灯、火焰原子化器和石墨炉原子化器的结构及工作原理。

◎掌握优选测定条件的基本方法及定量分析的依据和实验技术。

◎熟悉仪器的使用及日常维护与保养方法。

技能目标

◎能正确设置分析条件。

◎能熟练应用原子吸收光谱分析法进行样品分析检测及数据处理。

◎能够对仪器进行日常维护和保养工作。

□ **案例导入**：

原子吸收光谱分析法的产生

原子吸收光谱分析法又称原子吸收分光光度法,简称 AAS。它是基于被测元素的基态原子蒸气对该元素共振线的吸收来进行定量分析的方法。

1802 年,科学家伍朗斯顿(W. H. Wollaston)在研究太阳发射的连续光谱时,发现存在一系列暗线,称之为福氏线。1860 年本生(R. Bunson)和基尔霍夫(G. Kirchhoff)在研究碱金属和碱土金属元素的光谱时,发现钠蒸汽发射的谱线会被处于较低温度的钠蒸汽所吸收,而这些吸收线与太阳光连续光谱中的暗线的位置相一致。这一事实说明了福氏线是太阳外围大气圈中存在的 Na 原子对太阳光中所对应的钠辐射线吸收的结果,于是揭开了原子吸收的面纱。1955 年,澳大利亚的科学家瓦尔西(A. Walsh)发表了著名论文《原子吸收光谱在化学分析中的应用》,奠定了原子吸收光谱法在化学分析领域的理论基础。19 世纪 50 年代末,美国的 PE 公司最先推出了原子吸收光谱商品仪器。到了 20 世纪 60 年代中期,原子吸收光谱分析法开始进入迅速发展的阶段。

任务 3.1　认识原子吸收分光光度计

3.1.1　原子吸收分光光度计的类型

原子吸收分光光度计型号繁多,自动化程度也各不相同,按分光系统不同可分为单光束和双光束两种类型,如图 3.1 所示。

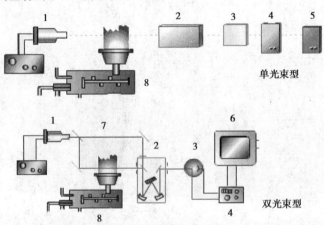

图 3.1　原子吸收分光光度计结构示意图

1—空心阴极灯;2—单色器;3—检测器;4—放大器;
5—记录仪;6—微处理机;7—斩光器;8—原子化器

1）单光束型

单光束型仪器只有一个光束。由空心阴极灯发出的特征谱线经过待测原子蒸气被吸收后，未被吸收的谱线进入单色器，经过分光后由检测器检测到光信号经转换、放大，最后由记录仪记录并显示出来。单光束型仪器结构简单，灵敏度能够满足日常分析的需要。但会因光源不稳定而引起基线漂移，使用时需预热光源，并在测量时经常校正零点。

2）双光束型

双光束型仪器从空心阴极灯发出的光被斩光器分成两束，一束为通过原子化器的测量光，另一束为不通过原子化器的参比光。两束光会合到单色器检测，其他部分与单光束型相同。由于两束光来自同一光源，可以克服光源不稳定造成基线漂移的影响，仪器的精确度和准确度均优于单光束型仪器。使用时，空心阴极灯不需要预热便可进行测定，但由于参比光束不通过火焰，因此不能消除火焰背景的影响。

目前生产的原子吸收分光光度计多为双光束型仪器，大都带有微处理机。配合软件操作系统，微处理机可以设计分析流程、设定仪器分析参数、进行信号处理、记录检测信号、计算分析结果，若配有自动进样装置，可以使整个分析过程实现自动化。

3.1.2 仪器结构及工作原理

不论是单光束型还是双光束型，原子吸收分光光度计均由光源、原子化器、分光系统和检测系统四部分组成。以测定镁元素为例，介绍原子吸收分光光度计的工作流程。如图3.2所示，含有待测元素镁的试液经原子化器喷射成雾状进入燃烧火焰，在高温下含镁元素的雾滴被原子化成基态镁原子蒸气。由稳压电源供电，光源（空心阴极灯）发出波长为285.2 nm 的镁的共振线。当具有一定强度的共振线通过一定厚度的基态镁原子蒸气时，被基态镁原子吸收而使强度减弱，通过单色器的分光作用再由检测器检测出光信号，转换器转换成电信号，经放大器放大后由记录仪记录下共振线被减弱的程度，根据朗伯-比耳吸收定律即可确定试样中镁的含量。

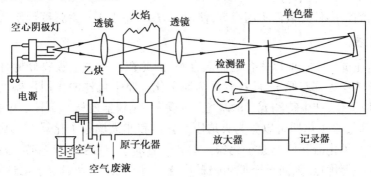

图3.2 原子吸收分光光度计工作流程

1）光源

（1）光源的作用及要求

光源辐射待测元素的特征谱线。它应满足以下基本要求：能发射待测元素的共振线；

发射线宽度远小于吸收线宽度;辐射强度足够大;光强度稳定且背景小;使用寿命长。

（2）空心阴极灯的构造

目前应用最为广泛的是空心阴极灯,结构如图 3.3 所示。空心阴极灯是一种气体放电灯。灯管是由硬质玻璃制成。灯的窗口根据辐射波长不同选用不同的材质制成。辐射波长在 370 nm 以上用光学玻璃,在 370 nm 以下用石英玻璃。所谓空心阴极是由一根内径为几毫米的金属圆筒,圆筒内壁熔入被测元素,下部用钨镍合金支撑。阳极由钛、铁、钽或

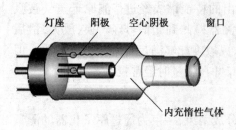

图 3.3　空心阴极灯结构示意图

其他材料制成,下部也用钨镍合金支撑。灯内充有低压惰性气体氖气或氩气。

（3）空心阴极灯的工作原理

通电后,在电场作用下,电子由阴极飞向阳极。途中与惰性气体原子碰撞,使部分惰性气体原子电离为正离子,同时释放出二次电子。在电场作用下,这一过程持续进行,使正离子与电子数目增加。正离子在电场作用下飞向阴极,撞击阴极表面,将被测元素的原子从晶格中溅射出来。同时,阴极受热也导致阴极表面的被测原子热蒸发。溅射和蒸发出来的原子大量聚集在空心阴极灯内,再与受到加热的电子、离子、原子发生碰撞而受到激发,当它们自发地返回基态时发射出相应的谱线。由于从基态跃迁到第一激发态所发生的概率最大,因此从第一激发态返回到基态的原子数量也最多,就发射出足够强度的待测原子所需的共振线。

（4）空心阴极灯的类型

从空心阴极灯的工作原理可以看出,其结构中有两个关键的部分:一是阴极圆筒内层的材料,只有衬上被测元素的金属,才能发射出该元素的特征共振线,所以空心阴极灯也叫元素灯;二是灯内充有低压惰性气体,其作用是一方面被电离为正离子,引起阴极内层材料的溅射,另一方面是传递能量,使被溅射出的原子激发,发射该元素的共振线。空心阴极灯有单元素灯和多元素灯两种。空心阴极中只含有一种元素的是单元素灯;含有多种元素的是多元素灯。单元素灯只能用于该元素测定,如果要测定其他元素就必须更换相应的灯。多元素灯可以测定多种元素而不用换灯,使用较方便,但由于发射强度低使用不普遍。

2）原子化器

待测元素在试样中一般以化合物状态存在,因此在进行原子吸收分析时,首先应使待测元素由分子转变为基态原子,此过程称为原子化。原子化器的作用是提供能量,使试液干燥、蒸发并原子化,产生待测元素的基态原子蒸气,是仪器的核心部件。根据提供原子化能量的方法不同,原子化器可以分为火焰原子化器和非火焰原子化器,其中非火焰原子化器包括石墨炉原子化器和低温原子化器。前者具有简单,快速,对大多数元素有较高的灵敏度和检测极限等优点,因而至今使用仍最广泛。近年来,非火焰原子化技术有了较大进展,它比火焰原子化技术具有更高的原子化效率、灵敏度和检测极限,因而发展很快。

（1）火焰原子化器

①预混合型火焰原子化器的结构。由喷雾器、雾化室和燃烧器三部分组成,如图 3.4 (b)所示。在毛细管外壁与喷嘴口构成的环形间隙内,由于高压助燃气以高速通过,于此处造成负压区,从而将试液沿毛细管吸入,并将被高速气流分散成溶胶（即成雾滴）,如图

3.4(a)所示。为了减小雾滴的粒度,在雾化器前几毫米处放置一撞击球,喷出的雾滴经节流管碰在撞击球上,进一步分散成细雾。在雾化室,燃气、助燃气与细雾充分混合均匀。由两组冀片构成扰流器,可除去大雾滴,较大的雾滴凝结在壁上,从雾化室下部的废液排出管排出。废液排出管应用水封住,以防止气体从此逸出。而最细的雾滴则进入燃烧器。燃烧器产生火焰使进入火焰的气态混合物干燥、蒸发并原子化,形成基态待测原子蒸气。

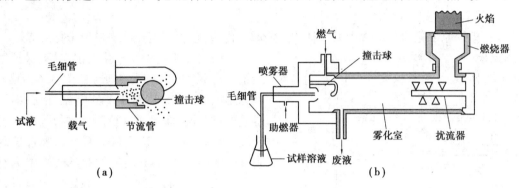

图 3.4 预混合型火焰原子化器结构示意图

燃烧器的喷灯有"孔型"和"长缝型"两种。一般采用吸收光程较长的单缝式燃烧器,多用不锈钢制成。这种类型的燃烧器金属边缘宽,散热较快,不需要水冷。为了适应不同组成的火焰,一般仪器配有两种以上不同规格的单缝式燃烧器,一种是缝长 100 ~ 110 mm、缝宽 0.5 ~ 0.6 mm 适用于空气-乙炔火焰;另一种是缝长 50 mm、缝宽 0.46 mm 适用于氧化亚氮-乙炔火焰。

正常燃烧的火焰结构由预热区、第一反应区、中间薄层区和第二反应区组成,如图 3.5 所示。预热区在灯口狭缝上方不远处,上升的燃气被加热至 350 ℃ 而着火燃烧。第一反应区在预热区的上方,是燃烧的前沿区。此区域反应复杂生成多种分子和游离基,产生连续分子光谱对测定有干扰,不宜作为原子吸收测定区域使用。但对于易原子化、干扰效应小的碱金属分析可在此区域测定。中间薄层区在第一和第二反应区之间,温度达到最高点,是光源辐射共振线通过的

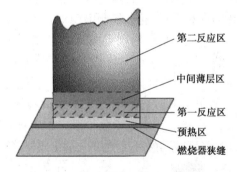

图 3.5 火焰结构示意图

主要区域和原子吸收分析的主要测定区。第二反应区在火焰的上半部,覆盖火焰的外表面,此区域火焰中基态原子蒸气浓度较低,不便于测定。燃烧器不仅应满足使火焰稳定、原子化效率高、吸收光程长、噪声小、背景低的要求,还能调节角度和高度以便选择合适的火焰部位进行原子化。

②火焰类型。不同燃气、助燃气产生的火焰类型不同,对测定的灵敏度、稳定性和干扰有很大影响。常用的火焰有空气-乙炔、氧化亚氮-乙炔、空气-氢气等多种,应根据待测元素的性质选择不同类型的火焰。

③火焰原子化器的特点。优点:结构简单,操作方便,应用较广;火焰稳定,重现性及精密度较好;基体效应及记忆效应较小。缺点:雾化效率低,原子化效率低,一般只有约10%

的试液被原子化,其余试液由废液管排出;使用的燃气、助燃气稀释了原子蒸气,故灵敏度比非火焰原子化器低;测定易生成难熔氧化物的金属原子时原子化效率更低。可以用来检测钾、钙、钠、镁、铜、铁、锌、锰、镉等金属元素。

非火焰原子化器可以提高原子化效率,使灵敏度增加 10～200 倍,因而近年来得到较多的应用。

（2）石墨炉原子化器

石墨炉原子化器是最常用的一种非火焰原子化器,它利用电热能提供原子化的能量。

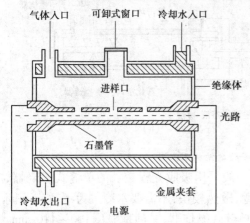

图 3.6 石墨炉原子化器结构示意图

①结构。石墨炉原子化器由电源、保护气系统、石墨管炉三部分组成,如图 3.6 所示。电源提供 10～25 V、500 A 的电流,使石墨管迅速加热升温,而且通过控制可进行程序梯度升温。最高温度可达 3 000 ℃。石墨管长约 50 mm,外径约 9 mm,内径约 6 mm,管中央有一个小孔,用以加入试样。光源发出的辐射线从石墨管的中间通过,管的两端与电源连接,并通过绝缘材料与保护气系统结合成一个完整的炉体。保护气系统是控制保护气的,常使用惰性气体氩气。

②工作过程。仪器启动后,保护气氩气流通,赶走石墨管中的空气。空烧完毕后,切断保护气,从进样口加入样品（1～50 μL 溶液或几毫克固体）。通过控制电源对石墨管进行程序升温,使样品干燥、灰化。此时,外气路系统中的氩气从管两端流向管中心,由管中心孔流出,可以有效除去在干燥和挥发过程中的溶剂、基体蒸气,同时保护了已原子化的原子不再被氧化。在原子化阶段,停止通气,以延长原子在吸收区内的平均停留时间,避免对原子蒸气的稀释作用。光源发出的共振线从石墨管的中间通过,生成的基态原子蒸气吸收共振线发生跃迁。石墨炉炉体四周通有冷却水,以保护炉体。原子化阶段完成后石墨管继续升温进行高温除残。通过检测透过的共振线光强度减弱的程度就可以量化成样品中待测元素的含量。

石墨炉程序升温的过程

石墨炉程序升温的过程包括干燥、灰化、原子化及高温除残 4 个阶段,如图 3.7 所示。

a. 干燥:其目的主要是除去溶剂,即在溶剂沸点温度下加热使溶剂完全挥发,以避免溶剂存在时导致灰化和原子化过程飞溅。干燥的温度一般稍高于溶剂的沸点,如水溶液一般控制在 105 ℃。对于水溶液,干燥温度为 100 ℃。干燥时间依据进样量而定,一般每 1 μL 试液需约 1.5 s。

b. 灰化:此过程相当于化学预处理,其目的是破坏和蒸发除去易挥发的基体和有机物,在原子化阶段前尽可能将干扰物质与待测元素分开,以减少共存物和背景吸收的干扰。最合适的灰化温度及时间随样品及元素性质而异,需要通过实验确定,一般情况下,灰化温度在 100 ~ 1 800 ℃,时间为 0.5 ~ 1 min。

c. 原子化:使以盐类或氧化物等形式存在的待测元素转化为基态原子,供吸收测定。原子化的温度随被测元素的不同而异,原子化时间也不尽相同,应该通过实验选择最佳的原子化温度和时间,这是原子吸收光谱分析的重要条件之一。一般温度可达 2 500 ~ 3 000 ℃,时间为 3 ~ 10 s。

d. 高温除残:其目的是除去石墨管上的残留分析物,消除记忆效应。通常在一个样品测定结束后,把温度提高,一般高于原子化温度10%左右,并保持一段时间。

③石墨炉原子化法的特点。见表3.1。

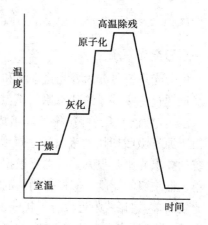

图 3.7 石墨炉原子化器
程序升温的过程

表 3.1 石墨炉原子化法的特点

优点	灵敏度高,检测限低	因为在原子化时停止通过惰性气体,使石墨炉管内原子蒸气不被稀释,基态原子在吸收区域内平均停留时间长;经干燥、灰化过程,起到了分离、富集的作用使原子化效率高
	原子化温度高	可用于较难挥发和原子化元素的分析;由于惰性气体的存在,对易形成难解离氧化物的元素分析更为有利
	进样量少	溶液试样量仅为 1 ~ 50 μL,固体试样量仅为几毫克
缺点	精确度较差	石墨炉管内温度不均匀,进样量、进样位置的变化均会引起管内基态原子浓度不均匀;相对误差为 3% ~ 12%,高于火焰原子化器
	基体效应、化学干扰较严重	石墨炉有记忆效应;管壁能辐射很强的连续光,背景较强;噪声大
	仪器较复杂	价格较贵,整个过程需要水冷却

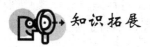 **知识拓展**

低温原子化法

低温原子化法又称化学原子化法,是应用化学反应在室温至几百摄氏度条件下进行原子化的方法。常用的有汞低温原子化法和氢化物原子化法。

(1)汞低温原子化法。用于测定汞的原子吸收法。用 $SnCl_2$ 或盐酸羟胺将试液中汞离子还原为金属汞。由于汞的沸点较低,仅为 375 ℃,可用氮气、氩气或空气将汞蒸气带入气体吸收池内,在波长 253.7 nm 下用原子吸收法测定。根据此原理已制成专用的测汞仪。此法灵敏度很高,最低检测限可达 0.01 μg。

(2)氢化物原子化法。利用一些元素如砷、硒、碲、锡、铅、锗等,在强还原剂(如 $NaBH_4$,KBH_4)作用下,生成氢化物气体,用惰性气体引入石英管加热,进行原子化及吸光度的测量。此法可将被测元素从大量的溶剂中分离出来,其检测限比火焰法低 1 ~ 3 个数

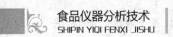

量级,且选择性好,干扰少。本书项目4对该方法作详细说明。

3)分光系统

分光系统可分为外光路系统和单色器两部分。外光路系统使光源发出的共振线能正确地通过待测试样的基态原子蒸气,并投射到单色器的狭缝上。单色器主要由色散元件(光栅或棱镜)、反射镜、狭缝等组成,其作用是将待测元素的共振线与其邻近谱线分开。由于原子吸收所用的吸收线是锐线光源发出的共振线,它的谱线比较简单,因此对分光系统的要求并不是很高。通常要根据谱线的结构和待测元素共振线附近有无干扰线来决定单色器狭缝的宽度。应根据测定的需要调节合适的狭缝宽度。例如,如果待测元素的谱线比较简单,共振线附近没有干扰线,如碱金属、碱土金属,且连续背景很小,则狭缝宽度宜较大,这样能使集光本领增强,有效提高信噪比,降低检测限。相反,若待测元素的谱线较复杂,如铁族元素、稀土元素等,且有连续背景,则狭缝宽度宜小,这样可减小非吸收线的干扰,得到线性好的工作曲线。

4)检测系统

检测系统主要由检测器、放大器、对数转换器、显示装置等组成。常采用灵敏度很高的光电倍增管作为检测器,将单色器分出的微弱光信号转化为可测的电信号,经放大器放大,由对数转换器将电信号转变成与试样浓度呈线性关系的数值,由仪表显示出来。现代一些原子吸收分光光度计中还设有自动调零、自动校准、积分读数、曲线校直等装置,并应用微处理机绘制、校准工作曲线以及高速处理大量测定数据及整个仪器的操作及管理等。

□ 案例导入:

原子吸收光谱分析法在我国的发展

原子吸收光谱分析法是20世纪50年代原子光谱分析的重大进展。20世纪80年代中期,国内原子吸收光谱仪器开始微机化的进程,仪器的主要操作实现了自动控制,数据处理实现了微机化,自动化程度已达到相当高的水平。主要零部件如石墨管、自动进样器、流动注射联用装置等都已国产化,生产的火焰原子吸收分光光度计的基本性能与国外同类仪器可媲美,石墨炉原子吸收分光光度计的性能有了大幅提高。应用领域不断扩展,特别在环境、生物治药、食品分析检测等方面得到了广泛应用。

任务3.2 学习原子吸收光谱分析法的原理

3.2.1 原子吸收光谱的产生

任何元素的原子,都是由带正电荷的原子核和围绕着它运动的电子所组成。每个电子处在一定的能级上,具有一定的能量,在正常情况下,原子处于稳定状态,它的能量最低,这种状态称为基态。在外加光能、电能或热能的作用下,最外层电子吸收一定的能量而跃迁到较高的能级上去,此时原子处于激发态。基态原子的外层电子向激发态跃迁时需要的能量正好与电子能级差 ΔE_e 相等,即

$$A^\circ + h\nu \rightarrow A^*$$

$$\Delta E_e = E_{A^*} - E_{A^\circ} = h\nu \tag{3.1}$$

当具有一特定波长的光通过基态原子蒸气时,如果辐射频率相当于原子中的电子由基态跃迁到高能态所需的能量频率,原子就会吸收入射光的能量,发生共振吸收,引起入射光光强度的变化,产生原子吸收光谱。

3.2.2　共振线

原子受外界能量激发,其最外层电子可能跃迁到不同能级,因此可能有不同的激发态。电子从基态跃迁到能量最低的激发态——第一激发态,称为共振跃迁,所产生的吸收谱线称为共振吸收线;当电子从第一激发态返回基态时,则发射出同样频率的谱线,称为共振发射线。由于各种元素的原子结构和外层电子排布不同,不同元素的原子从基态跃迁至第一激发态(或由第一激发态返回基态)时,吸收(或发射)的能量不同,因此各种元素的共振线不同且各具特征,故共振线又被称作是元素的特征谱线。对大多数元素来说,从基态跃迁到第一激发态发生的概率最大,因此共振线是元素所有谱线中的最灵敏的谱线。在原子吸收光谱分析中,就是利用待测元素的基态原子蒸气,对光源辐射的共振线的吸收程度来进行定量分析的。

3.2.3　原子吸收光谱定量分析的基本原理

如图 3.8 所示,锐线光源的发射线通过一定厚度的原子蒸气,被基态原子所吸收,吸光度与原子蒸气中待测元素的基态原子数的关系遵循朗伯-比耳吸收定律,故

$$A = \lg \frac{I_0}{I} = K'N_0L \tag{3.2}$$

图 3.8　原子吸收示意图

式中　A——吸光度;

　　　I_0,I——入射光和透射光的强度;

　　　N_0——单位体积基态原子数;

　　　L——光程长度;

　　　K'——与实验条件有关的常数。

式(3.2)表示吸光度与蒸气中基态原子数呈线性关系。常用的火焰原子化法中,火焰温度低于 3 000 K,火焰中基态原子占绝大多数,因此可以用基态原子数 N_0 代表吸收辐射的原子总数。在确定的实验条件下,试样中待测元素的浓度 c 与蒸气中原子总数 N 的关系如下

$$N = ac \tag{3.3}$$

式中　a——比例常数。

将式(3.3)代入式(3.2)得

$$A = KcL \qquad\qquad (3.4)$$

该式表示在确定的实验条件下,吸光度与试样中待测元素浓度呈线性关系,这就是原子吸收光谱定量分析的依据。

3.2.4　原子吸收光谱分析法的特点

原子吸收分光光度法作为一种十分重要的定量分析方法,具有以下特点:

①灵敏度高。火焰原子化法的检测限可达 ng/mL 级,石墨炉原子化法更低,可达 $10^{-10} \sim 10^{-13}$ g。这是化学分析、紫外-可见分光光度法所不及的。因此,原子吸收光谱分析法更适宜于微量、痕量元素的测定。

②精确度好。火焰原子吸收法测定中等含量和高含量元素的相对标准偏差可 <1% ,其精确度已接近于经典化学方法。石墨炉原子吸收法的分析精度一般为 3% ~5% 。

③选择性较好。原子吸收谱线较简单,干扰少,在大多数情况下共存元素对待测元素不产生干扰,即使有干扰也可以通过加入掩蔽剂或改变原子化条件加以消除。因此,往往可不经分离而在同一溶液中直接测定多种元素。

④分析速度快,操作方便,应用较广。一般实验室均可配备原子吸收分光光度计,广泛应用于地质、冶金、机械、化工、农业、食品、轻工、生物、医药、环境保护、材料科学等多个领域。能够测定的元素达 70 多种,不仅可以测定金属元素,采用间接方法还可测定非金属元素和有机化合物。在食品分析领域主要用于食品中微量元素、有毒有害重金属元素的定量分析。

⑤对钍、锆、铪、铌、钽、钨等易形成稳定化合物的元素,测定灵敏度较低。

⑥目前大多数仪器都不能同时进行多元素的测定。因为每测定一个元素都需要与之对应的空心阴极灯。

⑦石墨炉原子化器虽然灵敏度高,但是重现性和准确性较差。

随着计算机、微电子、自动化、人工智能技术等的发展,各种新型材料与元器件的出现,使原子吸收分光光度计的精确度和准确度及自动化程度有了极大提高,仪器性能得到很大改善,应用更加普遍。

□ 案例导入:

铅是茶叶的主要卫生指标。随着农业的进步和检测手段的变化,国家在 20 世纪 80 年代末期制订的茶叶中铅含量的标准(≤2 mg/kg)已不合时宜。农业部于 2001 年 9 月 3 日又发布了新的标准——无公害茶叶标准(≤5 mg/kg)。但从近些年来卫生部和部分城市发布的信息可以看出,茶叶中铅含量超标的情况仍然存在。2003 年卫生部第七次食品卫生监督抽检结果显示,在被抽检的 124 个样品中,有 11 份茶叶铅超标,不合格率达到 8.9% 。

为了解本市市售茶叶中铅含量是否符合国家标准,拟对本市内有代表性大型超市中的散装茶叶作随机抽样,采用原子吸收光谱分析法进行分析。

任务3.3 原子吸收分光光度计的操作技术

步骤一 获取工作任务

典型工作任务:对本市内有代表性的大型超市内散装茶叶作随机抽样,检测茶叶中铅的含量。

实验方法

一、实验原理

样品经处理后,导入原子吸收分光光度计中,经石墨炉原子化后,吸收283.3 nm共振线,在一定浓度范围内,其吸收值与铅含量成正比,可通过与标准系列比较定量。

二、仪器及试剂

1. 仪器

原子吸收分光光度计(附石墨炉);铅空心阴极灯;可调式电热板;电子天平;10 μL微量注射器;所用玻璃仪器均需用硝酸溶液(1:5)浸泡过夜,用水反复冲洗,最后用去离子水冲洗干净。

2. 试剂

①硝酸。

②高氯酸。

③硝酸+高氯酸(4+1)混合酸。

④硝酸溶液(1+1)。

⑤硝酸溶液(0.5 mol/L):量取3.2 mL硝酸,加入50 mL水中,稀释至100 mL。

⑥磷酸铵溶液(20 g/L):称取2.0 g磷酸铵,用水溶解后稀释至100 mL。

⑦铅标准储备液(1.0 mg/mL):准确称取1.000 g金属铅(99.99%),分次加少量硝酸溶液(1+1)溶解,总量不超过37 mL,移入1 000 mL容量瓶,加水至刻度,混匀。

⑧铅标准使用液(100 ng/mL):每次吸取铅标准储备液1.0 mL于100 mL容量瓶中,加0.5mol/L硝酸溶液至刻度。如此多次稀释成100 ng/mL的标准使用液。

⑨0,10.0,20.0,40.0,60.0,80.0 ng/mL铅标准系列溶液:分别吸取0,2.5,5.0,10.0,15.0,20.0 mL铅标准使用液于25 mL容量瓶中,加0.5 mol/L硝酸溶液至刻度,摇匀。

3. 样品

市售绿茶。

三、操作步骤

1. 样品制备——湿法消化

准确称取2.00 g样品于具塞锥形瓶中,放数粒玻璃珠,加10 mL混合酸,加盖浸泡过夜。取出,加一个小漏斗在电热板上消解。若变成棕黑色,再加混合酸数滴,直至冒白烟。消化液呈无色透明或略带黄色,放冷后用滴管将样品消化液洗入或过滤入 25 mL 容量瓶中,用水少量多次洗涤锥形瓶,洗液合并于容量瓶中并定容至刻度,混匀备用。同时做试剂空白。

2. 测定

①仪器参考条件:根据各自仪器性能调至最佳状态。参考条件为波长 283.3 nm;狭缝 0.2 ~ 1.0 nm;灯电流 5 ~ 7 Ma;干燥温度 120 ℃,20 s;灰化温度 450 ℃,15 ~ 20 s;原子化温度 1 700 ~ 2 300 ℃,4 ~ 5 s;背景较正为氘灯或塞曼效应。

②绘制标准曲线:吸取上面配制的铅标准使用液 0,10.0,20.0,40.0,60.0,80.0 ng/mL 各 10 μL 注入石墨炉,测得相应吸光值并绘制标准曲线或求得吸收值与浓度关系的一元线性回归方程。

③样品测定:分别吸取样液和试剂空白液各 10 μL 注入石墨炉,测得其吸光值,查标准曲线或代入标准系列的一元线性回归方程中求得样液中铅含量。

④基体改进剂的使用:对有干扰的样品,则注入适量基体改进剂磷酸二氢铵溶液 (20 g/L),用量一般为 5 μL 或与样品同量来消除干扰。绘制标准曲线时也要加入与试样测定时等量的基体改进剂磷酸二氢铵溶液。

四、数据处理

$$X = \frac{(c_1 - c_0) \times V \times 1\ 000}{m \times 1\ 000}$$

式中　X——样品中铅的含量,μg/kg;

　　　c_1——消化液中铅含量,ng/mL;

　　　c_0——空白液中铅含量,ng/mL;

　　　V——样品消化液定量总体积,mL;

　　　m——样品质量,g。

五、思考题

①根据结果判断该样品是否符合国家卫生标准?

②测定食品中铅还可以采用哪些方法?

③食品中铅的来源有哪些? 如何避免?

步骤二　制订工作计划

通过对工作任务进行分析,结合实验室现有设备、仪器情况,制订工作任务单,见表 3.2。

步骤三　实施工作过程

洗涤玻璃仪器、配制试剂、样品消化均参照项目 1 相关内容实施。下面以 TAS-990 原子吸收分光光度计(如图 3.9)为例介绍上机操作过程,具体操作流程如表 3.3 所示。

表 3.2　茶叶中铅含量的测定工作任务单

（结合自己学校的设备和开设的实验编写）

工作任务	市售茶叶中铅的含量		工作时间		××××年××月××日
样品名称	散装茶叶				
检验方法依据	GB/T 5009.12–2010 食品中铅的测定——石墨炉原子吸收光谱法				
检验方法原理	样品经处理后,导入原子吸收分光光度计中,经石墨炉原子化后,吸收283.3 nm共振线,在一定浓度范围内,其吸收值与铅含量成正比,可通过与标准系列比较定量。				
准备工作	所需仪器及设备		名称及型号		厂家
			TAS-990 原子吸收分光光度计		北京普析通用仪器有限责任公司
			铅空心阴极灯		北京有色金属研究总院
	所需试剂及级别		硝酸、高氯酸、磷酸铵、金属铅,均为分析纯		
	所需玻璃仪器		名称	规格	数量
			试剂瓶	250 mL	4 个
			容量瓶	100 mL	8 个
			容量瓶	1 000 mL	2 个
			具塞锥形瓶	100 mL	4 个
			微量注射器	10 μL	1 个
			其他:漏斗、玻璃棒、吸耳球、各种型号的移液管		
工作流程	洗涤玻璃仪器→配制试剂→样品预处理→上机测定→数据处理→撰写实验报告单				
小组成员					
注意事项	①初次使用该仪器者,应先阅读《仪器使用手册》《软件使用手册》,仔细了解仪器构造及操作方法。 ②仪器工作温度为 10~30 ℃,室温过高或过低均影响仪器正常工作。 ③每个数据可平行测定两次,取其平均值。 ④换灯时要注意灯头凸处向下,插错会损坏灯。更不可带电插拔! ⑤注样时一定要等冷却接受后才能进行,否则会烧坏塑料枪头。				

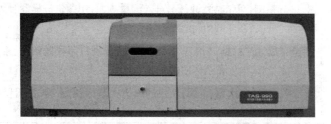

图 3.9　TAS-990 原子吸收分光光度计

表3.3　石墨炉原子吸收分光光度法测定茶叶中铅含量的操作流程

步骤	操作流程	具体操作
1	测量前准备	配制试剂及铅标准系列溶液
		样品预处理
3	开机前准备	打开氩气,使其次级压力为0.4 MPa
		检查冷却水连接管是否连接好
		打开灯室上盖,将铅空心阴极灯插入灯架
		打开抽风设备
7	测量前准备	开机	打开计算机的电源开关,启动Windows系统,打开仪器主机电源开关
8		初始化	启动"AAwin"系统,确定"联机",进入初始化。每次开机都必须初始化
9		寻峰	在元素灯选择窗口,选择铅空心阴极灯作为工作灯;在设置波长窗口单击"寻峰",等待仪器寻找工作灯最大能量谱线的波长。完成时工作波长为283.3 nm
10		石墨炉调整	石墨炉切换。在"测量方法"窗口选择"石墨炉",几分钟后仪器切换到石墨炉状态
11		调整原子化器位置	打开石墨炉电源、打开氩气,点击"石墨管",打开石墨炉,装好石墨管后点"确定"。选择系统菜单"仪器"下的"原子化器位置"调节滚动条,单击"执行"并观察能量使能量达到最大值,达到能量最大值后单击"确定"。单击"能量",选择"能量自动平衡"调整能量到100%后点关闭
12		设置实验参数	在"参数设置—信号处理"设置"计算方式:峰高""积分时间:3-5 s""滤波系数:0.1 s"
13			设置石墨炉加热程序。选择"加热"快捷键,根据样品的需要,具体设置干燥、灰化、原子化、净化温度四步加热条件,冷却时间至少35 s以上
14	测量	空烧	打开水源,点"空烧"对石墨管空烧,使吸光度低于0.002即可。新管一定要空烧
15		测量铅标准系统溶液	单击"测量"键,进入测量画面,按顺序依次用微量进样器吸入铅标准系列溶液各10 μL,单击"开始"键测量
		测量待测试液	单击"测量"键,进入测量画面,用微量进样器吸入10 μL样品,单击"开始"键测量
17	数据处理		测量完成,按"数据""报告""工作曲线"分别打印仪器条件、原始数据、结果、样品参数、测试报告和工作曲线
18	关机		依次关闭氩气、水源、电源,切换回火焰状态,退出系统,关闭仪器主机和计算机电源。15 min后关闭抽风设备

步骤四 控制操作技术要点

原子吸收光谱分析通常是溶液进样,食品样品状态不一,而且都是有机样品,必须事先转化为溶液。最常用的方法是有机物破坏法(详见项目1)。传统的干法灰化和湿法消化法不仅费时,而且误差大,因此建议使用微波消解方法。

注 意

配制标准系列溶液的注意事项

①火焰原子化法中,标准系列溶液的浓度单位通常为 mg/L;非火焰原子化法通常为 μg/L。

②选用高纯金属(99.99%)或被测元素的盐类(基准物)溶解配制成的标准储备液,浓度较高,通常为 1.000 mg/L,在测定时,需将储备液逐级稀释配制成标准使用液和标准系列溶液,稀释用水一般为二级以上实验室用水。

③测定钙、镁、铜、锌、钠等时,更应注意保证水的纯度及所用玻璃仪器的洁净。

④溶解高纯金属所用的硝酸、盐酸应选用优级纯。

⑤储备液一般存于玻璃试剂瓶或聚乙烯试剂瓶中,含氟的储备液只能用聚乙烯试剂瓶贮存。金、银等元素的储备液应存放于棕色试剂瓶中。储备液要保持一定酸度以防止金属离子浓度降低,存放较长时间。

⑥在配制标准系列溶液时,尽量避免使用磷酸和硫酸。

在原子吸收光谱分析法中,测量条件的选择对测定的准确度、灵敏度都会有较大的影响。不同的测量条件会得到不同的测定结果。因此选择最佳分析条件和严格控制分析条件是非常重要的。分析条件主要包括有:分析线的选择、空心阴极灯电流、狭缝宽度的确定、燃烧器的位置、火焰类型。在优选分析条件时可采用单因素选择法,即先固定其他因素,改变所研究因素,通过测定吸光度的大小来确定该因素的最佳工作条件。

3.3.1 分析线的选择

通常选择元素的共振线作分析线。但当样品中被测元素浓度较高时,也可选用灵敏度较低的非共振线作分析线,以便得到适宜的吸光度,改善标准曲线的线性范围。火焰原子化法测量砷、铯、汞等元素时,其共振吸收线均在 200 nm 以下,火焰组分对此波长有明显的吸收,因此可选择非共振线作分析线进行测定。表3.4列出了常用元素的分析线。

3.3.2 空心阴极灯电流

空心阴极灯的发射特性取决于工作电流。灯电流过小,使放电不稳定,光输出的强度小;灯电流过大,发射的谱线变宽,导致分析灵敏度下降,缩短灯的使用寿命。选择灯电流时,应在保证稳定和有合适的光强输出的情况下,尽量选用较低的工作电流。一般商品空心阴极灯均标有允许使用的最大工作电流,日常分析工作可选用最大工作电流的50% ~ 60%较为合适。空心阴极灯一般需要预热 10 ~ 30 min,待光源辐射稳定后方可进行测量。最佳工作电流需要通过实验确定。

表 3.4　原子吸收光谱分析法中常用元素的分析线

元素	λ/nm	元素	λ/nm	元素	λ/nm	元素	λ/nm
Ag	328.07,338.29	Hg	253.65	Ru	349.89,372.80	Cu	324.75,327.40
Al	309.27,308.22	Ho	410.38,405.39	Sb	217.58,206.83	Dy	421.17,404.60
As	193.64,197.20	In	303.94,325.61	Sc	391.18,402.04	Er	400.80,415.11
Au	242.80,267.60	Ir	209.26,208.88	Se	196.09,703.99	Eu	459.40,462.72
B	249.68,249.77	K	766.49,769.90	Si	251.61,250.69	Fe	248.33,352.29
Ba	553.55,455.40	La	550.13,418.73	Sm	429.67,520.06	Ga	287.42,294.42
Be	234.86	Li	670.78,323.26	Sn	224.61,520.69	Gd	386.41,407.87
Bi	223.06,222.83	Lu	335.96,328.17	Sr	460.73,407.77	Ge	265.16,275.46
Ca	422.67,239.86	Mg	285.21,279.55	Ta	271.47,277.59	Hf	307.29,286.64
Cd	228.80,326.11	Mn	279.48,403.68	Tb	432.65,431.89	Ni	232.00,341.48
Ce	520.00,369.70	Mo	313.26,317.04	Te	217.28,225.90	Os	290.91,305.87
Co	240.71,242.49	Na	589.00,330.30	Th	371.90,380.30	Pb	216.70,283.31
Cr	357.87,359.35	Nb	334.37,358.03	Ti	364.27,337.15	Pd	247.64,244.79
Cs	852.11,455.54	Nd	463.42,471.90	Tl	276.79,377.58	Pr	495.14,513.34
Re	346.05,346.47	Zn	213.86,307.59	Tm	409.4	Pt	265.95,306.47
Rh	343.49,339.69	Zr	360.12,301.18	U	351.46,358.49	Rb	780.02,794.76
Y	410.24,412.83	Yb	398.80,346.44	V	318.40,385.58	W	255.14,294.74

实验探究

准确移取 Zn 标准使用液(50 μg/mL)5.0 mL,置于 500 mL 容量瓶中,用1%盐酸溶液定容,得到测试溶液(此溶液中 Zn 浓度为 0.5 μg/mL)。分析条件:光谱带宽:0.4 nm;燃烧器高度:8 mm;分析线波长:213.9 nm;乙炔-空气焰:乙炔流量 1.0 L/min,空气流量 6.5 L/min。固定上述分析条件,灯电流在 1 ~ 10 mA 范围内改变,每次改变 1 mA,将测试溶液喷入火焰依次进行测定,每次改变测定 3 次,计算平均值,并绘制吸光度与灯电流的关系曲线,选择吸光度最大时的最小灯电流作为最佳工作电流。

3.3.3　狭缝宽度

确定狭缝宽度,既要考虑到能将分析线与邻近谱线分开,又要发挥单色器的集光作用。

狭缝过宽,虽然出射光强度增大,但单色性不好;狭缝过窄,虽然可以减少非吸收线的干扰,但出射光强度不足,给测定造成困难。狭缝宽度的选择原则是:若待测元素共振线没有邻近线,狭缝可以宽些;若待测元素具有复杂的吸收光谱或有连续背景,狭缝宽度应窄些。最佳的狭缝宽度可以通过实验确定,方法如下:保持其他操作条件不变的情况下将试液喷入火焰,调节狭缝宽度,测定不同狭缝宽度时的吸光度。若在某一狭缝宽度时吸光度趋于稳定,再继续调宽狭缝宽度时吸光度立即减小,则以不引起吸光度减小的最大狭缝宽度为最佳狭缝宽度。

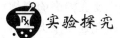 **实验探究**

固定分析条件:燃烧器高度:8 mm;分析线波长:213.9 nm;乙炔-空气焰:乙炔流量1.0 L/min,空气流量6.5 L/min;灯电流3~5 mA。分别在光谱带宽为0.2 nm,0.4 nm,1.0 nm,2.0 nm下对测试溶液进行测定,每个条件测定3次,计算平均值,并测绘吸光度与光谱带宽的关系曲线。以不引起吸光度减小的最大狭缝宽度为合适的狭缝宽度。

3.3.4 燃烧器高度

对于不同元素,基态原子的浓度在火焰不同部位的分布是不同的。为了提高测定的灵敏度,应当使光源发出的光通过火焰中基态原子浓度最大的区域。最佳燃烧器高度随待测元素的种类和火焰的性质而异。通过实验来确定最佳燃烧器高度的方法如下:用一固定浓度的待测元素溶液喷雾,缓缓上下移动燃烧器至得到吸光度最大时停止,此位置即为最佳燃烧器高度。

 **实验探究**

固定分析条件:光谱带宽:0.4 nm;分析线波长:213.9 nm;乙炔-空气焰:乙炔流量1.0 L/min,空气流量6.5 L/min;灯电流3~5 mA。先将燃烧器高度调节为8 mm,测量测试溶液的吸光度,然后在2~12 mm范围内依次改变燃烧器高度,每次改变2 mm,对测试溶液进行测定,每个条件测定3次,计算平均值,并测绘吸光度-燃烧器高度的关系曲线,选取最大吸光度读数时的位置为最佳高度。

3.3.5 火焰

对于火焰原子化法而言,火焰的性质是保证高原子化率的关键因素。合适的火焰不仅可以提高测定的稳定性和灵敏度,而且有利于减少干扰因素。选择什么样的火焰,取决于待测元素。不同类型的火焰对不同波长的光吸收不同。乙炔火焰在220 nm以下的远紫外光区有明显的吸收,因此对于分析线位于该波谱区域的元素,不宜选用乙炔火焰。如用196.0 nm的共振线测定硒时,就显然不能选用乙炔-空气火焰,而应采用氢-空气火焰。不同类型的火焰产生的最高温度差别也很大,对于易生成难离解化合物的元素及易生成耐热氧化物的元素,应选用高温火焰,如乙炔-空气或乙炔-氧化亚氮火焰;对于易挥发、易电离的元素应选用低温火焰,如煤气-空气火焰;对于易形成难熔氧化物的元素应采用富燃性火焰;不易生成氧化物的元素可以使用贫燃性火焰。

 知识链接

火焰的性质

(1)火焰燃烧速度

燃烧速度是指由着火点向可燃性混合气其他点传播的速度。燃烧速度直接影响到燃烧的稳定性及火焰的安全操作。为了得到稳定的火焰,可燃性混合气的供气速度应大于燃烧速度。但供气速度过大时,会使火焰离开燃烧器,变得游移不定,甚至吹灭火焰;反之,若供气速度过小时,将会引起回火,操作不安全。

(2)火焰温度

当火焰处于热平衡状态时,火焰温度反映出火焰的真实能量。由于火焰的不同区域温度不同,导致基态原子浓度在火焰中分布不均匀。不同类型的火焰温度不同,火焰温度是由燃气和助燃气的组成决定的。表3.5列出几种常见火焰的温度和燃烧速度。

表3.5　常见火焰的温度燃烧速度

燃气	助燃气	最高燃烧温度/K	最高燃烧速度/$(cm \cdot s^{-1})$
乙炔	空气	2 430	158
	氧气	3 160	1 140
	氧化亚氮	2 990	160
氢气	空气	2 318	310
	氧气	2 933	1 400
	氧化亚氮	2 880	390
丙烷	空气	2 198	82
	氧气	2 850	
煤气	空气	1 980	55
	氧气	2 850	

(3)火焰的氧化还原特性取决于火焰中燃气和助燃气的比例。火焰的氧化还原特性直接影响到被测元素化合物的分解和难解离化合物的形成,继而影响原子化效率和基态原子在火焰区中的有效寿命。按照燃气和助燃气的比例,可将火焰分为3类:

①化学计量火焰,是指燃气和助燃气之比等于燃烧反应的化学计量关系的火焰,又称中性火焰。这类火焰燃烧完全,温度高、稳定、干扰少、背景低,适合于许多元素的测定。

②富燃火焰,是指燃气和助燃气之比大于燃烧反应的化学计量关系的火焰,这类火焰燃烧不完全,有丰富的半分解产物,温度低于化学计量火焰,具有还原性质,所以也称还原火焰,适合于易形成难离解氧化物的元素的测定,如 Cr,Mo,W,Al,稀土等。其缺点是火焰发射和火焰吸收的背景都较强,干扰较多。

③贫燃火焰,是指燃气和助燃气之比小于燃烧反应的化学计量关系的火焰,在这类火焰中,大量冷的助燃气带走了火焰中的热量,所以温度比较低,有较强的氧化性,有利于测定易解离、易电离的元素,如碱金属等。

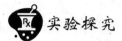 **实验探究**

固定分析条件:燃烧器高度:8 mm;光谱带宽:0.4 nm;分析线波长:213.9 nm;灯电流3~5 mA。固定助燃气空气的流量为6.5 L/min,依次改变燃气乙炔流量为0.8,1.0,1.2,1.4,1.6,1.8,2.0,2.5 L/min,对测试溶液进行测定,每个条件测定3次,计算平均值,并绘制吸光度-燃气流量的关系曲线,从曲线上选定最大吸光度处所对应燃助比为最佳燃助比。

3.3.6 进样量

进样量过小,吸收信号较弱,甚至低于仪器的检测限,便于检测;进样量过大,在火焰原子化法中,对火焰会产生冷却效应,影响原子化效率;在石墨炉原子化法中,会增加净化困难。在实际工作中,通过实验测定吸光度值与进样量的变化来选择合适的进样量。

3.3.7 干扰因素与消除

原子吸收分光光度法的干扰较少,是一种选择性好、准确度高的定量分析方法,但它的干扰因素仍然或轻或重的存在,在实际工作中应当采取适当的措施加以抑制和消除。原子吸收分析中的干扰主要有光谱干扰、物理干扰和化学干扰三种类型。

1)光谱干扰

光谱干扰主要来自光源和原子化器。

(1)发射光谱干扰

①在测定波长(亦称分析线)附近有单色器不能分离的待测元素的邻近线。这种情况常见于多谱元素(如 Fe,Co,Ni),因其不被吸收,导致测定灵敏度下降。可以用减小狭缝宽度的方法来抑制这冲干扰。

②灯内有单色器不能分离的非待测元素的发射。这主要是由于空心阴极灯的阴极材料有杂质所造成的。若试样溶液中含有此元素,将产生"假吸收",从而得到错误的测定结果,产生正误差。

如测定 Pb,其共振线为 217.0 nm,若铅元素灯内含有杂质 Cu,则光源同时发射出 Cu的特征谱线:216.5 nm 和 217.8 nm,当光谱通带为 1.0 nm 时,则 216.5 nm 光波亦会通过单色器而照到光电倍增管上去完成光电转换。这样,如果试样溶液中含有 Cu 元素,则会产生"假吸收";若试样中不含 Cu 元素也会使分析灵敏度下降。这种干扰的抑制方法为改用阴极材料纯度高的单元素灯,或用待测元素的其他谱线作为分析线。

③空心阴极灯中有连续背景发射。这主要来自灯内杂质气体和阴极上的氧化物。连续背景的发射,不仅使灵敏度降低,工作曲线弯曲,而且当试样中共存元素的吸收线处于该连续背景的发射区内时,有可能产生"假吸收"。因此不能使用有严重连续背景发射的灯。

灯的连续背景发射是由于灯的制作不良或长期不用引起的。碰到这种情况,可将灯反接,并用大电流空点,以纯化灯内气体,经过这样处理后情况可能改善。也可采用缩小狭缝宽度的办法来加以抑制,否则需更换新灯。

(2)背景吸收(分子吸收)

背景吸收是来自原子化器(火焰或非火焰)的一种光谱干扰。它是由气态分子对光的吸收以及高浓度盐的固体颗粒对光的散射所引起的。它是一种宽谱带吸收。

①火焰成分对光的吸收:波长越短,火焰成分的吸收越严重。这是由于火焰中 OH,CH,CO 等基团对远紫外光有较强吸收作用的缘故。当被测元素的分析线波长较长时,这种干扰对分析结果影响不大,一般可以通过零点的调节来消除。当分析线较短时干扰严重,此时应改用空气-氢气火焰或氩气-氢气火焰,如测定 As(193.7 nm),Se(196.0 nm),Zn(213.8 nm)等元素,或选用其他波长较长的谱线作为分析线,此时灵敏度虽然较低,但保证了准确度。

波长在 200.0~250.0 nm 范围内,H_2SO_4 和 H_3PO_4 有很强的分子吸收,而且随浓度的增大而增大,而 HNO_3,HCl 的分子吸收则很低。因此在原子吸收光谱分析中,无机酸一般都采用 HNO_3 和 HCl,而尽量不用 H_2SO_4 和 H_3PO_4。

②固体微粒对光的散射:光的散射是由于火焰中固体颗粒对入射光的阻挡而发生散射的现象。使光进入检测器的量减少而造成的一种假吸收,由此造成测定结果偏高。

由上述可见,背景吸收(分子吸收)主要是由于在火焰(或非火焰)原子化中形成了分子、游离基或较大的质点,因此除了待测元素吸收共振线外,火焰中的这些物质也吸收或散射光线,引起了部分共振发射线的损失而产生误差。这种影响一般是随波长的变短而增大,同时随基体元素浓度的增大而增大,并与火焰条件有关。非火焰原子化器较之火焰原子化器具有更严重的分子吸收。

消除背景吸收最简单的方法是配制一个组成与试样溶液完全相同,只是不含待测元素的空白溶液,以此溶液调零即可消除背景吸收,近年来许多仪器都带有氘灯自动扣除背景的校正装置,能自动扣除背景吸收,因为氘灯发射的是连续光谱,吸收线是锐线,而基态原子对连续光谱的吸收是很小的。当空心阴极灯发射的共振线通过原子蒸气时,则基态原子和背景对它都产生吸收。

用一个旋转的扇形反射镜可将两种光交替地通过火焰进入检测器。当共振线通过火焰时测出的吸光度是基态原子和背景吸收的总吸光度,而当氘灯光通过火焰时测出的吸光度只是背景吸收(基态原子的吸收可忽略不计),两次测定之差即为待测元素的真实吸光度。

2)**物理干扰**(基体效应)

物理干扰是指试样在转移、蒸发过程中任何物理因素变化而引起的干扰效应。它主要影响试液喷入火焰的速度、雾化效率、雾滴大小及其分布、溶剂与固体微粒的蒸发等。这类干扰是非选择性的,亦即对试样中各元素的影响基本上是相似的。属于这类干扰的因素有:面张力,它影响雾滴的大小及分布;试液的黏度,它影响试样喷入火焰的速度;溶剂的蒸气压,它影响蒸发速度和凝聚损失;雾化气体的压力,它影响喷入量的多少,等等。上述这些因素,最终都影响进入火焰中的待测元素的原子数量,因而影响吸光度的测定。显然,当测定时引入有机溶剂后,将引起上述因素的改变。此外,大量基体元素的存在,总含盐量的增加,在火焰中蒸发和离解时要消耗大量的热量,因而也可能影响原子化效率。

配制与待测试样具有相似组成的标准溶液,是消除基体效应的常用方法。若待测元素的含量较高,应用简单的稀释试液的方法也可减少以至消除干扰。最为行之有效的方法是使用标准加入法。

3)化学干扰

化学干扰是指待测元素与其他组分之间的化学作用所引起的干扰,它主要影响待测元素的原子化效率。这类干扰具有选择性,对试样中各种元素的影响是各不相同的,并随火焰强度、火焰状态和部位、其他组分的存在、雾筋的大小等条件而变化。化学干扰是原子吸收分光光度法中的主要干扰来源。

典型的化学干扰是待测元素与共存物质作用生成难挥发的化合物,致使参与吸收的基态原子数减少。在火焰中容易生成难挥发氧化物的元素有:铝、硅、硼、钛、铍等。例如硫酸盐、磷酸盐、氧化铝对钙的干扰,是由于它们与钙可形成难挥发的化合物所致。应该指出,这种形成稳定化合物而引起干扰的大小,在很大程度上取决于火焰温度和火焰气体的组成。使用高温火焰可降低这种干扰。

电离是化学干扰的又一重要形式。原子失去一个或几个电子后形成离子,不产生吸收,所以部分基态原子的电离会使吸收强度减弱。这种干扰是某些元素所特有的,对于电离电位 $\leqslant 6$ eV 的元素,在火焰中容易电离,火焰温度越高,干扰越严重。这种现象在碱金属和碱土金属中特别显著。

在标准溶液和试样溶液中均加入某种试剂,常常可以抑制化学干扰,这类试剂有如下几种:

(1)释放剂

加入一种过量的金属元素,与干扰元素形成更稳定或更难挥发的化合物,从而使待测元素释放出来,例如磷酸盐干扰钙的测定,当加入镧盐或锶盐之后,它们与磷酸根离子结合而将钙释放出来,从而消除了磷酸盐对钙的干扰。

(2)保护剂

由于这些试剂的加入,能使待测元素不与干扰元素生成难挥发化合物。例如,为了消除磷酸盐对钙的干扰,可以加入 EDTA 络合剂,因此 Ca 转化为 EDTA-Ca 络合物,后者在火焰中易于原子化,这样也可消除磷酸盐的干扰。同样,在铅盐溶液中加入 EDTA,可以消除磷酸盐、碳酸盐、硫酸盐、氟离子、碘离子对测定铅的干扰。加入 8-羟基喹啉,可消除铝对镁、铍的干扰。应该指出,用有机络合剂是有利的,因为有机物在火焰中易于破坏,使与有机络合剂结合的金属元素能有效的原子化。

(3)消电离剂

为了克服电离干扰,一方面可适当控制火焰温度,另一方面可加入较大量的易电离元素,如钠、钾、铷、铯等。这些电离元素在火焰中强烈电离而消耗了能量,就抑制、减少待测元素基态原子的电离,使测定结果得到改善。

(4)缓冲剂

缓冲剂即于试样与标准溶液中均加入超过缓冲量(即干扰不再变化的最低限量)的干扰元素。如在用乙炔-氧化亚氮测钛时,可在试样和标准溶液中均加入 200 mg/kg 以上的铝,使铝对钛的干扰趋于稳定。

除加入上述试剂以抑制化学干扰外,还可用标准加入法来抑制化学干扰,这是一种简

便而有效的方法。如果用这种方法都不能抑制化学干扰,可考虑采用沉淀方法,离子交换,溶剂萃取等分离方法,将干扰组分与待测组分分离。

步骤五　数据处理与结果判定

数据处理采用标准曲线法,是原子吸收光谱定量分析最常用的方法。标准曲线法最重要的是绘制一条标准曲线:配制一组含有不同浓度被测元素的标准系列溶液,在选定的实验条件下,按照浓度由低到高的顺序依次测定吸光度,以测得的吸光度 A 为纵坐标,待测元素的含量或浓度 c 为横坐标,绘制 $A\text{-}c$ 标准曲线。在相同条件下测定待测试液的吸光度,在标准曲线上用内插法求出被测元素的含量。为了保证测定的准确度,使用标准曲线法时应注意如下几点:

①所配制的标准溶液的浓度,应在吸光度与浓度呈线性关系的范围内。

②标准系列的基体组成,与待测溶液应尽可能一致,以减少因基体不同而产生的误差。

③在整个分析过程中,操作条件应保持不变。

④由于喷雾效率和火焰状态在每一次启动仪器时不易重现,标准曲线的斜率也随之变动,因此,每次测定都应重新绘制标准曲线。

 知识链接

标准加入法

一般说来,待测试样的确切组成是无法准确知道的,这样配制与待测试液组成相近的标准系列溶液有一定的难度,对于组成复杂的试样来说更加困难。标准系列溶液与待测试液组成上的差异会造成分析上的误差,这种因基体不同所产生的分析误差称为基体效应。当样品的基体干扰较严重时,常采用标准加入法。

(1)单标准加入法

取两份相同体积的被测试液 A 和 B,往 B 中加入一定量的标准溶液,稀释到相同体积后测定吸光度。A 溶液中待测元素的浓度为 c_x,吸光度为 A_x;B 溶液中待测元素的浓度增量为 c_o,吸光度为 A_o,则可得

$$A_x = kc_x$$
$$A_o = k(c_o + c_x)$$
$$c_x = \frac{A_x}{A_o - A_x}c_o \tag{3.5}$$

其中
$$c_o = c_s \cdot V_s/V_B \tag{3.6}$$

式中　c_s——标准溶液的浓度;

V_s——所取标准溶液的体积;

V_B——B 溶液的体积。

(2)作图外推法

取几份相同体积的待测试液分别置于等容积的容量瓶中,从第二份开始分别加入不同量的待测元素的标准溶液,最后稀释至相同的体积,则各待测试液中待测元素的浓度依次

为 $c_x, c_x+c_o, c_x+2c_o, c_x+4c_o, \cdots$，于相同操作条件下分别测得吸光度为 A_x, A_1, A_2 及 A_3。以加入的标准溶液浓度与吸光度值绘制标准曲线，再将该曲线外推至与浓度轴相交。交点至坐标原点的距离 C_x 即是被测元素经稀释后的浓度。如图 3.10 所示。

使用标准加入法时应注意以下几点：

①待测元素的浓度与其对应的吸光度应呈线性关系。

②为了得到较为精确的外推结果，最少应采用 4 个点(包括试样溶液本身)来作外推曲线，并且第一份加入的标准溶液与试样溶液的浓度之比应适当，这可通过试喷试样溶液和标准溶液，比较两者的吸光度来

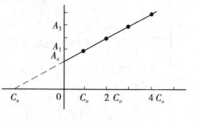

图 3.10 作图外推法

判断。增量值的大小可以这样来选择：使第一个加入量产生的吸收值约为试样原吸收值的一半。

③本法能消除基体效应带来的影响，但不能消除背景吸收的影响及其他干扰。必须进行背景校正或者将待测元素的信号分离出来，否则结果将偏高。

□ **案例导入**：

什么是分析仪器的故障

分析仪器发生故障，通常是指两种情况：一是仪器的一些性能偏离了仪器的出厂技术指标；二是仪器已不能正常操作使用或检测数据出现明显异常的现象。

仪器基本性能指标发生故障，一般在日常检验中是难以觉察的。因此需要定期按检定规程对分析仪器进行检定(或校准)工作，以保证检验工作质量和预防故障隐患。

在检定周期内，可能出现由于检验人员的误操作、仪器部件老化或损坏、实验室环境条件的波动、试剂的纯度不够等原因造成仪器不能正常操作使用或检测数据明显异常等现象，应及时对故障原因进行分析判断，尽快排除故障，使仪器正常工作。因此操作人员应该具备维修简单故障的能力。

任务 3.4　学会原子吸收分光光度计的日常维护和保养

仪器的日常维护十分重要，可避免在出现故障时手足无措。下面主要介绍原子吸收分光光度计的常规维护工作，具体类型仪器可参照仪器使用和维护说明书进行。

3.4.1　关机后的维护(由仪器使用人完成)

关机后的维护如表 3.6 所示。

表 3.6　关机后的维护

1	放净空压机内的水,关好燃气
2	用水彻底冲洗排废系统,如果用了有机溶剂则要彻底洗净废液罐
3	做完高含量样品,应取下燃烧头放在自来水下冲洗干净并用滤纸仔细把缝口积炭擦除,然后甩掉水滴晾干以备下次再用
4	清除灯窗和样品盘上的液滴或溅上的样液水渍,并用棉球擦干净
5	将测试过的样品瓶等清理好,拿出仪器室,擦净实验台
6	关闭通风设施,切断所有电源、水源、气源

3.4.2　每月维护（由仪器负责人完成）

每月的维护如表 3.7 所示。

表 3.7　每月的维护

1	检查撞击球是否完整,位置是否正常,必要时进行调整
2	检查毛细管是否有阻塞,疏通时只能用软细金属丝
3	检查燃烧器混合室内是否有沉积物,必要时用清洗液或超声波清洗
4	检查钢瓶阀门是否泄漏,每次更换钢瓶或重新联结气路后都应按要求检漏
5	打扫整个仪器室的卫生

3.4.3　每年维护

每年请仪器生产厂家维修工程师进行一次维护性检查。

3.4.4　石墨炉的维护

石墨炉的维护如表 3.8 所示。

表 3.8　石墨炉的维护

1	清洁石墨炉	更换石墨管时,应当用洗液(20 mL 氨水 + 20 mL 丙酮 + 100 mL 去离子水)清洗石墨锥的内表面和石墨炉炉腔,除去碳化物的沉积
2	空烧石墨管	使用新的石墨管前,应进行空烧,重复 3 ~ 4 次
3	维护石墨锥	更换新的石墨锥时,要确保正确装入新的锥体

发生紧急情况的处理方法

◇ 仪器工作时,如果遇到突然停电,此时如正在作火焰分析,则应迅速关闭燃气;若正在作石墨炉分析时,则迅速切断主机电源;然后将仪器各部分的控制机构恢复到停机状态,待通电后,再按仪器的操作程序重新开启。

◇ 在作石墨炉分析时,如遇到突然停水,应迅速切断主电源,以免烧坏石墨炉。

◇ 操作时如嗅到乙炔或石油的气味,这是由于燃气管道或气路系统某个连接头处漏气,应立即关闭燃气进行检测,待查出漏气部位并密封后再继续使用。

◇ 显示仪表(表头、数字表或记录仪)突然波动,这类情况多数是电子线路中个别元件损坏,某处导线断路或短路,高压控制失灵等造成,另外电源电压变动太大或稳压器发生故障,也会引起显示仪表的波动现象。如遇到上述情况,应立即关闭仪器,待查明原因,排除故障后再开启。

◇ 如在工作中万一发生回火,应立即关闭燃气,以免引起爆炸,然后再将仪器开关、调节装置恢复到启动前的状态,待查明回火原因并采取相应措施后再继续使用。

本章小结)))

原子吸收光谱分析法具有测定准确、快速、灵敏,选择性好,抗干扰能力强等特点,是目前进行金属元素尤其是痕量金属元素分析的一种十分重要的定量分析方法。近年来,计算机、微电子、自动化、人工智能技术和化学计量等的发展,各种新材料与元器件的出现,大大改善了仪器性能,使原子吸收分光光度计的精确度和准确度及自动化程度有了极大提高,在地质、冶金、机械、化工、农业、食品、轻工、生物、医药、环境保护、材料科学等领域的应用越来越广泛。

复习思考题)))

一、填空题

1.测定金属元素尤其是痕量金属元素的含量时常选择(　　　)分析方法。

2.(　　　)原子化器是利用电热能提供原子化能量的。

3.(　　　)原子化器是利用火焰燃烧提供原子化能量的。

4.根据燃气、助燃气两者比例可将火焰分为三类,分别是(　　　)、(　　　)和(　　　)。

5.用石墨炉原子化法测定原子吸收时经历(　　　)、(　　　)、(　　　)和除残四个阶段。

6.火焰原子化器中样品发生原子化过程主要在火焰的(　　　)区进行。

7.原子吸收分光光度法是基于从光源辐射出待测元素的特征谱线的光,通过样品的蒸气时,被蒸气中待测元素的(　　　)所吸收。

二、单项选择题

1. 将样液中的待测元素变为基态原子蒸气的过程叫( )。

    A. 雾化   B. 燃烧   C. 洗脱   D. 原子化

2. 空心阴极灯的主要操作参数是( )。

    A. 灯电流   B. 灯电压   C. 阴极温度   D. 内充气体压力

3. 原子吸收分光光度计常用的光源是( )。

    A. 氢灯   B. 氘灯   C. 钨灯   D. 空心阴极灯

4. 原子吸收分析中光源的作用是( )。

    A. 提供试样蒸发和激发所需要的能量

    B. 产生紫外光

    C. 发射待测元素的特征谱线

    D. 产生足够浓度的散射光

5. 选择不同的火焰类型主要是根据( )。

    A. 分析线波长   B. 灯电流大小   C. 狭缝宽度   D. 待测元素性质

6. 欲分析 165~360 nm 波谱区的原子吸收光谱,应选用的光源为( )

    A. 钨灯   B. 能斯特灯   C. 空心阴极灯   D. 氘灯

7. 在原子吸收分析法中,被测定元素的灵敏度、准确度在很大程度上取决于( )。

    A. 空心阴极灯   B. 火焰   C. 原子化系统   D. 分光系统

8. 原子吸收光谱是( )。

    A. 带状光谱   B. 线状光谱   C. 宽带光谱   D. 分子光谱

9. 原子吸收光谱分析中,噪声干扰主要来源于( )。

    A. 空心阴极灯   B. 原子化系统   C. 喷雾系统   D. 检测系统

10. ( )是原子吸收光谱分析中的主要干扰因素。

    A. 化学干扰   B. 物理干扰   C. 光谱干扰   D. 火焰干扰

三、判断题

1. 并不是所有的原子化器在工作时都可以看到火焰。   ( )

2. 原子吸收分光光度计的光源是连续光源。   ( )

3. 原子吸收光谱分析中灯电流的选择原则是:在保证放电稳定和有适当光强输出情况下,尽量选用低的工作电流。   ( )

4. 石墨炉原子吸收测定中,所使用的惰性气体的作用是保护石墨管不因高温灼烧而氧化、作为载气将气化的样品物质带走。   ( )

5. 空心阴极灯发光强度与工作电流有关,增大电流可以增加发光强度,因此灯电流越大越好。   ( )

6. 原子吸收光谱法所使用的光源必须是锐线光源。   ( )

7. 贫燃性火焰是指燃烧气流量大于化学计量时形成的火焰。   ( )

8. 无火焰原子化法可以直接对固体样品进行测定。   ( )

9. 原子吸收分光光度计中的单色器是放在原子化系统之前的。   ( )

10. 原子吸收分光光度计实验室必须远离电场和磁场,以防干扰。   ( )

11. 原子吸收与紫外分光光度法一样,标准曲线可重复使用。　　　　　　　(　　)

12. 空心阴极灯发光强度与工作电流有关,增大电流可以增加发光强度,因此灯电流越大越好。　　　　　　　　　　　　　　　　　　　　　　　　　　　　　(　　)

四、简答题

1. 原子吸收分光光度计光源起什么作用? 对光源有哪些要求?

2. 原子吸收光谱法最常用的锐线光源是什么? 其结构、工作原理及最主要的工作条件是什么?

3. 何谓试样的原子化? 试样原子化的方法有哪几种?

4. 简述火焰原子化和石墨炉原子化的构造、工作流程及特点,并分析石墨炉原子化法的检测限比火焰原子化法低的原因。

5. 原子吸收分光光度计有哪几种类型? 它们各有什么特点?

6. 何为共振线? 为什么说共振线是元素的特征谐线?

7. 如何维护保养原子吸收分光光度计?

8. 常用的火焰有哪几种? 分别有什么特性?

9. 原子吸收分光光度计中,单色器的作用是什么?

10. 应用原子吸收分光光度法进行定量分析的依据是什么? 定量分析有哪些方法? 试比较它们的优缺点。

11. 说明应用标准曲线法的注意事项。

12. 说明光谱干扰、化学干扰、物理干扰的来源及消除方法。

13. 简述空心阴极灯的工作原理。

14. 火焰原子化法的燃气、助燃气比例及火焰高度对被测元素有何影响? 试举例说明。

五、计算题

1. 镍标准使用液的浓度为 10 g/mL,准确移取该溶液 0.0 mL,1.0 mL,2.0 mL,3.0 mL,4.0 mL 分别置于 100 mL 容量瓶中,稀释至刻度后,摇匀。测得各溶液的吸光度依次为 0,0.06,0.12,0.18,0.23。称取某含镍样品 0.312 5 g,经处理溶解后移入 100 mL 容量瓶中,稀释至刻度,摇匀。精确吸取此溶液 5.0 mL 置于 250 mL 容量瓶中,稀释至刻度,测得其吸光度为 0.15。试用标准曲线求该试样中镍的质量分数。

2. 在 50 mL 容量瓶中分别加入 Cu^{2+} 0.05,0.10,0.15,0.20 mg,稀释至刻度后测得各溶液的吸光度依次为 0.21,0.42,0.62,0.83。称取某试样 0.511 2 g,溶解后移入 50 mL 容量瓶中,稀释至刻度。在与工作曲线相同的条件下,测得溶液的吸光度为 0.40,求试样中铜的质量分数。

3. 精确吸取 4 份 5.0 mL 某待测试样,分别置 100 mL 容量瓶中,分别往 4 个容量瓶中精确加入 0,1.0,2.0,3.0 mL 浓度为 0.5 g/mL 的锂标准溶液,稀释至刻度。在原子吸收分光光度计上测出上述溶液的吸光度依次为 0.06,0.125,0.184,0.250,求试样中锂的浓度(以 mg/kg 表示)。

4. 称取某含镉试样 2.511 5 g,经处理溶解后,移入 50 mL 容量瓶中,稀释至刻度。在 4 个容量瓶内,分别精确加入上述样品溶液 10.0 mL,然后再依次加入浓度为 0.5 μg/mL 的镉标准溶液 0,5.0,10.0,15.0 mL,稀释至刻度。测得镉溶液的吸光度依次为 0.06,0.18,

0.30,0.41,求试样中镉的质量分数。

5.用原子吸收光谱法测定水样中 Co 的浓度。分别吸取水样 10.0 mL 于 50 mL 容量瓶中,然后向各容量瓶中加入不同体积的 6.00 μg/mL Co 标准溶液,并稀释至刻度,在同样条件下测定吸光度,由下表数据用作图法求得水样中 Co 的浓度。

溶液编号	水样体积/mL	Co 标液体积/mL	稀释最后体积/mL	吸光度
1	0	0	50.0	0.042
2	10.0	0	50.0	0.201
3	10.0	10.0	50.0	0.292
4	10.0	20.0	50.0	0.378
5	10.0	30.0	50.0	0.467
6	10.0	40.0	50.0	0.554

拓展训练　自来水中钙、镁含量的测定——火焰原子吸收光谱法

一、实训目的

1.掌握原子吸收光谱的实验技术和标准曲线法在试样测定中的应用。

2.掌握原子吸收分光光度计的操作方法。

二、实训原理

对于微量钙、镁的测定,原子吸收光谱法是一种较为理想的定量方法。虽然水样中一些阳离子和阴离子易生成难熔氧化物而抑制镁的原子化,但加入锶盐作释放剂则可以消除其干扰。本实验采用标准曲线法定量。原子吸收光谱分析中,标准曲线是否呈直线受诸多因素的影响,所以必须保持标准溶液和试液的性质和组成相接近,并在实验过程中保持操作条件不变,才能得到良好的标准曲线和准确的分析结果。

三、仪器与试剂

1.仪器

原子吸收分光光度计;钙、镁空心阴极灯。

2.试剂

①镁标准储备液(1 000 μg/mL):称取 1 g 金属镁(GR)(精确到 0.000 2 g),溶于少量盐酸中,并转移到 1 L 容量瓶中,用去离子水稀释至刻度,摇匀。或准确称取在 110 ℃烘干的氧化镁(光谱纯)1.658 4 g,溶于 50 mL 盐酸及少量去离子水中,移入 1 L 容量瓶中,用去离子水稀释至刻度,摇匀。储存于塑料瓶中。

②镁标准使用液(10 μg/mL):准确移取镁标准储备液 10.0 mL 于 1 000 mL 容量瓶中,用去离子水稀释至刻度,摇匀。

③盐酸溶液(6 mol/L)。

④$SrCl_2$ 溶液(20 mg/mL)。

配制用水均为二次蒸馏水。

四、实验步骤

1. 配制标准系列溶液及待测试液。取 8 个 50 mL 容量瓶,分别准确加入 0,1.0,2.0,3.0,4.0,5.0,6.0 mL 镁标准使用液,另外两个分别加入 2.0 mL 自来水样,再分别加入 20 mg/mLSrCl$_2$ 溶液 5 mL、6 mol/L 盐酸溶液 8 mL,用去离子水稀释至刻度,摇匀。

2. 分析条件。空心阴极灯电流:3~5 mA;波长:285.2 nm;光谱带宽:0.4 nm;乙炔-空气火焰:乙炔流量 1.5 L/min,空气流量 6.5 L/min,燃烧器高度:8 mm。

3. 测定吸光度。待仪器稳定后,用空白溶液调零,将标准系列溶液按浓度由低到高的顺序依次测定其吸光度。在相同操作条件下,测定待测试液的吸光度。

五、数据处理

绘制镁的 A-c 标准曲线,由未知样的吸光度 A_x,求算出自来水中钙、镁含量(mg·L^{-1})。或将数据输入微机,按一元线性回归计算程序,计算镁的含量。

六、能力提升

1. 原子吸收定量分析中标准曲线法的特点及适用范围是什么?

2. 为什么原子吸收光谱法比可见紫外分光光度法的变化因素多?

七、注意事项

1. 乙炔为易燃易爆气体,必须严格按照操作步骤工作。在点燃乙炔火焰之前,应先开空气,后开乙炔气;结束或暂停实验时,应先关乙炔气,后关空气。乙炔钢瓶的工作压力,一定要控制在所规定范围内,不得超压工作。必须切记,保障安全。

2. 注意保护仪器所配置的系统磁盘。仪器总电源关闭后,若需立即开机使用,应在断电后停机 5 min 再开机,否则磁盘不能正常显示各种页面。

拓展训练　　火焰原子吸收光谱分析法测定咖啡中铜的含量

一、实训目的

①学习火焰原子吸收光谱分析法的基本原理。

②了解原子吸收分光光度计的基本结构及操作技术。

③熟悉样品预处理的方法。

④掌握用标准曲线法测定咖啡中铜含量的方法。

二、实训原理

试样经处理后,导入原子吸收分光光度计中,原子化后,吸收 324.8 nm 共振线,其吸收值与铜含量成正比,与标准系列比较定量。

三、仪器与试剂

1. 仪器

原子吸收分光光度计;铜空心阴极灯;空气压缩机;乙炔钢瓶;通风设备;鼓风干燥箱;捣碎机;马弗炉;玻璃仪器(注:所有玻璃仪器均以 10% 硝酸溶液浸泡 24 h 以上,用水反复冲洗,最后用去离子水冲洗晾干后方可使用)。

2. 试剂

①硝酸。

②石油醚。

③硝酸(10%):量取 10 mL 硝酸置于适量水中,再稀释至 100 mL。

④硝酸(0.5%):量取 0.5 mL 硝酸置于适量水中,再稀释至 100 mL。

⑤硝酸(1+4):量取 20 mL 硝酸置于适量水中,再稀释至 100 mL。

⑥硝酸(4+6):量取 40 mL 硝酸置于适量水中,再稀释至 100 mL。

⑦铜标准储备液(1.0 mg/mL):准确称取 1.000 0 g 金属铜(99.99%),分次加入硝酸(4+6)溶液,总量不超过 37 mL,移入 1 000 mL 容量瓶中,用水稀释至刻度。

⑧铜标准使用液(1.0 μg/mL):准确吸取 10.0 mL 铜标准储备液,置于 100 mL 容量瓶中,用硝酸(0.5%)溶液稀释至刻度,摇匀,如此多次稀释至所需浓度。

四、实验步骤

1. 样品预处理

将咖啡磨碎,过 20 目筛,混匀。称取 0.5 g 试样,置于瓷坩埚中,加 5 mL 硝酸,放置 0.5 h,小火蒸干,继续加热炭化,移入马弗炉中,(550±25)℃灰化 1 h,取出放冷,再加1 mL 硝酸浸湿灰分,小火蒸干,再移入马弗炉中,550 ℃灰化 1 h,冷却后取出,以 1 mL 硝酸(1+4)溶解 4 次,移入 10.0 mL 容量瓶中,用水稀释至刻度,备用。取与消化吸收试样相同量的硝酸,按同一方法作试剂空白试验。

2. 测定

(1)铜标准系列溶液:取 6 只 10 mL 容量瓶,分别加入 0.00,1.00,2.00,4.00,6.00,8.00 mL 铜标准使用液(1.0 μg/mL),加硝酸(0.5%)稀释至刻度,摇匀备用。该标准溶液系列铜的质量浓度分别为 0.00,0.10,0.20,0.40,0.60,0.80 μg/mL。

(2)将处理后的样液、试剂空白和各容量瓶中铜标准液分别导入调至最佳条件的火焰原子化器进行测定。测定之前,先用去离子水喷雾,调节读数至零,然后按照浓度由低到高的原则依次间隔测量标准系列溶液并记录吸光度。参考实验条件(见下表),氘灯背景较正。

元素	分析线 λ/nm	灯电流 I/mA	狭缝宽度 d/nm	灯头高度 h/mm	乙炔流量 $Q/L \cdot min^{-1}$	空气流量 $Q/L \cdot min^{-1}$
铜	324.8	3~6	0.5	6	2	9

五、数据及处理

1. 记录实验条件及所用仪器的型号。

2. 记录铜标准系列溶液的吸光度,以吸光度为纵坐标,质量浓度为横坐标绘制工作曲线,并记录线性回归方程及线性相关系数。

铜标准使用液 V/mL	0.00	1.00	2.00	4.00	6.00	8.00
ρ 铜/μg·mL^{-1}						
吸光度 A						

3. 计算:试样中铜的含量按下式计算

$$X = \frac{(A_1 - A_2) \times V \times 1\,000}{m \times 1\,000}$$

式中 X——试样中铜的含量,mg/kg 或 mg/L;

      A_1——测定用试样中铜的含量,μg/mL;

      A_2——试剂空白液中铜的含量,μg/mL;

      V——试样处理后的总体积,mL;

      m——试样质量或体积,g 或 mL。

六、说明及注意事项

1. 本方法为 GB/T5009.13—2003 的第一法——原子吸收光谱法测定食品中的铜。

2. 本方法适用于食品中铜的测定。在重复性条件下获得的两次独立测定结果的绝对差值不得超过算术平均值的 10%。

3. 本方法检测限为 1.0 mg/kg。

项目4
原子荧光光谱分析法

项目描述

◎简述了原子荧光光谱分析法的基本原理知识。系统阐述原子荧光仪的构造及其工作原理。通过案例学习原子荧光仪的操作方法、技术要点及利用标准曲线进行定量分析的方法。介绍了维护和保养仪器的一般性工作。

学习目标

◎了解原子荧光光谱分析法的基本原理、特点及在食品行业中的应用。
◎能正确表述原子荧光仪与原子吸收分光光度计的异同。
◎熟悉原子荧光仪的使用及日常维护与保养方法。

技能目标

◎能熟练应用原子荧光光谱分析法进行样品分析检测及数据处理。
◎能够对仪器进行日常维护和保养工作。

□ **案例导入：**

什么是原子荧光光谱分析法？

物质的分子、原子或离子接受外界能量，从低能级状态跃迁到高能级状态，再由高能级状态返回低能级状态而产生的光谱称为发射光谱，常用于分析化学的有原子发射光谱和荧光光谱。

对于原子发射光谱，由于不同元素的原子结构不同，发射出不同波长的谱线，因此可根据元素的特征谱线和谱线强度进行定性定量分析。荧光光谱的产生是由于某些物质的分子或原子在辐射能的激发下跃迁至高能级状态，在很短的时间内（$10^{-9} \sim 10^{-7}$）自发地返回低能级状态，此过程中，先以无辐射跃迁的形式释放出部分能量返回到较低的能级状态，再以辐射跃迁的形式释放能量返回到基态，由此产生的光谱称为荧光光谱。根据受激发的物质粒子的状态不同又分为分子荧光光谱和原子荧光光谱。

原子荧光光谱分析法（Atomic Fluorescence Spectrometry，AFS）是通过测量待测元素的原子蒸气在辐射能激发下产生荧光的发射强度来对元素，尤其是痕量元素进行定量分析的方法。自20世纪60年代初期，Winefordner和Vickers提出原子荧光光谱分析法以来的50多年里，特别是新型光源、高效原子化器及电子技术的不断更新和应用，使AFS技术得到崭新发展，成为一种在尖端技术中广泛应用的先进分析技术。原子荧光光谱分析法具有很高的灵敏度，校正曲线的线性范围宽，能进行多元素同时测定。这些优点使得它在冶金、地质、石油、农业、生物医学、地球化学、材料科学、环境科学等各个领域内获得了相当广泛的应用。

近年来，国内食品分析领域主要采用氢化物发生技术与AFS技术相结合的方法，在检测食品中金属污染物砷、汞及人体必需的微量元素硒、锗等工作中显示出很强的优越性，是一种实用性强、高效低耗的分析技术。

任务4.1 认识原子荧光光度计

4.1.1 仪器结构及工作原理

原子荧光光度计是由光源、原子化器、分光系统和检测系统四部分构成，与原子吸收分光光度计基本相同，但为了检测荧光信号，避免发射光谱的干扰，将光源和原子化器与检测器处于直角位置。根据分光系统分光原理不同，原子荧光光度计可分为非色散型与色散型两类，它们结构相似，区别仅在于单色器，如图4.1所示。

1）光源

光源用来激发原子产生原子荧光。原子荧光光度计必须使用强的激发光源，可以是锐线光源，如高强度空心阴极灯、无极放电灯、激光等；也可以是连续光源，如高压氙灯。要求

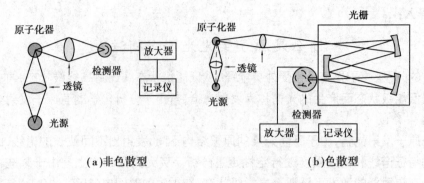

(a)非色散型　　　　　　　　(b)色散型

图 4.1　原子荧光光度计结构示意图

激发光源具有高发射强度和高度稳定性,与信号检波放大器进行电源同步调制,以便消除原子化器中的原子发射干扰。

2)原子化器

原子化器的作用及结构与原子吸收分光光度计相同,都是提供能量使将被测元素转化为原子蒸气,有火焰原子化器和非火焰原子化器两类。

知识拓展

近年来,氢化物发生-原子荧光光谱法在食品分析领域发挥出特有优势,尤其在分析检测粮食、饮料、点心、植物油、茶叶及海产品中污染物铅、砷、汞及功能食品中活性微量元素硒、锗等元素中具有很高的灵敏度,得到了普遍认可。

氢化物发生-原子荧光光谱分析法的原理是:利用某些能产生出生态氢的还原剂或化学反应,将被测元素还原为挥发性共价氢化物,生成的气态氢化物与过量氢气混合后,由惰性气体作载气(常用氩气)导入原子化器,氢气和氩气燃烧加热使被测元素的气态氢化物受热迅速分解,解离为基态原子蒸气。该法原子化时生成的基态原子的数量比单纯加热生成的数量高几个数量级,在检测砷、锑、铋、锡、硒、碲、铅、锗等元素时可以得到很高的灵敏度。

氢化物发生方法有金属-酸还原体系、硼氢化钠(钾)-酸还原体系、碱性模式还原体系和电解还原法,常用的是硼氢化钠(钾)-酸还原体系,其氢化物形成原理为:

$$NaBH_4 + 3H_2O + HCl \xlongequal{\hspace{1em}} H_3BO_3 + NaCl + 8H$$

$$(2+n)H + E^{n+} \xlongequal{\hspace{1em}} EH_n + H_2$$

式中的 E^{n+} 是指可以形成氢化物元素的离子,如砷、锑、铋、硒、碲、锡、锗等,另外汞可以形成气态原子汞,镉和锌可生成气态组分,均可以用本方法分析。

氢化物发生法的优点在于:①被测元素可与样品中可能引起干扰的物质分离,消除了干扰;②可以将被测元素充分预富集,进样效率高达100%;③采用连续氢化物发生装置可以实现自动化。但是该法不能分析不能形成氢化物或挥发性化合物的元素,因此到目前为止,利用氢化物发生-原子荧光光谱分析法进行食品分析的应用主要限于汞、砷、铅、硒和锗,方法均比较成熟。

3)分光系统

分光系统的作用是充分利用激发光源的能量和接收有用的荧光信号,减少和除去杂散光。原子荧光光谱简单,谱线干扰少,单色器对分辨能力要求不高,但要求有较大的集光本领。色散型原子荧光光度计常用光栅为色散元件,非色散型原子荧光光度计用干涉滤光片或吸收滤光片作色散元件。非色散型仪器的优点是照明立体角大,光谱通带宽,集光本领大,荧光信号强度大,仪器结构简单,操作方便;缺点是散射光的影响大。为了消除透射光对荧光测量的干扰,将激发光源置于与分光系统(或与检测系统)相互垂直的位置。

4)检测系统

检测器用来检测光信号,并转换为电信号,经过检波放大、数据处理后显示结果。色散型原子荧光光度计常用光电倍增管作检测器。非色散型多采用日盲光电倍增管,它的阴极由 Cs-Te 材料制成,对 $160 \sim 280$ nm 波长的辐射有很高的灵敏度,但对大于 320 nm 波长的辐射不灵敏。检测器与激发光束成直角配置,以避免激发光源对检测原子荧光信号的影响。

知识拓展

原子荧光可由原子化器周围任何方向的激发光源激发而产生,因此设计了多道、多元素同时分析仪器。图4.2所示为非色散型6道原子荧光仪装置。每种元素都有各自的激发光源在原子化器的周围,各自一个滤光器,每种元素都有一个单独的通道,共同使用一个火焰、一个检测器。激发光源一定不能直接对着检测器。实验时逐个元素顺序测量。

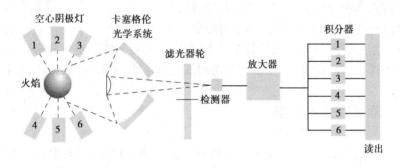

图 4.2　非色散型 6 道原子荧光仪

□ 案例导入:

原子荧光光谱分析法的特点

①检出限低,灵敏度高。目前已有 20 多种元素的检出限低于原子吸收光谱分析法。由于原子荧光的辐射强度与激发光源成比例,可以采用新的高强度光源进一步降低其检出限。

②谱线较简单,干扰较少。采用简单装置制成的非色散型原子荧光分析仪,不但结构简单而且价格便宜。

③标准曲线线性范围宽,可达 $3 \sim 5$ 个数量级。

④由于原子荧光是向空间各个方向发射的,可以制作多道仪器实现多元素的同时测定。

原子荧光光谱法是在 1964 年以后发展起来的分析方法,由于所用仪器与原子吸收光

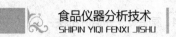

谱法相近,故一般放在原子吸收光谱分析法中讨论。但其不可忽视的优点使该法越来越受到关注并得到日益广泛的应用。但该法在分析化学领域内发展较晚,仍存在荧光淬灭、散射光干扰和复杂基体样品测定较困难等问题,从而限制了原子荧光光谱分析法的应用,相比之下,不如原子吸收光谱法用得广泛。

任务4.2 学习原子荧光光谱分析法的原理

4.2.1 原子荧光的产生

气态自由原子吸收特征波长的辐射后,原子的外层电子从基态或低能级状态跃迁到高能级状态,在瞬间(约 10^{-8} s)返回基态或低能级状态,同时发射出与所吸收的特征波长相同或不同的光辐射,称为原子荧光。原子荧光具有以下特点:

①原子荧光的产生依赖外界光源的照射,从而获得能量,产生激发导致发光的现象,属于光致发光。

②当外界光源停止照射后,荧光发射立即停止。

③荧光发射的强度与外界光源的照射强度有关。

④各种元素都有其特定的原子荧光光谱,据此可进行元素的定性分析。

⑤一定条件下,发射的荧光强度与元素的浓度成正比,据此可进行定量分析。

4.2.2 原子荧光的类型

原子荧光分为共振荧光、非共振荧光和敏化荧光等多种类型,其中以共振荧光强度最大,在分析中应用最广。

1)共振荧光

气态自由原子吸收共振线被激发,返回低能级状态时发射出与共振线波长相同的荧光,即为共振荧光。只有当待测元素全部呈基态,而不存在其他激发状态时才能产生共振荧光。其产生过程如图 4.3(a)中之 A 所示。如锌原子吸收 213.86 nm 的光,它发射荧光的波长也为 213.86 nm。若原子受热激发处于亚稳态,再吸收辐射进一步激发,然后再发射相同波长的共振荧光,此种原子荧光称为热助共振荧光,如图 4.3(a)中之 B 。

2)非共振荧光

当发射荧光与激发光的波长不相同时,产生非共振荧光。非共振荧光又分为直跃线荧光、阶跃线荧光和反斯托克斯(anti-Stokes)荧光。

(1)直跃线荧光

又称作斯托克斯荧光(Stokes),是激发态原子由高能级跃迁到高于基态的亚稳能级所产生的荧光。由于荧光能级间隔小于激发线的能线间隔,所以荧光的波长大于激发线的波长。如铅原子吸收 283.31 nm 的光,而发射 405.78 nm 的荧光。其产生过程如图 4.3(b)所示。

(2)阶跃线荧光

阶跃线荧光有两种情况,正常阶跃线荧光为被光照激发的原子,以非辐射形式去激发返回到较低能级,再以辐射形式返回基态而发射的荧光。其荧光波长大于激发线波长。如钠原子吸收 330.30 nm 的光,发射出 588.99 nm 的荧光。热助阶跃线荧光为被光致激发的原子,跃迁至中间能级,又发生热激发至高能级,然后返回至低能级发射的荧光。例如铬原子被 359.35 nm 的光激发后,会产生很强的 357.87 nm 荧光。其产生过程如图 4.3(c)所示。直跃线和阶跃线荧光的波长都是比吸收辐射的波长要长。

(3)反斯托克斯荧光(anti-Stokes)

当自由原子跃迁至某一能级,其获得的能量一部分是由光源激发能供给,另一部分是热能供给,然后返回低能级所发射的荧光为反斯托克斯荧光。其特点是荧光能大于激发能,荧光波长比激发光波长短。例如铟吸收热能后处于一较低的亚稳能级,再吸收 451.13 nm 的光后,发射 410.18 nm 的荧光。其产生过程如图 4.3(d)所示。

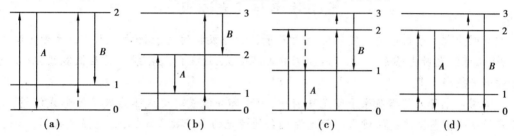

图 4.3 原子荧光的主要类型

(a)共振荧光;(b)直跃线荧光;(c)阶跃线荧光;(d)anti-Stokes 荧光

3)敏化荧光

受光激发的原子与另一种原子碰撞时,把激发能传递给另一个原子使其激发,后者发射的荧光即为敏化荧光。火焰原子化过程观察不到敏化荧光,非火焰原子化过程可观察到。

4.2.3 荧光强度

在原子荧光发射中,受激发原子发射的荧光强度 I_f 正比于基态原子对激发光的吸收强度 I_a,即

$$I_f = \varphi I_a \tag{4.1}$$

式中　I_f——荧光强度;

　　　I_a——吸收强度;

　　　φ——荧光量子效率,表示单位时间内发射荧光光子数与吸收激发光光子数的比值,一般小于1。

若激发光源强度稳定,光束平行且均匀,自吸可忽略,则受激发原子发射的荧光强度 I_f 为

$$I_f = \varphi I_0 A k_0 lN \tag{4.2}$$

式中 I_0——原子化器内单位面积上接受的光源强度；

      A——荧光照射在检测器上的有效面积；

      l——吸收光程长度；

      k_0——峰值吸收系数；

      N——单位体积内的基态原子数。

当仪器与操作条件一定时，除 N 外，其他均为常数，用 K 表示；而 N 与待测试液中被测元素浓度 c 成正比，将式(4.2)整理得

$$I_f = Kc \tag{4.3}$$

式(4.3)为原子荧光定量分析的基本关系式，即原子荧光强度与被测定元素浓度或原子密度成正比。

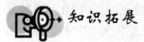 知识拓展

量子效率与荧光淬灭

所谓荧光量子效率是指发射荧光的光子数量与吸收的光子数量之比。由于受光激发的原子，可能发射共振荧光，也可能发射非共振荧光，还可能无辐射跃迁至低能级，所以量子效率一般小于1。

所谓荧光淬灭是指在原子荧光发射中，由于部分能量转变成热能或其他形式能量，使荧光强度减少甚至消失的现象。荧光淬灭会使荧光的量子效率降低，荧光强度减弱。许多元素在烃类火焰中要比用氩稀释的氢-氧火焰中荧光淬灭大得多，因此在实际工作中，尽量不用烃类火焰，而用氩稀释的氢-氧火焰代替，同时要选择最佳工作条件，提高原子化效率，来抑制荧光淬灭的发生。

□ 案例导入：

2008 年 11 月，天津检验检疫局从日本盛田株式会社进口的盛田牌食膳酱油中检出了有害物质砷，总砷检出值为 3.15 mg/kg，超过中国国家标准规定限量 5 倍多。

资料显示，砷及其可溶性化合物都有毒性，人体摄入过量便会引起疲劳、乏力、心悸、惊厥，还能引起皮肤损伤，出现角质化、蜕皮、脱发、色素沉积，还可能致癌。我们所谓的砒霜即为砷的氧化物——As_2O_3，毒性非常大。

任务4.3　原子荧光光度计的操作技术

步骤一　获取工作任务

典型工作任务：测定市售酱油中砷的含量。

实验方法

一、实验原理

利用混合酸直接消解酱油样品,采用原子荧光光谱法测定酱油中的砷含量,用标准曲线法得出酱油样品中的砷含量。该方法操作简便,精密度和准确度较好,能满足酱油中砷批量样品及快速分析要求。

二、仪器与试剂

1. 仪器

AFS-930 型全自动双道原子荧光仪;特种砷空心阴极灯。

2. 试剂

(1)砷标准储备液(1 000 μg/mL)。

(2)砷标准使用液(0.1 μg/mL):用 5% 盐酸逐级稀释至 10.0 μg /mL;再吸取 10 mL (10.0 μg/mL) 标准液,用去离子水定容至 1 000 mL 即可。

(3)5% 硫脲 +5% 抗坏血酸混合液:称取硫脲、抗坏血酸各 510 g,用 100 mL 去离子水溶解,现用现配。

(4)硼氢化钾溶液(20 g/L):称取 2.5 g NaOH 溶于少量去离子水,待完全溶解后再加入称好的 10.0 g KBH$_4$ 定容至 500 mL,现用现配。

(5)硝酸 + 高氯酸混合液(4 +1)。

(6)浓盐酸 (优级纯)。

(7)5% 盐酸;实验用水均使用去离子水。

3. 样品

市售酱油。

三、操作步骤

1. 试样处理

准确吸取 0.50 mL 样品于 100 mL 高型烧杯中,加入硝酸 + 高氯酸混合液(4 +1)20 mL 于电炉上加热消化至冒白烟(切不可蒸干)。取下冷却后,加纯水少量多次洗涤移入 50 mL 比色管,加浓盐酸(优级纯)2.5 mL,加 5% 硫脲 +5% 抗坏血酸混合液 10 mL,用纯水定容至刻度,同时做试剂空白。放置 30 min 后测定。

2. 测量

分别吸取 0.1 μg/mL 砷标准使用液 0.00,0.25,0.50,1.00,2.00,3.00,4.00,5.00, 10.00 mL 于 50 mL 比色管中,加纯水约 10 mL,各加入浓盐酸(优级纯)2.5 mL,5% 硫脲 + 5% 抗坏血酸混合液 10 mL,纯水定容至刻度,即得 0.00,0.50,1.00,2.00,4.00,6.00, 8.00,10.00,20.00 μg/L 砷标准系列,放置 30 min 后,按照分析条件测定荧光强度,将数据记录在表 4.1。

3. 仪器工作条件

光电倍增管负高压:270 V;原子化器温度:200 ℃;原子化器高度:8 mm;灯电流60 mA; 载气流量:400 mL/min;屏蔽气流量:800 mL/min;读数时间:7 s;延迟时间:1.5 s;注入量: 1 mL;测量方式:标准曲线法;读数方式:峰面积;载流:5% 盐酸溶液;还原剂:20 g/L 硼酸化

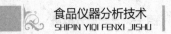
钾溶液(介质为 5g/LNaOH 溶液)。

4. 绘制标准曲线

编号	0	1	2	3	4	5	6	7	8	样1	样2
$V_{砷标}$/mL	0.0	0.25	0.5	1.00	2.00	3.00	4.00	5.00	10.00		
$C_{砷}$/($\mu g \cdot L^{-1}$)	0.00	0.50	1.00	2.00	4.00	6.00	8.00	10.00	20.00		
A											

以砷的质量浓度 $C_{砷}$ 为横坐标,荧光强度为纵坐标,绘制标准曲线,并在标准曲线上查出待测试液中砷的质量浓度($\mu g/L$)。

四、结果计算

样品中砷的含量

$$X = \frac{(c_1 - c_2)}{m \times 1\,000} \times V$$

式中 X——试样中砷含量,mg/L;

c_1——测定用试样中砷含量,$\mu g/L$;

c_2——空白液中砷含量,$\mu g/L$;

V——试样消化液定容体积,mL;

m——试样体积, mL。

步骤二   制订工作计划

通过对工作任务进行分析,结合实验室现有设备、仪器情况,制订工作任务单,见表4.1。

表4.1   酱油中砷含量的测定工作任务单

(结合自己学校的设备和开设的实验编写)

工作任务	市售酱油中砷的含量		工作时间	××××年××月××日
样品名称	酱油			
检验方法依据	该方法操作简便,精密度和准确度较好,能满足酱油中砷批量样品及快速分析要求。			
检验方法原理	利用混合酸直接消解酱油样品,采用原子荧光光谱法测定酱油中砷含量,用标准曲线法得出酱油样品中砷含量。			
准备工作	所需仪器及设备	名称及型号		厂家
		AFS-930 型全自动双道原子荧光仪		北京吉天仪器有限公司
		砷空心阴极灯		北京有色金属研究总院
	所需试剂及级别	硫脲、抗坏血酸、硼氢化钾、硝酸、高氯酸、浓盐酸、5% 盐酸、氢氧化钠、去离子水,均为分析纯		

续表

准备工作	所需玻璃仪器	名称	规格	数量
		比色管	50 mL	12个
		烧杯	100 mL	2个
	其他:玻璃棒、吸耳球、各种型号的移液管			
工作流程	洗涤玻璃仪器→配制试剂→上机测定→数据处理→撰写实验报告单			
小组成员				
注意事项	①初次使用该仪器者,应先阅读《仪器使用手册》、《软件使用手册》,仔细了解仪器构造及操作方法。 ②仪器工作温度为10~30 ℃,室温过高或过低均影响仪器正常工作。 ③每个数据可平行测定两三次,取其平均值。 ④换灯时要注意灯头凸处向下,插错会损坏灯。更不可带电插拔! ⑤检查水封很重要,加水过多,水汽进入原子化器会使石英炉爆裂;无水,待检物会泄漏使结果错误。			

步骤三　实施工作过程

洗涤玻璃仪器、配制试剂、样品消化均参照项目1相关内容实施。下面以 AFS-930 型全自动双道原子荧光仪(如图4.4)为例介绍上机操作过程,具体操作流程如表4.2所示。

图4.4　AFS-930型全自动双道原子荧光仪

表4.2　原子荧光光谱法测定酱油中砷含量的操作流程

步骤	操作流程	具体操作
1	测量前准备	配制试剂及砷标准系列溶液
		样品预处理
2	开机前准备	打开氩气,使其次级压力为 0.2~0.3 MPa 之间
		检查顺序进样器的毛细管连接管和泵管是否连接好
		打开灯室上盖,将砷空心阴极灯插入灯架
3	开机	打开计算机的电源开关,待计算机检测完毕后,再依次打开自动进样器、仪器的主机电源开关

续表

步骤	操作流程	具体操作
4	调光路	砷空心阴极灯点亮后,通过调节灯架上的 4 个螺丝钉调光路,使灯发出的光斑落在原子器的石英炉芯的中心线与透镜的水平中心线的交汇点
5	启动软件 仪器自检	点击桌面上的"AFS-930",在自检测窗口中点击"全部检测"进行仪器自检
		检测完毕后关闭该窗口,再点击"元素",仪器自动识别元素灯,按"确定"退出
6	设置实验参数	按顺序设置"仪器条件""测量条件""顺序注射""自动进样程序""样品参数""测量"等实验参数
7	仪器预热	点击"Test"窗口,仪器预热,待灯稳定后退出"Test"窗口
8	测量	将砷标准系列溶液、待测试液、载流和还原剂等准备好,压上蠕动泵压块,把测量条件中的测量方法改为"Std. Curve"标准曲线法,进行测量
9	实验报告	按"数据""报告""工作曲线"分别打印仪器条件、原始数据、结果、样品参数、测试报告和工作曲线
10	关机	测量结束后用纯水清洗进样系统 20 min
		退出软件,关闭仪器电源和计算机电源,关闭氩气
		打开蠕动泵压块,把各种试剂移开,将仪器及试验台清理干净

步骤四　控制操作技术要点

4.3.1　预还原剂的选择

由于样品消解时,大部分的砷均以高价态存在,直接用硼氢化钠还原不完全,容易造成结果偏低,因此必须加入硫脲使高价砷还原完全,适量抗坏血酸可进一步增强还原能力,同时掩蔽部分干扰离子的影响。预还原剂将高价砷还原为 As^{3+} 需要一段时间,试验表明,放置 20 ~ 30 min,荧光强度基本稳定。所以实验方法选择加入 5% 硫脲 + 5% 抗坏血酸(1 + 1)混合液,放置 30 min 后测定。

4.3.2　酸度的选择

反应介质的酸度对荧光强度影响较大,酸度越大荧光强度越强。实验表明,盐酸浓度从 0.5% ~1.5% 变化时,荧光强度变化较大;从 1.5% ~10% 变化时,荧光强度变化不大。考虑到酸对仪器管道的腐蚀作用,实验选用盐酸浓度为 5%,保证了荧光强度既稳定又足够强。

4.3.3 硼氢化钾浓度的选择

硼氢化钾的作用是生成 AsH_3 气体,同时影响氩氢火焰的质量。硼氢化钾浓度过低,起不到还原作用,氩氢火焰的荧光信号会受到影响;浓度过高,使还原反应太剧烈而生成大量的氢气稀释了待测元素,导致荧光强度下降,灵敏度降低。实验表明,采用 20 g/L 硼氢化钾溶液可以得到较高的灵敏度和较好稳定性。

步骤五 数据处理与结果判定

按照中华人民共和国国家标准 GB 2717—2003 酱油卫生标准规定,砷含量(以 As 计)应不大于 0.5 mg/kg。超过最高限量者为不合格产品,应予以销毁处理。在食品安全的监督检验和分析检测工作中,大部分实验除形成检测数据外,还需要技术人员给出结果判定。判定结果主要作为主管行政部门执法的主要依据,还可为企业进行质量控制或标准化控制提供数据基础。进行结果判定的依据是食品卫生和质量安全相关的现行国家标准和国际标准。

☐ **案例导入:**

分析仪器故障的预防

如果平时注意做好分析仪器的预防性维护工作,就可大大减少故障的发生,避免不必要的危害。预防故障主要从以下几方面做起:

①仪器的选购。结合实验室的实际需求,综合考虑仪器的性能、价格、成套性、厂商的质量信誉和售后服务等多方面因素。注意不要购买即将淘汰的机型。因为某种机型一旦被淘汰,其零配件就很难买到,给仪器使用和维护带来很多麻烦。

②仪器的安装、调试和验收是仪器维护的第一道重要关口。大型分析仪器,如色谱仪器、原子吸收光谱仪等通常由厂商专业人员进行安装调试。简单的分析仪器通常由仪器操作人员自己来完成。安装时,应注意选择合适的安装位置,仪器室应与化学分析室分开,以避免腐蚀性气体对仪器的侵害;同时应符合仪器对环境条件的要求,以确保仪器的正常性能和使用寿命。开箱后,应认真检查仪器的所有部件和备件是否完好无损并且和装箱单上一致。如有问题应及时和厂商取得联系。仪器的安装调试应按照仪器说明书规定的程序进行,同时作好相应的记录。安装调试完毕,应填写验收单。

③仪器使用维护记录的建立。使用维护记录一般包括:安装、调试、验收记录;计量检定证书;仪器使用登记本;检修记录等。其中,仪器的使用登记本记录频率最高,而不同仪器需要记录的内容有所不同,最好分别制订成固定的表格。填写分析仪器使用维护记录看起来是件麻烦事,但这项工作对仪器发生故障后推断故障的部位和原因起着相当重要的作用,应坚持仪器使用登记制度。另外,所有仪器使用维护记录应和仪器的出厂资料(说明书、装箱单、合格证等)一并存放。

任务4.4　学会原子荧光光度计的日常维护与保养

4.4.1　工作环境的要求

实验室温度为15～30 ℃,湿度小于75%。应配备精密稳压电源且电源应有良好接地。仪器台后部距墙面应50 cm距离,便于仪器的安装与维护。

4.4.2　对气体、器皿和试剂的要求

氩气纯度大于99.99%,配备标准氧气减压表。玻璃仪器应清洗干净用硝酸溶液(1+1)浸泡,且为原子荧光光度计专用。试剂的纯度应符合要求,储备液应定期更换,使用液和还原剂应现用现配。

4.4.3　日常维护和保养

1)关机后维护(由仪器使用人完成)

表4.3　关机后的维护

1	松开蠕动泵压块
2	取下载流槽,槽内液体倒入废液杯,以纯水清洗载流槽
3	取下并清洗样品盘、自动进样器上表面、仪器及台面,避免腐蚀仪器
4	关抽风机
5	检查蠕动泵硅橡胶管有无压扁、开裂,可能会漏液损坏蠕动泵
6	向蠕动泵硅橡胶管润一点硅油

2)常规维护(由仪器负责人完成)

表4.4　常规维护

每月	1	向蠕动泵硅橡胶管润一点硅油
	2	进行灯预热空转,不用进试剂,不用压蠕动泵
	3	检查原子化器炉丝有无烧断、变形
	4	检查原子化器镜子有无灰尘,用擦镜布清洁
	5	检查进样臂的上表面有无灰尘,清洁,以免走动受阻
	6	检查烟囱防尘面有无灰尘,清洁
每半年	1	给自动进样器行走部分上硅油。垂直3根、水平2根、进样臂1根
	2	把不常用的灯预热一遍

本章小结)))

本章主要简述原子荧光光谱分析法的基本原理知识、特点及在食品行业中的应用。系统阐述原子荧光仪的构造及其工作原理。通过案例学习原子荧光光度计的操作方法、技术要点及利用标准曲线进行定量分析的方法。能熟练应用原子荧光光谱分析法进行样品分析检测及数据处理。介绍了维护和保养仪器的一般性工作。

复习思考题)))

一、填空题

1. 原子荧光光谱分析中,荧光类型有( )、( )、( )和反斯托克斯(anti-Stokes)荧光和敏化荧光等。

2. 原子荧光光度计主要有( )和( )两类。

3. 在原子荧光光谱分析的实际工作中,会出现空白( )大于样品强度的情况,这是因为空白溶液中不存在( )的原因。

4. 原子荧光光度计一般由四部分组成:( )、( )、( )和( )。

5. 色散型原子荧光光度计的分光系统是用( )分光。

6. 非色散体系没有单色器,为了防止实验室光线的影响,必须采用工作波段为( )至( )的日盲倍增管。

7. 原子荧光光度计必需使用强的激发光源,可以是( ),如高强度空心阴极灯、( )、( )等;也可以是( ),如( )。

8. 根据荧光光谱受激发的物质粒子的状态不同又分为( )和( )。

9. 原子化器能提供能量使将被测元素转化为原子蒸气,分为( )和( )两类。

10. 氢化物发生方法有( )、( )、( )和( )。

11. 非色散型原子荧光光度计用( )或( )作色散元件。

12. 色散型原子荧光光度计常用( )作检测器;非色散型多采用( )。

13. 共振荧光为( )。

14. 非共振荧光为( ),可分为( )、( )和( )。

15. 敏化荧光为( ),在火焰原子化过程观察不到,非火焰原子化过程可观察到。

16. 荧光量子效率表示( ),其大小一般( )1。

17. 荧光淬灭是指( )。

18. 氩气纯度大于( ),配备标准氧气减压表。

19. 玻璃仪器应清洗干净用( )浸泡,且为原子荧光光度计专用。

二、单项选择题

1. 原子荧光是( )吸收特征波长的辐射后,原子的外层电子从基态或低能级状态跃迁到高能级状态,在瞬间(约 10^{-8} s)返回基态或低能级状态,同时发射出与所吸收的特征波长相同或不同的光辐射。

A. 原子　　　　　　B. 激发态原子　　　C. 分子　　　　　　D. 气体自由原子

2. 原子荧光光度计与原子吸收分光光计度结构上的主要区别在(　　　)。

A. 光源　　　　　　B. 光路　　　　　　C. 单色器　　　　　D. 原子化器

3. 下列哪种原子荧光是反斯托克斯荧光(　　　)。

A. 铬原子吸收 359.35 nm,发射 357.87 nm

B. 铅原子吸收 283.31 nm,发射 283.31 nm

C. 铅原子吸收 283.31 nm,发射 405.78 nm

D. 铟原子吸收 377.55 nm,发射 535.05 nm

4. 锌原子吸收 213.86 nm 的光发生共振荧光,它发射荧光的波长为(　　　)nm。

A. 535.05　　　　　B. 283.31　　　　　C. 213.86　　　　　D. 357.87

5. 下面哪个不是非共振荧光的类型?(　　　)

A. 直跃线荧光　　　　　　　　　　B. 阶跃线荧光

C. 反斯托克斯荧光　　　　　　　　D. 敏化荧光

6. 直跃线荧光的特点是(　　　)。

A. 荧光波长大于激发波长　　　　　B. 荧光波长小于激发波长

C. 荧光波长等于激发波长　　　　　D. 以上都不正确

7. 荧光量子效率是指发射荧光的光子数量与吸收的光子数量之比,其比值一般(　　　)。

A. 小于 1　　　　　B. 大于 1　　　　　C. 等于 1　　　　　D. 不确定

8. 在原子荧光测定中,氩气纯度大于(　　　),配备标准氧气减压表。

A. 99.99%　　　　 B. 95%　　　　　　C. 90%　　　　　　D. 85%

9. 在原子荧光测定中,玻璃仪器应清洗干净用(　　　)浸泡,且为原子荧光光度计专用。

A. 1+1 浓硫酸　　　　　　　　　　B. 1+1 硝酸溶液

C. 2+1 硝酸溶液　　　　　　　　　D. (1+1)硫酸和硝酸

10. 在测定酱油中砷的含量的实验中,用(　　　)得出酱油样品中砷含量。

A. 归一化法　　　　B. 内标法　　　　　C. 标准曲线法　　　D. 不确定

11. 在测定酱油中砷的含量的实验中,预还原剂的选择为(　　　)。

A. 5% 硫脲 +5% 抗坏血酸　　　　　B. 10% 硫脲 +5% 抗坏血酸

C. 5% 硫脲 +15% 抗坏血酸　　　　 D. 2% 硫脲 +5% 抗坏血酸

12. 在测定酱油中砷的含量的实验中,盐酸浓度的选择为(　　　)。

A. 1.5%　　　　　　B. 5%　　　　　　C. 0.5%　　　　　　D. 10%

13. 在测定酱油中砷的含量的实验中,硼氢化钾浓度的选择为(　　　)。

A. 20 g/L　　　　　B. 10 g/L　　　　　C. 30 g/L　　　　　D. 40 g/L

14. 按照中华人民共和国国家标准 GB 2717—1996 酱油卫生标准规定,砷含量(以 As 计)应不大于(　　　)mg/kg。

A. 0.25　　　　　　B. 1.5　　　　　　C. 0.5　　　　　　D. 5

15. 在原子荧光测定中,原子荧光强度与被测定元素浓度或原子密度成(　　　)。

A. 正比　　　　　　B. 反比　　　　　　C. 等比　　　　　　D. 不确定

三、判断题

1. 在新分析方法中,测砷水样采集后,用硫酸将样品酸化至 pH < 2。　　　　　　(　　)

2. 在消解处理水样后加入硫脲,可把砷还原成三价。　　　　　　　　　　　　(　　)

3. 共振荧光谱线为原子荧光法分析的分析谱线。　　　　　　　　　　　　　　(　　)

4. 某元素的荧光光谱可包括具有不同波长的数条谱线。　　　　　　　　　　　(　　)

5. 在任何元素的荧光光谱中,共振荧光谱线是最灵敏的谱线。　　　　　　　　(　　)

6. 当灵敏度可以满足要求时应尽可能采用较低的高压。　　　　　　　　　　　(　　)

7. 原子吸收分光光度计使用的空心阴极灯也可以用于原子荧光光度计。　　　　(　　)

8. 原子荧光光度计的光电倍增管对可见光无反应,因此可以把仪器安装在日光直射或光亮处。　　　　　　　　　　　　　　　　　　　　　　　　　　　　　　　　(　　)

9. 在原子荧光光谱分析中,如果辐射波长大于光源波长称为 Stoke 效应,小于光源波长称为 anti-Stokes 效应。　　　　　　　　　　　　　　　　　　　　　　　　(　　)

四、简答题

1. 一个理想的光源应具有哪些条件?

2. 产生原子荧光的跃迁有几种方式? 试说明为什么原子荧光的检测限一般比原子吸收低?

3. 原子荧光光谱分析法具有哪些优缺点?

4. 简述原子荧光光谱法的基本原理。

5. 激发光源为原子分析荧光光度计的主要组成部分,试述理想的、适合原子荧光光谱分析法的激发光源应具备的条件。

6. 氢化物发生-原子荧光光谱分析法的主要优点有哪些?

7. 简述非色散型原子荧光光度计的优点和缺点。

8. 什么是原子荧光? 它具有哪些特点?

9. 什么是反斯托克斯荧光? 它具有哪些特点? 试举例说明。

10. 什么是直跃线荧光? 试举例说明。

11. 阶跃线荧光有哪两种情况? 试举例说明。

12. 原子荧光光度计一般由哪些部分组成? 试论述其作用。

13. 简述氢化物发生-原子荧光光谱分析法的原理。

14. 一个理想的原子化器必须具有哪些特点?

15. 与原子吸收、原子发射技术相比,原子荧光光谱分析法具有哪些优点?

拓展训练　　同时测定食品中的砷和汞——原子荧光光谱分析法

一、实训目的

1. 熟练 AFS-230 型双道原子荧光光度计的结构和操作。

2. 用 AFS-230 型双道原子荧光光度计同时测定食品中的砷和汞,可一次性消化样品,同时测定食品中砷和汞的含量,改进了以往一次消化样品,分别应用不同方法测定食品中

砷和汞的含量。

二、实训原理

在酸性条件下,砷(汞)和硼氢化钠与酸产生新生态的氢反应,生成氢化物气体,惰性气体氩(Ar)为载气,将氢化物导入电热石英炉中,以砷和汞特种阴极灯为激发光源,砷(汞)的热原子蒸气吸收特定波长的激发光或吸收热能后被激活,通过能量跃迁和无辐射弛豫情况下返回基态和无发放出荧光,荧光强度与砷(汞)含量成正比,与标准系列相比较进行定量。

三、仪器与试剂

1. 仪器

AFS-230 型双道原子荧光光度计;砷和汞编码空心阴极灯;压力溶弹。

2. 试剂

(1)砷和汞标准溶液(1 000 mg/L)。

(2)消解液为浓硝酸(GR)和浓高氯酸(GR)(5+1)混合液,其余试剂均为分析纯,水为去离子蒸馏水。

(3)样品

大米粉、贻贝、甘蓝。

四、实验步骤

1. 样品预处理

准确称取 1.0 ~ 1.5 g 样品于压力溶弹内胆中,加入混合消化液 6 mL,放置 30 min,旋紧压力溶弹置于烤箱内,于 120 ℃下消解 4 h,冷却至室温,用去离子水将消解的样品液全部转入 50 mL 容量瓶中,稀释定容,待测,同时作消化空白液。

2. 测定仪器条件

灯电流:As 30 mA,Hg 60 mA;负高压:300 V;原子化温度:200 ℃;原子化器高度:8 mm;载气:400 mL/min;屏蔽气:800 mL/min;加还原剂时间:20.0 s;读数时间:10.0 s;延迟时间:2.0 s;进样体积:0.5 mL;读数方式:峰面积;测定方式:标准曲线法。

3. 样品的测定

取样品消解液 5.00 mL 于 10 mL 比色管中,加入 50 g/L 硫脲 1 mL,50 g/L 抗环血酸 1 mL,用水定容至 10 mL,室温静置 20 min 后,以 15 g/L 硼氢化钠作还原剂,1 mol/L 盐酸作载流进行测定。

五、数据处理

按仪器软件 Measure Condition 中 Meas. Method Statistics 方法测定,测得方法的最低检测线分别为 0.02 μg/L,0.01 μg/L,砷和汞分别为 0.5 ~ 100 μg/L,0.1 ~ 60 μg/L,有良好的线性。根据食品中的含量和取样量(μg/L)选择砷和汞的标准系列分别为 0.0,5.0,10.0,20.0,40.0 μg/L 和 0.00,0.50,1.00,2.00,4.00 μg/L 作标准曲线。

六、注意事项

①仪器运行环境,温度 18 ~ 35 ℃,湿度小于 85%。

②当样品中有高浓度的硒、锗和锡时,对样品测定有一定程度的干扰。当样品中硒、锗

的含量为砷含量的 240 倍和汞含量的 1 200 倍时,影响荧光信号,产生负干扰,使砷和汞的测定值偏小。当样品中锡的含量为砷含量 200 倍和汞含量的 2 000 倍时,产生正干扰,使砷和汞的测定值偏大。但硒、锗和锡在一般食品中含量较低,所以在样品测定中不会产生干扰。钙、镁、钠、钾、铅、铜和镍等元素在砷和汞含量的 1 000 ~ 5 000 倍下进行干扰试验,未发现干扰,不影响测定。

拓展训练　食品中的镉含量测定——原子荧光光谱分析法

一、实训目的

熟练运用原子荧光光度计测定食品中的镉(Cd)。

二、实训原理

在水溶液中,Cd 与 KBH_4 反应生成挥发性物质,以原子荧光光谱分析法测定食品中的痕量 Cd 的分析方法。

三、仪器与试剂

1. 仪器

AFS-2201 型双道原子荧光光度计(北京海光仪器公司);镉空心阴极灯;可编程断续流动装置;马弗炉。

2. 试剂

硫酸(优级纯);0.5 g/L 二硫腙-四氯化碳溶液;Cd 标准储备液(1 g/L);所有试剂均用去离子水配制。

四、实验步骤

1. 样品消解

称取 0.50 ~ 5.00 g 样品于 30 ~ 50 mL 坩埚中,电炉上低温碳化至无黑烟,冷却,加硫酸溶液(1 + 2)2 mL 浸润碳化物,低温蒸干,移入马弗炉中逐渐升温至 600 ℃ 使灰化完成,取出放冷,用温热的 0.20 mol/L 硫酸溶液约 25 mL 分数次溶解灰分移入 50 mL 容量瓶中,精确加入5.0 mL 0.5 g/L 二硫腙-四氯化碳,激烈振荡 2 min,用 0.20 mol/L 硫酸溶液定容至50 mL,混匀待测,同时作试剂空白试验。

2. 设置工作条件

灯电流 60 mA;负高压 380 V;原子化器温度 766 ℃;载气流速 700 mL/min,屏蔽气流速 1 100 mL/min;炉高 12 mm;测量方式:标准曲线法;读数方式:峰面积;读数延迟时间0.0 s;读数时间 10.0 s。

3. 标准系列取相应的标准溶液进行。

五、数据处理

按实验条件进行测定绘制工作曲线,镉浓度在 0 ~ 50 μg/L 范围内荧光强度 I_f,与其浓度 c 呈线性关系 t 直线回归方程:$I_f = 71.787c - 4.249$;相关系数 $r = 0.999\ 7$;检测限为0.12 μg/L。

六、注意事项

1. 更换元素灯时一定要关闭主机电源。

2. 样品的预处理用干法灰化,加入硫酸在某种程度上可避免由挥发引起的损失,以此法,较易挥发的氯化镉被转化为沸点较高的硫酸镉,同时,控制灰化温度不高于 600 ℃,可以避免镉的损失,该法于鱼、肉类食品尤为适用。

拓展训练 食品中的硒含量测定——原子荧光光谱分析法

一、实训目的

熟练运用原子荧光光度计测定食品中的硒。

二、方法原理

硒有抗氧化作用、解毒作用,可保护心血管、维护心肌的健康、维护机体免疫的功能。此外硒还能促进生长、保护视觉器官。硒缺乏可导致克山病与大骨节病,摄入过多可致中毒。

本实验将样品用混合酸消化,使硒化物氧化为无机硒,在酸性条件下硒与 2,3-二氨基萘(缩写 DAN)反应生成 4,5-苯并苯硒脑后用环己烷萃取。在激发光波长为 376 nm,发射光波长为 520 nm 的条件下测定荧光强度,与绘制的标准曲线比较,计算出样品中硒的含量。

三、仪器与试剂

1. 仪器

原子荧光光度计。

2. 试剂

①环己烷。

②硝酸。

③高氯酸。

④盐酸。

⑤氢溴酸。

⑥(1 + 9)盐酸溶液。

⑦(1 + 1)氨水。

⑧(5 + 95)去硒硫酸:取 5 mL 去硒硫酸,加于 95 mL 水中。

⑨去硒硫酸:取 200 mL 硫酸,加于 200 mL 水中,再加 30 mL 氢溴酸,混匀,置沙浴上加热蒸去硒与水至出现浓白烟,此时体积应为 200 mL。

⑩0.2 mol/L EDTA:称 37 g EDTA 二钠盐,加水并加热溶解,冷却后稀释至 500 mL。

⑪10% 盐酸羟胺溶液。

⑫硝酸 + 高氯酸(2 + 1)混合酸溶液。

⑬0.1% 2,3-二氨基萘,溶液。

⑭硒标准储备液(100 μg/mL):精确称取 100.0 mg 元素硒(光谱纯),溶于少量硝酸

中,加 2 mL 高氯酸,置沸水浴中加热 3～4 h,冷却后加入 8.4 mL 盐酸(1 mol/L),再置沸水溶中煮 2 min。准确衡释至 1 000 mL。

⑮硒标准使用液(0.05 μg/mL):用 0.1 mol/L 盐酸稀释硒标准储备液,于冰箱中保存。

⑯0.02%甲酚红指示剂。

⑰EDTA 混合液:取⑩和⑪各 50 mL,混匀,再加⑯5 mL,用水稀释至 1 L。

四、操作步骤

(1)样品处理

粮食:样品用水洗 3 次,置于 60 ℃烘干,用不锈钢磨磨成粉状,储于塑料瓶中,放一小包樟脑精,盖紧瓶塞保存,备用。

蔬菜和其他植物性食物:取可食部,用蒸馏水冲洗 3 次后,用纱布吸去水滴,用不锈钢刀切碎,取混合均匀的样品于 60 ℃烘干,称重,粉碎,备用。计算时应折合成鲜样重。

(2)样品的消化

称含硒量为 0.01～0.5 μg 的样品 0.5～2.0 g 于磨口三角瓶中,加 10 mL(5＋95)去硒硫酸,待样品湿润后再加混合酸液 20 mL 放置过夜,次日置沙浴上逐渐加热。当剧烈反应发生后,溶液呈无色,继续加热至白烟产生,此时溶液变成淡黄色,即达到终点。某些蔬菜样品消化后出现浑浊,以致难以确定终点,所以要细心观察。有些含硒较高的蔬菜需要在消化完成后再加 10 mL(1＋9)盐酸,继续加热,以完全还原硒,否则结果将偏低。

(3)4,5-苯并苤硒脑的生成与测定

上述消化后的溶液加入 EDTA 混合液 20 mL,用氨水(1＋1)及盐酸调至淡粉红橙色(pH1.5～2.0)。以下步骤在暗室进行:加入 0.1% DAN 试剂 3 mL,混匀后,置于沸水浴中煮 5 min,取出立即冷却后,加环己烷3.0 mL,振摇 4 min,将全部液体移入分液漏斗中,待分层后放掉水层,小心将环己烷层转入带盖试管中,勿使环己烷中混有水滴,用激发光波长 376 nm,发射光波长 520 nm 测定 4,5-苯并苤硒脑的荧光强度。

(4)硒标准曲线的绘制

精确量取硒标准使用液(0.05 μg/mL)0.0,0.2,1.0,2.0,4.0 mL(相当 0.00,0.01,0.05,0.10,0.20 μg)加水至 5 mL 后,按样品测定步骤同时进行测定。硒含量在 0.5 μg 以下时荧光强度与硒含量呈线性关系,所以在大量测定样品时,每次只需做试剂空白与样品硒含量相近似的标准管(双份)即可。

五、数据处理

$$X = \frac{m'}{F_1 - F_0} \cdot \frac{F_2 - F_0}{m}$$

式中 X——样品中硒含量,μg/g;

m'——标准硒含量,μg;

F_1——标准硒荧光读数;

F_2——样品荧光读数;

F_0——空白管荧光读数;

m——样品质量,g。

项目5
电位分析法

项目描述

◎阐述了电位分析法的基本概念及原理；以玻璃电极为重点介绍了离子选择性电极的基本结构、类型及响应机理。通过案例学习酸度计的操作方法、技术要点及校正方法，并简述了维护和保养酸度计的一般性工作。

学习目标

◎了解电位分析法的基本原理和常用电极的构造和特性。

◎理解直接电位法的工作原理，重点掌握玻璃电极的响应机理。

◎能认知 pH 酸度计的构造并能正确阐述其工作原理及操作技术要点，重点掌握校正的方法。

◎熟悉复合电极的日常维护与保养方法。

技能目标

◎能熟练应用 pH 酸度计分析食品样品，获得准确结果。

◎能够按照《仪器说明书》对 pH 酸度计进行校正和日常维护与保养。

□ **案例导入：**

什么是电位分析法

电位分析法(Potentiometric Analysis)，是利用电极电位与化学电池电解质溶液中某种物质离子的活度(或浓度)的对应关系进行定量分析的一种电化学分析法。通常用一支指示电极和一支参比电极与待测试液组成原电池，在零电流条件下，根据该原电池的电动势与试液中待测离子的活度(或浓度)之间存在数量关系求得待测离子的活度(或浓度)。

电位分析法应用很广泛，可以用来检测水、矿物、生物体液、牙膏中的氟离子浓度，工业废水、废渣中的氰离子和氨气浓度，天然水中的硝酸根离子浓度，血清中的钠、钾、钙等离子浓度。与食品卫生质量安全检测关系最密切的是利用直接电位法测定食品的有效酸度，在判断食品的新鲜程度、反映食品的质量指标方面发挥着重要作用。

知识储备

电位分析法的理论基础

1)电位分析法的种类

电位分析法分为直接电位法和电位滴定法两类。

直接电位法是利用专用电极将被测离子的活度转化为电极电位后加以测定。如用玻璃电极测定溶液的氢离子活度，pH酸度计就是依此原理工作的。随着离子选择性电极的迅速发展，还可以测量溶液中其他的阴离子(氯离子、氟离子)和阳离子(钠离子、钙离子)，操作简便，应用也越来越广泛。

电位滴定法是通过测量滴定过程中试液的电位变化来确定滴定分析终点的分析方法，滴定分析的终点是由测量电位突跃来确定。把电位分析用作传统滴定分析的检测器，这样既可降低传统滴定分析中由于指示剂的显色范围和实验者观察等因素引起的误差，还可以克服传统滴定分析无法连续和自动操作的缺点。电位滴定法具有测定准确度高，测量相对误差低于0.2%；不需要用指示剂来确定终点；可用于混浊体系或有色溶液体系的滴定；可用于非水溶液的滴定；可用于微量组分测定；可用于连续滴定和自动滴定；仪器简单、测量快速、易于实现等优点而应用广泛。

两种方法的区别在于：直接电位法只测定溶液中已经存在的自由离子，不破坏溶液中的平衡关系；电位滴定法测定的是被测离子的总浓度。

2)电极电位

当我们把金属锌片浸入相应的盐溶液 $ZnSO_4$ 中时，由于化学势不同，Zn 片上的锌原子非常容易失去两个电子进入溶液成为 Zn^{2+}，而将电子留在金属锌片上，结果使金属锌片带上负电荷。由于异性相吸原理，带负电荷的金属锌片吸引溶液中的正离子(锌离子、氢离子)，在金属锌片和溶液界面间就形成一个双电层，两相之间产生了一个电位差，就是电极电位。

简单地说，将一金属浸入该金属离子的水溶液中，在金属和溶液界面间产生了双电层，形成电位差，称之为电极电位，用 φ 表示。

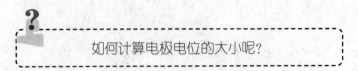

如何计算电极电位的大小呢?

3)能斯特方程

可以用能斯特方程计算电极电位的大小。对于上述体系,金属锌片与溶液界面上形成的双电层的电极电位可以用能斯特方程表示为

$$\varphi_{Zn^{2+}/Zn} = \varphi^{\circ}_{Zn^{2+}/Zn} + \frac{RT}{nF}\ln\left(\frac{a_{Zn^{2+}}}{a_{Zn}}\right) \tag{5.1}$$

式中　φ°——标准电极电位,V(可查,当温度一定时为定值);

R——摩尔气体常数,8.314 J/mol·k(常数);

F——法拉第常数,96 486.7 C/mol(常数);

T——热力学温度,K;

n——电极反应中传递的电子数;

a——活度。

当温度为 298 K(25 ℃),对于金属电极,还原态是纯金属,其活度为 1;当溶液中金属离子浓度很稀时(<0.001 mol/L),溶液中金属离子的浓度近似等到活度,因此式(5.1)可简化为

$$\varphi_{Zn^{2+}/Zn} = \varphi^{\circ}_{Zn^{2+}/Zn} + \frac{0.059}{2}\lg[Zn^{2+}] \tag{5.2}$$

由式(5.2)推出适用于所有金属电极的电极电位通式为

$$\varphi_{M^{n+}/M} = \varphi^{\circ}_{M^{n+}/M} + \frac{0.059}{n}\lg[M^{n+}] \tag{5.3}$$

由式(5.3)可以看出,只要测出金属电极的电极电位 $\varphi_{M^{n+}/M}$ 就可以确定待测溶液中相应的待测金属离子的 M^{n+} 浓度。这就是电位分析法的理论依据。

单个电极的电极电位的绝对值是无法测量的,但是可以利用一个指示电极和一个参比电极组装成一个原电池就可以解决这个问题。

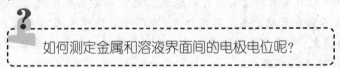

如何测定金属和溶液界面间的电极电位呢?

4)原电池

一个指示电极和一个参比电极插入电解质溶液中就组成一个原电池。图 5.1 所示为铜锌原电池。

(1)指示电极

指示电极是用来指示电解质溶液中待测离子浓度的电极。如 pH 玻璃电极、氟离子选择性电极等都属于指示电极。其特点是:电极电位值随电解质溶液中待测离子浓度的变化而变化,可以反映溶液中待测离子的浓度。

(2)参比电极

参比电极是在测量时作为对比的电极。常用的参比电极有甘汞电极和银-氯化银电极。其特点是:电极电位不受电解质溶液中待测离子浓度的变化而变化,具有恒定数值。

(3)电解质溶液

含有待测离子的溶液,即工作中的待测试液。

国际纯粹与应用化学联合会(IUPAC)规定,电池用图解表示式来表示。如铜锌原电池的图解表示式为

$$Zn \mid ZnSO_4(a_1) \parallel CuSO_4(a_2) \mid Cu$$
(5.4)

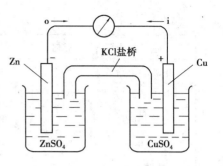

图5.1 铜锌原电池示意图

发生氧化反应的阳极写在左边,发生还原反应的阴极写在右边,式(5.4)可简化为

(阳极)指示电极 ∥ 参比电极(阴极)   (5.5)

5)电动势

原电池的电动势定义为阴阳两极的电极电位差,用 E 表示,如

$$E = \varphi_{阴} - \varphi_{阳} = \varphi_{参比} - \varphi_{指示}$$
(5.6)

若指示电极为金属电极,将式(5.3)代入式(5.6)为

$$E = \varphi_{参比} - \varphi_{指示}$$

$$= \varphi_{参比} - \left(\varphi^{\circ}_{M^{n+}/M} + \frac{0.059}{n} \lg [M^{n+}] \right)$$

$$= \varphi_{参比} - \varphi^{\circ}_{M^{n+}/M} - \frac{0.059}{n} \lg [M^{n+}]$$
(5.7)

当温度一定时,$\varphi_{参比} - \varphi^{\circ}_{M^{n+}/M}$ 为恒定值,式(5.7)反映出原电池电动势与待测溶液中待测离子浓度之间的关系。

由式(5.7)可以看出,只要测出原电池(工作中称为工作电池)的电动势就可以求出待测溶液中待测离子浓度$[M^{n+}]$。而工作电池的电动势就是该电池的电压,可以通过电压表测量得到,因此不难求出待测金属离子的浓度。这种通过测量由参比电极、指示电极和待测试液组成工作电池的电动势直接求出待测离子浓度的方法,称为直接电位法。使用不同的指示电极可以测定不同的离子,见表5.1。

直接电位法仪器简单、测量快速、灵敏度高,在食品分析检测中应用最广泛。本书重点以pH酸度计为例对直接电位法进行介绍。

表5.1 常见离子选择性电极及其应用

离子选择性电极	测试物	线性浓度范围	适用 pH 范围	应用举例
氟电极	F^-	$1 \sim 10^{-7}$	$5 \sim 8$	水、矿物、生物体液、牙膏
氯电极	Cl^-	$10^{-2} \sim 5 \times 10^{-8}$	$2 \sim 11$	水、碱液、催化剂
氰电极	CN^-	$10^{-2} \sim 10^{-6}$	$11 \sim 8$	电镀废水、废渣
硝酸根	NO_3^-	$10^{-1} \sim 10^{-5}$	$5 \sim 8$	天然水
pH 玻璃电极	H^+	$10^{-1} \sim 10^{-14}$	$5 \sim 8$	溶液酸度

续表

离子选择性电极	测试物	线性浓度范围	适用 pH 范围	应用举例
钠玻璃电极	Na^+	$10^{-1} \sim 10^{-7}$	$5 \sim 8$	天然水、锅炉水
氨气敏电极	NH_3	$1 \sim 10^{-6}$	$5 \sim 8$	废气、废水、土壤
钾微电极	K^+	$10^{-1} \sim 10^{-4}$	$5 \sim 8$	血清
钠微电极	Na^+	$10^{-1} \sim 10^{-3}$	$5 \sim 8$	血清
钙微电极	Ca^{2+}	$10^{-2} \sim 5 \times 10^{-7}$	$5 \sim 8$	血清

□ 案例导入：

什么是食品的酸度？

食品中的酸类物质构成了食品的酸度。其中包括有机酸、无机酸、酸式盐及某些酸性化合物。这些酸类物质有的是食品本身固有的，如果蔬中含有的苹果酸、柠檬酸、酒石酸、醋酸、草酸等；有的是外加的，如配制型饮料中加入的柠檬酸；有的是发酵产生的，如食醋中的醋酸、酸奶中的乳酸等。食品中的酸性物质影响食品的香味、颜色、稳定性和质量的优劣。因此食品的酸度测定是食品常规理化检测的必检项目之一。

食品的酸度有总酸度、有效酸度和挥发酸度三种表示方法。总酸度指食品中所有酸性物质的总量，常用标准碱液来滴定，因此又叫做滴定酸度。挥发性酸度指食品中易挥发的有机酸，如乙酸、甲酸、丁酸等，可用蒸馏法分离，再用标准碱溶液进行滴定。而有效酸度指食品中呈离子状态的氢离子的活度，是人们味觉最直接的感受，常用 pH 酸度计测定，用 pH 值表示。

pH 酸度计就是直接电位法最具代表性的应用。

任务 5.1　认识 pH 酸度计

测定溶液 pH 的仪器是酸度计，又称 pH 酸度计，既可以测量溶液的酸度，又可以测量电池电动势。根据测量要求的不同，酸度计分为普通型、精密型和工业型三类，读数值精度最低为 0.1 pH，最高为 0.001 pH，使用者可以根据需要选择不同类型的仪器。实验室用酸度计的型号很多，但结构简单，一般是由复合电极和测量仪表两部分组成，如图 5.2 所示。复合电极主要由参比电极（甘汞电极）和指示电极（玻璃电极）组成，玻璃电极属于离子选择性电极，对氢离子有选择性响应，是酸度计的关键部件。

5.1.1　甘汞电极

甘汞电极由金属汞、甘汞 Hg_2Cl_2 和 KCl 溶液组成，其结构如图 5.2 所示。电极由两个玻璃套管组成。内玻璃管的上端封接一根铂丝,铂丝插入纯汞中,下置一层甘汞和汞的糊状混合物;下端用一层多孔物质塞紧。外玻璃管中装入 KCl 溶液,电极下端与待测溶液接触部分是熔结陶瓷芯或玻璃砂芯等多孔物质。

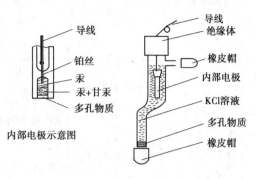

图 5.2　甘汞电极示意图

甘汞电极的电极反应是

$$Hg_2Cl_2 + 2e = 2Hg + 2Cl^-$$

其电极电位(25 ℃)为

$$\varphi_{Hg_2Cl_2/Hg} = \varphi^{\circ}_{Hg_2Cl_2/Hg} + \frac{0.059}{2}\lg\frac{a_{Hg_2Cl_2}}{a^2_{Hg} \cdot a_{Cl^-}{}^2}$$

$$= \varphi^{\circ}_{Hg_2Cl_2/Hg} - 0.059\lg a_{Cl^-} \qquad (5.8)$$

由式(5.8)可见,甘汞电极的电极电位取决于 Cl^- 的活度。电极中充入不同浓度的 KCl 可具有不同的电极电位,且数值恒定,见表 5.2。

表 5.2　甘汞电极的电极电位(25 ℃)

	0.1 mol/L 甘汞电极	标准甘汞电极(NCE)	饱和甘汞电极(SCE)
KCl 溶液浓度	0.1 mol/L	1.0 mol/L	饱和溶液
电极电位/V	+0.336 5	+0.282 8	+0.243 8

注意:饱和甘汞电极指 KCl 浓度为 4.6 mol/L

5.1.2　pH 玻璃电极

知识链接

离子选择性电极

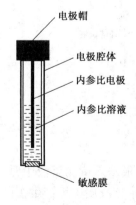

图 5.3　离子选择性
电极结构示意图

离子选择性电极(Ion-Selective Electrode, ISE)是电位分析中最常用的电极,其电极电位仅对溶液中特定离子有选择性响应,但并没有发生电极反应。离子选择性电极是一种电化学传感器,敏感膜是其主要组成部分,因此又称作膜电极,一般由内参比电极、内参比溶液和敏感膜三部分组成,其基本结构如图 5.3 所示。由玻璃或高分子聚合物材料做成的电极腔体内,内参比电极通常为 Ag/AgCl 电极,内参比溶液由氯化物及响应离子的强电解质溶液组成,敏感膜是对响应离子具有高选择性的响应膜。

离子选择性电极的电极电位与特定离子活度之间的关系符合能斯特方程

$$\varphi = K \pm \frac{RT}{nF}\ln a_i \qquad (5.9)$$

根据敏感膜的性质和被测溶液所含离子的不同,1975 年 IUPAC 将离子选择性电极作出如表 5.3 所示的分类。

表 5.3　离子选择性电极的分类

离子选择性电极	原电极	晶体膜电极	均相晶膜电极(如氟、氯、铜等电极)		
			多相晶膜电极(如 PVC、硅胶膜电极)		
		非晶体膜电极	刚性基质电极(如 pH,pNa 等玻璃电极)		
			流动载体电极	阳性液膜电极(响应阴离子,如 NO_3^- 电极)
				阴性液膜电极(响应阳离子,如 Ca^{2+} 电极)
				中性载体电极(响应阳离子,如 K^+ 电极)
	敏化离子选择电极	气敏电极(如 NH_3,CO_2 气敏电极)			
		酶电极(如氨基酸电极)			

1)pH 玻璃电极的构造

pH 玻璃电极是离子选择性电极的一种。其核心部分是玻璃膜,这种膜是在 SiO_2 基质中加入 Na_2O 和少量 CaO 烧制而成,膜厚约 0.5 mm,呈球泡型。球泡内充注 0.1 mol/L 盐酸溶液作为内参比溶液,再插入一根涂有 AgCl 的银丝作为内参比电极。其结构如图 5.4 所示。

2)pH 玻璃电极的响应机理

玻璃电极使用前,必须在水溶液中浸泡。由于玻璃膜的材质十分特殊,浸泡后玻璃膜外表面的 Na^+ 与水中的 H^+ 交换,形成水合硅胶层。玻璃膜内表面与盐酸溶液接触也会形

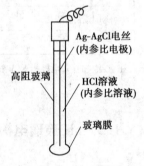

图 5.4　玻璃电极结构示意图

成一层水合硅胶层,即三层结构,中间的干玻璃层和两边的水合硅胶层,结构如图 5.5 所示。

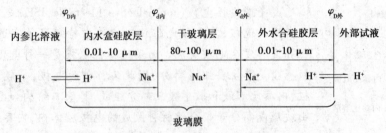

图 5.5　玻璃膜的三层结构

pH 玻璃电极的膜电位及电极电位——形成水合硅胶层后的电极浸入待测试液中时,在玻璃膜内外界面与溶液之间均产生界面电位 $\varphi_{d内}$、$\varphi_{d外}$,而在内外水化胶层中均产生扩散电位 $\varphi_{D外}$、$\varphi_{D内}$,膜电位是这 4 部分电位的总和,即

$$\varphi_M = \varphi_{D外} + \varphi_{D内} + \varphi_{d内} + \varphi_{d外} \tag{5.10}$$

当玻璃膜内外表面的性状相同,可以认为 $\varphi_{d内} \approx -\varphi_{d外}$,所以

$$\varphi_{M} = \varphi_{D外} + \varphi_{D内} = \frac{RT}{F}\ln\frac{a_{H+外}}{a_{H+内}} = k + \frac{RT}{F}\ln a_{H+外} = k - 0.059\,1pH_{外} \tag{5.11}$$

当25 ℃时,pH 玻璃电极的电极电位为

$$\varphi_{G} = \varphi_{内参} + \varphi_{M} = K + \frac{RT}{F}\ln\alpha_{H+外} = K - 0.059\,1\,pH_{外} \tag{5.12}$$

式中,当玻璃电极一定,温度一定时,K 为恒定值。由此可以看出,当外部试液的 pH 发生改变时,玻璃电极的电极电位也发生改变,这是玻璃电极成为氢离子指示电极的依据。

3)测量仪表

测量仪表是由高阻抗毫伏计和显示系统组成。高阻抗毫伏计能精密测量电池电动势,显示系统将电压转化为相应的 pH 值并显示出来。

任务5.2　学习 pH 酸度计的工作原理

5.2.1　基本原理

pH 是氢离子活度的负对数,即

$$pH = -\lg a_{H+}$$

pH 酸度计的玻璃电极(负极)、饱和甘汞电极组成的复合电极与待测溶液组成工作电池,高阻抗毫伏计测量工作电池电动势,经放大电路放大后,由电流表或数码管显示出来,如图5.6 和图5.7 所示。

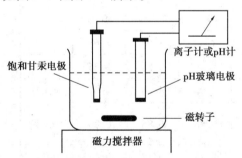

图 5.6　pH 酸度计测定示意图

图 5.7　pH 酸度计测定装置

工作电池的图解表示式为

$$\text{pH 玻璃电极}(-)|\text{待测试液}\parallel\text{饱和甘汞电极}(+)$$

25 ℃时,工作电池的电动势为

$$E = \varphi_{甘汞} - \varphi_{玻璃} = \varphi_{甘汞} - K_{玻璃} + 0.059\,1\,pH_{试液} \tag{5.13}$$

由于式中 $\varphi_{甘汞}$,$K_{玻璃}$ 在一定条件下是常数,所以式(5.13)可简化为

$$E = K' + 0.059\,1\,pH_{试液} \tag{5.14}$$

由此可见,只要测出工作电池的电动势 E,并求出 K',就可以计算出溶液的 pH。电动势 E 可由仪器测出,但 K' 是一个复杂的参数。因此在实际工作中,是用已知 pH 值的标准缓冲溶液为基准,分别测定标准溶液(pH_S)的电动势 E_S 和待测试液(pH_X)的电动势 E_X。

$$E_S = K'_S + 0.059\,1pH_S$$

$$E_X = K'_X + 0.059\,1\,pH_X$$

25 ℃时,E_S 和 E_X 分别为在同一测量条件下,采用同一支玻璃电极和饱和甘汞电极,则上两式中 $K'_S \approx K'_X$,将两式相减并整理得

$$pH_X = pH_S + \frac{E_X - E_S}{0.059\,1} \tag{5.15}$$

pH 值是试液和 pH 标准缓冲溶液之间电动势差的函数,这就是 ICPAC 推荐的 pH 实用定义。pH_S 已知,通过实验测出 E_S 和 E_X 后,即可计算出试液的 pH_X。

为减小测量误差,测量过程中应尽量使溶液的温度保持恒定,并应选用 pH 与待测溶液 pH 相近的标准缓冲溶液(按 GB 9724—1988 规定,所用标准缓冲溶液的 pH_S 和待测溶液的 pH_X 相差应在 3 个 pH 以内)。

5.2.2 pH 标准缓冲溶液

pH 标准缓冲溶液是具有准确 pH 的缓冲溶液,是 pH 测定的基准,因此配制缓冲溶液在 pH 测量实验中至关重要。根据 GB 11076—1989《pH 测量用缓冲溶液制备方法》配制出的标准缓冲溶液的 pH 均匀分布在 0 ~ 13 的范围内。标准缓冲溶液的 pH 随温度变化而变化,表5.4 列出常用标准缓冲溶液在不同温度下的 pH。

表5.4 常用标准缓冲溶液在不同温度下的 pH

试 剂	浓度 $c/(\text{mol}\cdot\text{L}^{-1})$	pH					
		10 ℃	15 ℃	20 ℃	25 ℃	30 ℃	35 ℃
四草酸钾	0.05	1.67	1.67	1.68	1.68	1.68	1.69
酒石酸氢钾	饱和	—	—	3.56	3.56	3.55	3.55
邻苯二甲酸氢钾	0.05	4.00	4.00	4.00	4.00	4.01	4.02
磷酸氢二钠-磷酸二氢钾	各 0.025	6.92	6.90	6.88	6.86	6.86	6.84
四硼酸钠	0.01	9.33	9.28	9.23	9.18	9.14	9.11
氢氧化钙	饱和	13.01	12.82	12.64	12.46	12.29	12.13

一般实验室常用的是邻苯二甲酸氢钾、混合磷酸盐及四硼酸钠。目前市场上销售的"成套 pH 缓冲液"就是以上 3 种物质的小包装产品,使用方便,配制时无需干燥和称量,直接将袋内试剂全部溶解稀释至一定体积即可使用。

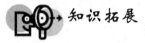

小贴士

配制缓冲溶液时应注意

◇ 配制标准缓冲溶液的水应符合三级水的规格。

◇ 配制好的缓冲溶液应储存在玻璃试剂瓶或聚乙烯试剂瓶中。

◇ 混合硼酸盐和氢氧化钙标准缓冲液存放时应防止 CO_2 进入。

◇ 配制好的缓冲溶液一般可保存 2～3 个月，若发现浑浊现象不能再使用，应重新配制。

5.2.3 定量分析方法

1)直读法

用经过标准缓冲溶液校正后的仪器直接读出待测溶液的 pH 值。

2)标准曲线法

用待测离子的纯物质配制一系列不同浓度的标准溶液（一般为 5 个），依次加入相同量的 TISAB 以保持溶液的离子强度相对稳定，分别测定各溶液的电动势。以所测电动势 E 为纵坐标，以浓度 c_i 的对数 $\lg c_i$ 为横坐标，绘制 E-$\lg c_i$ 的关系曲线。如图 5.8 所示。在待测溶液中加入与标准溶液同样量的 TISAB 溶液并在同一条件下测定其电动势 E_X，再从所绘制的 E-$\lg c_i$ 标准曲线上查出对应的 $\lg c_x$，算出 c_x。该法主要适用于大批同样试样的测定。

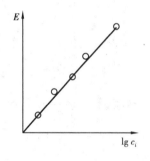

图 5.8 电动势-浓度标准曲线

知识拓展

什么是 TISAB

TISAB 是总离子强度调节缓冲溶液（Totle Ionic Strength Adjustment Buffer）的简称。在实际分析中，为使测定过程中活度系数不变，常于标准溶液和试液中加入大量对测定离子无干扰的惰性电解质溶液，有时还需要在惰性电解质溶液中加入适当的 pH 缓冲剂和消除干扰的掩蔽剂，以保持溶液的离子强度基本恒定。这种混合溶液称为 TISAB。其作用是：

①保持较大且相对稳定的离子强度，使活度系数恒定。

②维持溶液在适宜的 pH 范围内，满足离子电极的要求。

③掩蔽干扰离子。

例如，测 F^- 过程所使用的 TISAB 典型组成:1 mol/L 的 NaCl，使溶液保持较大稳定的离子强度;0.25 mol/L 的 HAc 和 0.75 mol/L 的 NaAc，使溶液 pH 在 5 左右;0.001 mol/L 的柠檬酸钠，掩蔽 Fe^{3+}，Al^{3+} 等干扰离子。

3）标准加入法

将小体积（Vs，为待测试液的 1% ~ 2%）而大浓度（Cs，为待测试液的 50 ~ 100 倍）待测离子纯物质配制的标准溶液，加入到一定体积的待测试液中，分别测量标准溶液加入前后的电动势，从而求出待测试液中待测离子的总浓度 c_x，这种方法称为标准加入法。该法可大大降低由于两种溶液离子活度不同引起的测量误差，而且可以测定离子总浓度，适用于分析复杂样品。标准加入法可分为单次标准加入法和连续标准加入法两种，重点讲述单次标准加入法。

假设某一试液体积为 V_0，待测离子浓度为 c_x，测定的工作电池电动势为 E_X，则

$$E_X = K + \frac{0.059\ 1}{n} \lg(x_i \gamma_i c_x) \tag{5.16}$$

式中　χ_i——游离态待测离子占总浓度的分数；

　　　γ_i——活度系数；

　　　c_x——待测离子的总浓度。

往试液中准确加入一小体积 V_s（约为 V_0 的 1%）的用待测离子纯物质配制的标准溶液，浓度为 c_s（约为 $100c_x$）。由于 $V_0 \gg V_s$，可认为溶液体积基本不变，则浓度增量为

$$\Delta c = c_s \frac{V_s}{V_0}$$

测得电动势 E_2 为

$$E_2 = K + \frac{0.059\ 1}{n} \lg(x_2 \gamma_2 c_x + x_2 \gamma_2 \Delta c)$$

可以认为 $\gamma_2 \approx \gamma_1, \chi_2 \approx \chi_1$，则

$$|\Delta E| = |E_2 - E_1| = \frac{0.059\ 1}{n} \lg\left(1 + \frac{\Delta c}{c_x}\right)$$

令

$$S = \frac{0.059\ 1}{n}$$

则

$$c_x = \Delta c (10^{\Delta E/S} - 1)^{-1} = \frac{c_s V_s}{V_0} (10^{\Delta E/S} - 1)^{-1} \tag{5.17}$$

因此，只要测出 $\Delta E, S$，计算出 Δc，就可以求出 c_x。式（5.17）对阴离子和阳离子都适用。该法的突出优点是只需要一种标准溶液，而且溶液配置简单，适用于组成复杂的个别成分分析，准确度较高。

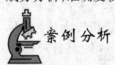 **案例分析**

将钙离子选择电极和饱和甘汞电极插入 100.00 mL 水样中，用直接电位法测定水样中的 Ca^{2+}。25 ℃时，测得钙离子电极电位为 -0.061 9 V（对 SCE），加入 0.073 1 mol/L 的 Ca$(NO_3)_2$ 标准溶液 1.00 mL，搅拌平衡后，测得钙离子电极电位为 -0.048 3 V（对 SCE）。试计算原水样中 Ca^{2+} 的浓度？

解析：由标准加入法计算公式得出

$$S = \frac{0.059}{2} = 0.029\ 5$$

$$\Delta c = \frac{V_s c_s}{V_0} = \frac{1.00 \times 0.073\ 1}{100} = 7.31 \times 10^{-4}\ \text{mol/L}$$

$$\Delta E = -0.048\ 3 - (-0.061\ 9) = 0.013\ 6\ \text{V}$$

$$c_x = \Delta c (10^{\Delta E/S} - 1)^{-1} = 7.31 \times 10^{-4} (10^{0.013\ 6/0.029\ 5} - 1)^{-1}$$

$$= 3.87 \times 10^{-4}\ \text{mol/L}$$

则试样中 Ca^{2+} 浓度为 3.87×10^{-4} mol/L。

☐ **案例导入**：

控制饮料中的有效酸度

饮用水、饮料的 pH 值能影响到口感,酸度过高过低,会造成酸味或涩味,因此,无论是自来水、矿泉水还是各种饮料,都必须控制其 pH 值。pH 值是食品卫生质量的一个重要指标,如何才能准确测量呢?采用酸碱滴定方法虽然结果准确,但对于一些有色饮料,会干扰指示剂的颜色使得无法准确定判断终点;采用 pH 试纸法虽然快速,但准确度不高。检测食品有效酸度的常用方法就是 pH 酸度计。

任务 5.3 pH 酸度计的操作技术

步骤一 获取工作任务

工作任务:测定市场散装牛乳的 pH 值。

实验方法

一、实验原理

用饱和甘汞电极和 pH 玻璃电极与待测饮料组成原电池 Ag-AgCl|HCl|玻璃膜|饮料‖KCl(饱和)|Hg_2Cl_2,Hg。电池电动势与饮料 pH 之间的关系符合能斯特方程,25 ℃下,其关系为 $E = K' + 0.059\ 1$ pH。

二、仪器与试剂

1. 仪器

pH 酸度计;电子天平;复合电极。

2. 试剂

目前可购买到各种浓度的标准缓冲液,按其要求方法溶解定容即可。也可按下列方法配制:

(1)pH = 1.68 的标准缓冲溶液(20 ℃)

称取 6.35 g 优级纯草酸钾,用无 CO_2 的蒸馏水溶解并稀释至 500 mL,混匀,贴上标签

备用(一般不用)。

(2)pH=4.01的标准缓冲溶液(20 ℃)

称取120 ℃下干燥过2～3 h,并经冷却的优级纯邻苯二甲酸氢钾5.11 g,用无CO_2的蒸馏水溶解并稀释至500 mL,混匀,贴上标签备用。

(3)pH=6.88的标准缓冲溶液(20 ℃)

称取在120 ℃下干燥2～3 h,并经冷却的优级纯磷酸二氢钾1.70 g和磷酸氢二钾1.78 g,用无CO_2的蒸馏水溶解并稀释至500 mL,混匀,贴上标签备用。

(4)pH=9.22的标准缓冲溶液(20 ℃)

称取1.91 g优级纯四硼酸钠,用无CO_2的蒸馏水溶解并稀释至500 mL,混匀,贴上标签备用。

以上标准缓冲液可保存两个月。

三、操作步骤

1. 样品制备

①果蔬试样将水果或蔬菜压榨取汁,直接用酸度计进行测定,对于果蔬干制品,可取适量试样,加数倍的无CO_2蒸馏水,在水浴上加热30 min,再捣碎、过滤,取滤液用酸度计进行测定。

②肉类试样称取10 g已除去油脂并绞碎的试样,放入加有100 mL无CO_2蒸馏水的锥形瓶中,浸泡15 min(随时摇动),然后用干滤纸过滤,所得滤液进行pH测定。

③罐头制品(液固混合试样)将内容物倒入组织捣碎机中,加适量水(以不改变pH为宜)捣碎,过滤,取滤液进行pH测定。

④含CO_2的液体试样(饮料、啤酒等)将试样置于40 ℃水浴上加热30 min,以除去CO_2,冷却后,直接对样液进行pH测定。

实验前,先将复合电极在无CO_2的蒸馏水中浸泡24 h。

2. 仪器校正

分别用pH=4.01和pH=6.88的标准缓冲溶液进行仪器校正。

3. 测定

移去标准缓冲溶液,用无CO_2的蒸馏水清洗电极,并用滤纸吸干电极外壁上的水。将电极插入待测试液中,待电极平衡后,读取被测试液的pH。

四、结果处理

每个样品做3个平行,每次测量3次,将数据记录于下表中,按有效数字运算规则求平均值报告。

pH值	样1			样2			样3		
实测值									
平均值									

步骤二　制订工作计划

通过对工作任务进行分析,结合实验室现有设备、仪器情况,采用直接电位法利用 pH 酸度计测定牛乳的 pH 值,制订工作任务单,见表 5.5。

表 5.5　牛乳 pH 值的测定工作任务单

(结合自己学校的设备和开设的实验编写)

工作任务	市场散装牛乳的 pH 值的测量		工作时间	××××年××月××日
样品名称	牛乳			
检验方法依据	直接电位法			
检验方法原理	用饱和甘汞电极和 pH 玻璃电极与待测饮料组成原电池 Ag-AgCl∣HCl∣玻璃膜∣饮料‖KCl(饱和)∣Hg$_2$Cl$_2$,Hg。电池电动势与饮料 pH 之间的关系符合能斯特方程,25 ℃ 下,其关系为 $$pH_X = pH_S + \frac{E_X - E_S}{2.303RT/F}$$			
准备工作	所需仪器及设备	名称及型号		厂家
		pHS-3C 精密数显酸度计		上海埃依琪实业有限公司
		XB224 电子天平		上海精科实验有限公司
	所需试剂及级别	草酸钾、邻苯二甲酸氢钾、混合磷酸盐、四硼酸钠均为分析纯;蒸馏水(无 CO$_2$)		
	所需玻璃仪器	名称	规格	数量
		烧杯	100 mL	4
			500 mL	1
		容量瓶	500 mL	3
		其他:玻璃棒、滤纸、洗瓶、温度计		
工作流程	洗涤玻璃仪器→配制试剂→上机测定→数据处理→撰写实验报告单			
小组成员				
注意事项	①不同型号酸度计,参照仪器说明书进行仪器的校正和使用 ②样液制备好后,不宜久放,应立即测定 ③pH 计经标准缓冲溶液校正后,不能再移动校正旋钮 ④样品测定好后,将电极清洗干净,加小橡皮帽套好			

步骤三　实施工作过程

洗涤玻璃仪器、配制试剂均参照项目 1 相关内容实施。下面以 pHS-3C 酸度计(如图 5.9)为例介绍上机操作过程,具体操作流程如表 5.6 所示。

图 5.9　pHS-3C 精密数显酸度计

表 5.6　直接电位法测定牛乳 pH 值的操作流程

步骤	操作流程		具体操作
1	测量前准备		配制 pH = 4.01(20 ℃)和 pH = 6.88(20 ℃)的两种标准缓冲溶液(因为牛乳正常 pH 范围在 6 ~ 7 内),所以 pH = 6.88(20 ℃)的标准缓冲溶液
2	开机		打开电源开关,预热 20 min
3		调零	置选择按键开关于"mV"(注意:此时暂不要把玻璃电极插入座内),若仪器显示不为"0.00",可调节仪器"调零"电位器,使其显示为正或负"0.00",然后锁紧电位器
4			安装复合电极,搭建实验装置
5	仪器校正	温度调节	选择功能钮为 pH 挡,取一洁净小烧杯,用 pH = 6.88(20 ℃)的标准缓冲溶液润洗 3 次,倒入 50 mL 左右该标准缓冲溶液,用温度计测量温度,调节"温度"调节器,使其显示的温度为所测温度
6		校正	用该标准缓冲溶液冲洗电极,将电极插入标准缓冲溶液中,小心轻摇几下小烧杯,以促使电极平衡。将斜率调节器顺时针旋转到底,调节"定位"调节器,使仪器显示 6.88
7		清洗电极	将电极从标准缓冲溶液中取出,移去小烧杯,用蒸馏水清洗电极,并用滤纸吸干电极外壁上的水
8		斜率调节	分别将复合电极插入 pH = 4.01(20 ℃)和 pH = 9.22(20 ℃)两种标准缓冲溶液中,调节"斜率调节器",使仪器显示值为此温度下该标准缓冲溶液的 pH 值(操作方法如步骤6)
9		清洗电极	同步骤7
10	测量	测温	取一洁净的小烧杯,用牛乳润洗 3 次,倒入 50 mL 左右,用温度计测温,并将温度调节器置此温度位置上
11		测 pH	用牛乳冲洗电极,将电极插入试液中,小心轻摇几下小烧杯,以促使电极平衡。每个样品测量 3 次
12	记录数据		待数字显示稳定后读取 pH 值并记录被测试液的 pH 值
13	关机		取出电极,用蒸溜水冲洗电极,再将玻璃泡浸泡在饱和 KCl 溶液中。关闭电源
14	填写使用记录		

步骤四　控制操作技术要点

5.3.1　酸度计的正确校正

在测量中,校正是决定结果是否准确可靠的一项重要操作。不同类型的酸度计其校正操作步骤各不相同,应严格按照仪器使用说明书进行操作。总体而言,两点校正方法使用较普遍。操作步骤如图5.10所示。

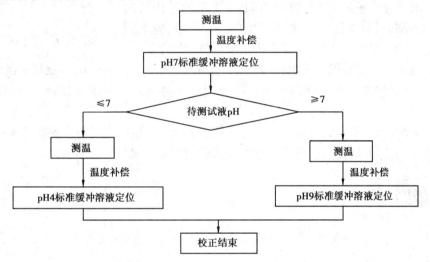

图5.10　酸度计校正操作步骤

不同的温度下,标准缓冲溶液的pH值不同(见表5.4)。校正结束后,一般在48 h内不需再次校正。如遇到下列情况之一则需要重新校正:

①溶液温度与校正温度有较大的差异时。

②电极在空气中暴露半小时以上时。

③定位或斜率调节器被误动。

④测量强酸(pH < 2)或强碱(pH > 12)溶液后。

⑤更换电极。

⑥待测试液pH值不在校正时所选标准缓冲溶液的pH之间且距pH7又较远时。

5.3.2　影响电位测定准确性的因素

1)测量温度

温度对测量的影响主要表现在电极的标准电极电位、直线的斜率和离子活度等方面,有的仪器可同时对前两项进行校正,但多数仅对斜率进行校正。温度的波动可以使离子活度发生变化从而影响电位测定的准确性。在测量过程中应尽量保持温度恒定,且每一次测定前必须将温度重置与待测试液温度相同。

2)响应时间

参比电极与离子选择性电极一起接触试液到电极电位值达到稳定值的 95% 所需的时间即为响应时间。它与以下因素有关:膜电位平衡的时间、参比电极的稳定性、搅拌速度以及响应离子的性质、介质条件、温度等。测量时,通常用磁力搅拌器(如图 5.11)搅拌使待测离子快速扩散到电极敏感膜,以缩短响应时间。

图 5.11 磁力搅拌器

3)溶液特性

①标准缓冲溶液是用来校准仪器的,是准确测定待测试液 pH 值的前提,因此配制标准缓冲溶液的各个环节,包括溶质的称取、溶解、稀释、定容等均要严格按规范进行操作。

②溶液离子强度要保持恒定,一般线性范围为 $10^{-1} \sim 10^{-6}$ mol/L,不能测量强酸强碱溶液,避免对电极敏感膜造成腐蚀。测量时可通过搅拌测量不同浓度试液时,应由低到高测量。

③当待测试液中存在干扰离子时,可能使电极产生一定响应或与待测离子发生络合或沉淀反应,均会影响测量的准确度。可加入遮蔽剂消除干扰离子的影响。

注意

标准缓冲溶液的配制及其保存方法

①pH 标准物质应保存在干燥的地方,如混合磷酸盐在空气湿度较大时就会发生潮解,一旦出现潮解,pH 标准物质即不可使用。

②配制 pH 标准缓冲溶液应使用二次蒸馏水或者是去离子水。如果是用于 0.1 级 pH 计测量,则可以用普通蒸馏水。

③配制 pH 标准缓冲溶液应使用较小的烧杯来稀释,以减少沾在烧杯壁上的 pH 标准液。若使用商品缓冲溶液试剂时,应用蒸馏水多次冲洗存放 pH 标准物质的塑料袋或其他容器,将其全部倒入配制的标准缓冲溶液中,以保证配制的 pH 值准确无误。

④配制好的标准缓冲溶液一般可保存 2 ~ 3 月,如发现有浑浊、发霉或沉淀等现象时,不能继续使用。

⑤碱性标准缓冲溶液应装在聚乙烯瓶中密闭保存,防止 CO_2 进入标准溶液后形成碳酸降低 pH 值。

4)电位测量误差

当电动势读数误差为 1 mV 时,对于一价离子,由此引起结果的相对误差为 3.9%;而对于二价离子,则相对误差为 7.8%。故电位分析多用于测定低价离子。

5)迟滞效应

对同一个活度值的离子试液,测出的电位值与电极在测定前接触的试液成分有关,此现象称为电极存储效应。减免误差的方法是固定电极的测定前预处理条件。复合玻璃电极在使用前要在蒸馏水中浸泡24 h以上,其目的是使玻璃膜充分溶胀,以便离子交换。玻璃膜很薄,容易因为碰撞或受压而破,使用时必须特别注意。

6)CO_2的影响

溶液的pH值常随空气中CO_2等因素的变化而改变,因此配制溶液要用无CO_2的蒸馏水配制,待测试液采集后要立即测定,不宜久存。

7)复合电极使用不当的影响

目前实验室使用的电极都是复合电极,其优点是使用方便,不受氧化性或还原性物质的影响,且平衡速度较快。

使用复合电极时的注意事项

①测量过程中,可将复合电极充分浸泡在饱和氯化钾溶液中。

②电极不能用于强酸、强碱或其他腐蚀性溶液。严禁在脱水性介质如无水乙醇、重铬酸钾等中使用。

③测量浓度较大的溶液时,尽量缩短测量时间,用后仔细清洗,防止被测液粘附在电极上而污染电极。

④使用前,检查复合电极前端的玻璃泡。正常情况下,电极应该透明而无裂纹;球泡内要充满溶液,不能有气泡存在。

⑤清洗电极后,不要用滤纸擦拭玻璃膜,而应用滤纸吸干,避免损坏玻璃薄膜、防止交叉污染,影响测量精度。

⑥测量中注意电极的银-氯化银内参比电极应浸入到球泡内氯化物缓冲溶液中,避免电计显示部分出现数字乱跳现象。使用时,注意将电极轻轻甩几下。

步骤五　数据处理与结果判定

数据处理是指从获得数据开始到得出最后分析结果的整个过程,包括数据记录、整理、计算、分析和绘制图表等。在实验分析工作中,不仅要准确地进行测量,还要正确地进行记录和运算。当记录和表达数据结果时,既要反映测定结果的大小,又要反映测定结果的准确程度。现代分析仪器,往往是用数字显示仪表或用计算机即时采集或用工作站处理后显示在显示屏上。从仪器上读取数时,应读出所示的全部有效数字,它包括确定数和可疑数两部分。确定数是指仪表能被读出的最小分度值,可疑数是指最小分度值内的估计值。在对测量数据进行数据处理时需按照有效数字运算规则进行修约、计算。根据实验要求,将数据记录于原始记录表中,并根据有效数字运算规则进行计算。

牛乳酸度是反映牛乳新鲜度及热稳定性的一项重要指标。由于牛乳中含有蛋白质、柠檬酸盐、磷酸盐、脂肪酸、CO_2等酸性物质,因此正常、新鲜牛乳呈微酸性,pH为6.5~6.7。牛乳放置时间过长,牛乳中含有的乳糖就会在微生物的作用下发酵,生成乳酸使牛乳酸度

明显提高,pH 值下降。如果奶牛患有急、慢性乳腺炎,所产乳的酸度也常常低于正常值。酸度过低,pH 高于正常值的牛乳可怀疑加入了水或中和剂。依据食品卫生和质量安全相关的现行国家标准和国际标准,判定牛乳新鲜度是否合格。

□ **案例导入**:

pH 酸度计的种类

人们根据生产与生活的需要,科学地设计出许多型号的酸度计。按测量精度上可分为0.2 级、0.1 级、0.01 级或更高精度;按仪器体积上可分为笔式(迷你型)、便携式、台式酸度计还有在线连续监控测量的在线式。体积较小的笔式、便携式酸度计适用于现场检测。但不论哪一种类型的酸度计,其重要部件是复合电极,使用中若能够合理维护电极、按要求配制标准缓冲液和正确操作仪器,可大大减小 pH 测量值的误差,延长仪器的使用寿命。

任务 5.4 学会 pH 酸度计的日常维护和保养

5.4.1 电极的保养

1)pH 玻璃电极的贮存

短期储存在 pH4 的缓冲溶液中,长期储存在 pH7 的缓冲溶液中。

2)pH 玻璃电极的清洗

玻璃电极球泡受污染可能使电极响应时间加长。可用 CCl_4 或皂液揩去污物,然后浸入蒸馏水一昼夜后继续使用。污染严重时,可用 5% HF 溶液浸 10~20 min,立即用水冲洗干净,然后浸入 0.1 mol/L HCl 溶液一昼夜后继续使用。

3)玻璃电极老化的处理

玻璃电极的老化与胶层结构渐进变化有关。旧电极响应迟缓,膜电阻高,斜率低。用氢氟酸浸蚀掉外层胶层,经常能改善电极性能。若能用此法定期清除内外层胶层,则电极的寿命几乎是无限的。

4)参比电极的贮存

银-氯化银电极最好的贮存液是饱和氯化钾溶液,高浓度氯化钾溶液可以防止氯化银在液接界处沉淀,并维持液接界处于工作状态。此方法也适用于复合电极的贮存。

5)参比电极的再生

参比电极发生的问题绝大多数是由液接界堵塞引起的,可用浸泡液接界、氨浸泡、抽真空和煮沸液接界等方法解决。

5.4.2　电极的检查

1）玻璃电极的检查

（1）检查零电位

设置 pH 计在"mV"测量挡,将玻璃电极和参比电极一起插入 pH6.86 缓冲溶液中（25 ℃）,仪器的读数应为 −50～50 mV。

（2）检查斜率

继续测量 pH4.00 或 pH9.18 的缓冲溶液的 mV 值,计算电极的斜率,电极的相对斜率一般应复合技术指标。

2）参比电极的检查方法

（1）内阻检查

将电导率仪电极插座一端接参比电极,另一端接一根金属丝,将参比电极和金属丝同时浸入溶液中,测得的内阻应小于 10 kΩ。如内阻过大,说明液接界有堵塞,应进行处理。

（2）电极电位检查

取型号相同的一支好的参比电极和被测参比电极接入 pH 计的输入两端,同时插入饱和 KCl 溶液（或 pH4.00 的缓冲溶液）,测得的电位差应为 −3～3 mV,且电位变化应小于 ±1 mV。否则,应该更换或再生参比电极。

（3）外观检查

银-氯化银丝应该呈暗棕色,若呈灰白色则说明氯化银已部分溶解。

本章小结)))

电位分析法是以测定化学电池两电极间的电位差或电位差的变化为基础的电化学分析法。通常用一支指示电极和一支参比电极与待测试液组成原电池,在零电流条件下测定该原电池的电动势,由于该电池的电动势与试液中待测离子的活度之间存在数量关系,依此可求出待测离子的活度。食品有效酸度的测定常采用直接电位法,通过测量由参比电极、指示电极和待测试液组成的原电池的电动势直接求出食品样品的 pH 值。

氧化还原电位计（ORP 计）的应用

ORP 是英文 Oxidation-Reduction Potential 的缩写。ORP 值（氧化还原电位）是水溶液氧化还原能力的测量指标,是衡量水质的一个重要指标,单位是 mV。虽然 ORP 值不能独立反映水质的好坏,但是能够综合其他水质指标来反应水族系统中的生态环境。在水中,每一种物质都有其独自的氧化还原特性。我们可以理解为:在微观上,每一种不同的物质都有一定的氧化-还原能力,这些氧化还原性不同的物质能够相互影响,最终构成了一定的宏观氧化还原性。所谓的氧化还原电位就是用来反应水溶液中所有物质反应出来的宏观氧化还原性。氧化还原电位越高,氧化性越强,电位越低,氧化性越弱。电位为正表示溶液显示出一定的氧化性,为负则说明溶液显示出还原性。我们的过滤系统,除去反硝化,实际都是一种氧化性的生化过滤装置。对于有机物来说,微生物通过氧化作用断开较长的碳链(或者打开各种碳环),再经过复杂的生化过程最终将各种不同形式的有机碳氧化为二氧化碳;同时,这些氧化作用还将氮、磷、硫等物质从相应的碳键上断开,形成相应的无机物。对于无机物来说,微生物通过氧化作用将低价态的无机物质氧化为高价态物质。这就是氧化性生化过滤的实质(这里我们只关心那些被微生物氧化分解的物质,而不关心那些被微生物吸收、同化的物质)。可以看到,在生化过滤的同时,水中物质不断被氧化。生化氧化的过程伴随着氧化产物的不断生成,于是在宏观上来看,氧化还原电位是不断被提高的。因此,从这个角度上看,氧化还原电位越高,显示出水中的污染物质被过滤得越彻底。

ORP 计是测试溶液氧化还原电位的专用仪器,由 ORP 复合电极和毫伏计组成。ORP 电极是一种可以在其敏感层表面进行电子吸收或释放的电极,该敏感层是一种惰性金属,通常是用铂和金来制作。参比电极是和 pH 电极一样的银/氯化银电极。其中毫伏计也就是二次仪表与 pH 计的可通用。

ORP 计的用途主要有以下几种:

(1)工业污水处理

使用于水处理上的氧化还原系统,主要是铬酸的还原与氰化物的氧化。废水中如果添加二硫化钠或二氧化硫可使六价的铬离子变成三价的铬子。若添加氯或次氯酸钠可用来氧化氰化物,随后是氯化氰的水解,形成氰酸盐。这种化学反应过程叫氧化还原反应系统。氧化还原电位就是电子活性的测量,这与测量氢离子活性的办法很相似。

(2)水的消毒与应用

氧化还原电极能衡量对游泳池水、矿泉水及自来水的消毒效果。因为水中大肠菌的杀菌效果受到氧化还原电位影响,所以氧化还原电位是水质的可靠指标。如果池水和矿泉水中的氧化还原电位值等于或高于 650 mV,则表示其中的含菌量是可以接受的。

(3)观察土壤中氧化还原状况的动态变化

例如水稻土灌水种稻以后,土壤的氧化还原状况发生了剧烈的变化。有一种水稻土从耕作层看,灌水前一般维持在 450 ~ 650 mV。灌水后 ORP 迅速下降,到了有机质旺盛分解期 ORP 下降到 -200 ~ -100 mV,施用多量新鲜绿肥时,甚至可降到 -300 mV。以后又回升,一般维持在 0 ~ 200 mV。水稻收获前,土壤落干,ORP 又回升到 450 mV 以上。

除此之外,ORP 计还广泛应用于海洋勘探、生物工程、环境保护、酿酒工业等国民经济各部门。

复习思考题 》》》

一、填空题

1.电位分析中,(　　)电位将随待测离子浓度的变化而变化,(　　)电位不受试液组成变化的影响。

2.电位法测量时,在溶液中浸入两个电极,一个是(　　),另一个是(　　),在零电流条件下,测量所组成电池的(　　)。

3.甘汞电极属于(　　),pH 玻璃电极属于(　　)。

4. 原电池的写法，习惯上把（　　　）写在左边，（　　　）写在右边，故下列电池中 Zn ｜ $ZnSO_4$ ‖ $CuSO_4$ ｜ Cu，（　　　）为正极，（　　　）为负极。

5. 电位法测定溶液 pH 值选用的指示电极是（　　　）。

6. 电位分析法中基于电子交换反应的电极一般分为四类电极，Ag/Ag^+ 属于第（　　　）类电极，$Ag/AgCl$ 属于第（　　　）类电极，Pt/Fe^{2+}，Fe^{3+} 属于第（　　　）类电极。

7. 离子选择性电极电位产生的机制是（　　　）。

8. 甘汞参比电极的电位随电极内 KCl 溶液浓度的增加而（　　　）。

9. 离子选择性电极的选择性主要取决于（　　　）。

10. 玻璃电极在使用前应在纯化水中充分浸泡，其目的是（　　　）。

二、选择题

1. 电位法属于（　　　）。

A. 酸碱滴定法　　　B. 重量分析法　　　C. 电化学分析法　　　D. 光化学分析法

2. 在电位分析法中，指示电极的电极电位与待测离子的浓度关系为（　　　）。

A. 符合扩散电流公式　　　　　　B. 符合能斯特方程

C. 成正比　　　　　　　　　　　D. 与浓度的对数成正比

3. 当 pH 玻璃电极测量超出其使用的 pH 范围的溶液时，测量值将发生"酸差"和"碱差"。"酸差"和"碱差"使得测量的 pH 值将是（　　　）。

A. 偏高和偏高　　　B. 偏低和偏低　　　C. 偏高和偏低　　　D. 偏低和偏高

4. 用标准加入法进行定量分析时，对加入标准溶液的要求为（　　　）。

A. 体积要大，其浓度要高　　　　B. 体积要小，其浓度要低

C. 体积要大，其浓度要低　　　　D. 体积要小，其浓度要高

5. 以下电极属于膜电极的是（　　　）。

A. 银-氯化银电极　B. 铂电极　　　　C. 玻璃电极　　　　D. 氢电极

6. 可用作参比电极的有（　　　）。

A. 标准氢电极　　　B. 气敏电极　　　C. 银-氯化银电极　　　D. 玻璃电极

7. 用酸度计测定溶液的 pH 值时，一般选用（　　　）为指示电极。

A. 标准氢电极　　　B. 饱和甘汞电极　　　C. 玻璃电极　　　D. 氟电极

8. 电位滴定法是根据（　　　）来确定滴定终点的。

A. 指示剂颜色变化　　　　　　　B. 电极电位

C. 电位突跃　　　　　　　　　　D. 酸度变化

9. 用酸度计测定溶液的 pH 值时，甘汞电极的（　　　）

A. 电极电位不随溶液 pH 值变化　　B. 通过电极电流始终相同

C. 电极电位随溶液 pH 值变化　　　D. 以上都不对

10. 玻璃电极初次使用时，一定要在蒸馏水或 0.1 mol/L HCl 溶液中浸泡（　　　）h。

A. 8　　　　　　　B. 12　　　　　　　C. 24　　　　　　　D. 15

11. 用直接电位法测定溶液的 pH 值，为了消除液接电位对测定的影响，要求标准溶液的 pH 与待测溶液的 pH 之差（　　　）。

A. ＝3　　　　　　B. ＜3　　　　　　C. ＞3　　　　　　D. ＝4

三、判断题

1. 饱和甘汞电极是常用的参比电极,其电极电位是恒定不变的。 （　　）
2. 玻璃电极在使用前需在蒸馏水中浸泡 24 h 以上,目的是清洗电极。 （　　）
3. 标准氢电极是常用的指示电极。 （　　）
4. 玻璃电极的内参比电极是银-氯化银电极。 （　　）
5. 饱和甘汞电极使用温度不得超过 80 ℃,这是因为温度较高时电位值不稳定。

（　　）

6. 甘汞电极的电极电位与溶液温度无关。 （　　）
7. 离子选择性电极电位产生的机制是离子之间的交换。 （　　）

四、简答题

1. TISAB 是指什么? 请简述其作用。
2. 何为指示电极和参比电极? 它们在电位分析法中的作用是什么?
3. 简述离子选择性电极的作用原理及应用。

五、计算题

1. 下述电池中溶液 pH = 9.18 时,测得电池电动势为 0.418 V,若换一未知试液,测得电池电动势为 0.312 V。问该未知试液的 pH 为多少?

2. 将一支 ClO_4^- 离子选择电极插入 50.00 mL 某高氯酸盐待测溶液,与饱和甘汞电极(为负极)组成电池。25 ℃ 时测得电动势为 358.7 mV,加入 1.00 mL $NaClO_4$ 标准溶液(0.050 0 mol/L)后,电动势变成 346.1 mV。求待测溶液中 ClO_4^- 浓度。

3. 用 pH 玻璃电极测定 pH = 5.0 的溶液,其电极电位为 43.5 mV,测定另一未知溶液时,其电极电位为 13.5 mV,若该电极的回应斜率为 59.2 mV/pH,试求未知溶液的 pH 值。

拓展训练　　直接电位法测定饮用水中氟离子的含量

一、实训目的

①掌握用标准曲线法测定未知物浓度的方法。
②学习使用离子计。

二、实训原理

以氟离子选择性电极为指示电极,饱和甘汞电极为参比电极,可测定溶液中氟离子含量。工作电池的电动势 E 在一定条件下与氟离子活度的对数值成直线关系。测量时,若指示电极接正极,则 $E = K - 0.059\ 1\ \lg a_{F^-}$(25 ℃),当溶液的总离子强度不变时:$E = K - 0.059\ 1\ \lg c_{F^-}$

因此在一定条件下,可用标准曲线法和标准加入法进行测定。

三、仪器与试剂

1. 仪器

电位计;电子天平;氟离子选择性电极;饱和甘汞电极;电子天平。

2. 试剂

①配制总离子强度调节剂(TISAB):称取氯化钠58 g、柠檬酸钠10 g,溶于800 mL蒸馏水中,再加冰醋酸57 mL,用6 mol/L NaOH溶液调制pH5.0~5.5之间,然后稀释至1 000 mL。

②配制F^-标准贮备液(0.100 mol/L):准确称取NaF(120 ℃烘1 h)4.199 g置于100 mL小烧杯中,并用去离子水稀释至1 000 mL容量瓶刻度线,摇匀。贮于聚乙烯瓶中待用。

③配制F^-标准使用溶液(0.010 mol/L):用吸量管吸取10 mL F^-标准贮备液(0.100 mol/L)和10 mL TISAB溶液至100 mL容量瓶,用去离子水稀释至刻度,摇匀备用。

④配制F^-标准系列溶液:用F^-标准使用溶液(0.010 mol/L)逐级稀释得到F^-浓度为10^{-2},10^{-3},10^{-4},10^{-5},10^{-6} mol/L的一组标准系列溶液,每个浓度溶液中只需加入9 mL TISAB溶液。

3. 样品

准确移取自来水50 mL于100 mL容量瓶中,加入10 mL TISAB,用去离子水稀释至刻度,摇匀待测。

四、操作步骤

①电极的选择、准备。氟电极在使用前,宜在10^{-3} mol/L的NaF溶液中浸泡活化1~2 h,然后用蒸馏水清洗电极数次直至测得的电位值约为-300 mV。

②检查饱和甘汞电极。

③安装电极、连接仪器,接通电源,预热20 min。

④测定标准系列溶液。将所配制的标准系列溶液分别倒入5只洁净的小烧杯中,插入电极,放入搅拌子,启动搅拌器,由稀至浓分别测定标准溶液的电位值E。记录于下表。

编 号	1	2	3	4	5
F^-标准溶液浓度	1.000×10^{-6}	1.000×10^{-5}	1.000×10^{-4}	1.000×10^{-3}	1.000×10^{-2}
F^-标准溶液E值					

⑤测定水样的电位值E_X。平行测量3次,计算平均值,记录于下表。

编 号	1	2	3
水样E_X值			
平均E_X值			

五、数据处理

以所测得标准系列溶液的电位值E为纵坐标,F^-浓度c的负对数$-\lg c_{F^-}$为横坐标,绘制标准曲线,根据测得待测溶液的E_X查得相应浓度值。

项目6
色谱分析法

项目描述

◎本项目系统介绍了色谱分析法的基本理论及气相色谱法、高效液相色谱法、薄层色谱法和纸色谱法的基本原理;重点阐述气相色谱仪和高效液相色谱仪的结构及其工作原理。通过案例学习气相色谱仪、高效液相色谱仪及薄层色谱法的操作流程、技术要点和定性定量分析的方法。

学习目标

◎了解色谱分析法的基本理论。

◎熟悉色谱流出曲线及基本术语。

◎掌握气相色谱法和高效液相色谱法的类型及其特点。

◎能认知气相色谱仪和高效液相色谱仪的基本结构,并能正确阐述其工作原理及操作技术要点,重点掌握影响色谱分析的条件。

◎熟悉仪器的使用、定量分析的方法和实验技术。

◎了解仪器的日常维护与保养方法。

技能目标

◎掌握归一化法、内标法和外标法进行定量分析的方法和纯物质对照法和与质谱联用技术定性分析的方法。

◎能正确设置色谱分析条件。

◎能熟练应用气相色谱法、高效液相色谱法和薄层色谱法进行样品分析及数据处理。

◎能够对仪器进行简单的日常维护与保养工作。

任务6.1 色谱分析法基础知识

☐ **案例导入：**

色谱分析法的产生

1906 年，俄国植物学家茨维特在研究绿叶中色素时使用了一个分离装置（如图 6.1）。他采用的方法是：将植物叶片的石油醚提取液注入装填有碳酸钙细粒的直立玻璃管上端，然后用石油醚自上而下地淋洗。石油醚携带植物叶片提取液不断向下移动，由于不同色素物质被碳酸钙吸附的能力不同，因此随石油醚移动速度不同。经过一段时间的淋洗后，各种色素物质彼此分离开来，在管内形成了具有不同颜色的谱带。这就是色谱分析法的雏形，使用的装置成为经典的液固分配色谱装置。后来色谱分析法不断发展，不仅可用于有色物质的分离，更多地用于无色物质的分离，但仍沿用了色谱分析这个名称。

在图 6.1 绿叶色素分离装置中，把携带绿叶色素提取液石油醚流过玻璃管的石油醚称为流动相，即携带混合物流过固定相的液体或气体。把填充在玻璃管中的碳酸钙细粒称为固定相，即固定不动的相，可以是固体，也可以是液体。把淋洗的过程称为洗脱，即流动相流经固定相的过程。把盛装有固定相的玻璃管或金属柱称为色谱柱。

石油醚

碳酸钙
色谱带

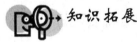 **知识拓展**

色谱分析法的发展历史

图6.1 绿叶色素
分离装置

在 Tswett 提出色谱概念后的 20 多年里没有人关注这一伟大的发明。直到 1931 年德国的 Kuhn 和 Lederer 才重复了 Tswett 的某些实验，用氧化铝和碳酸钙分离了 α-、β-和 γ-胡萝卜素，此后用这种方法分离了 60 多种这类色素。Martin 和 Synge 在 1940 年提出液液分配色谱法（Liquid-Liquid Partition Chromatography），即固定相是吸附在硅胶上的水，流动相是某种有机溶剂。1941 年 Martin 和 Synge 提出用气体代替液体作流动相的可能性，11 年之后，James 和 Martin 发表了从理论到实践比较完整的气液色谱方法（Gas-Liquid Chromatography），因而获得了 1952 年的诺贝尔化学奖。在此基础上，1957 年 Golay 开创了开管柱气相色谱法（Open-Tubular Column Chromatography），习惯上称为毛细管柱气相色谱法（Capillary Column Chromatography）。1956 年 Van Deemter 等在前人研究的基础上发展了描述色谱过程的速率理论。1965 年 Giddings 总结和扩展了前人的色谱理论，为色谱的发展奠定了理论基础。另外早在 1944 年 Consden 等就发展了纸色谱，1949 年 Macllean 等在氧化铝中加入淀粉黏合剂制作薄层板使薄层色谱法（TLC）得以实际应用，而在 1956 年 Stahl 开发出薄层色谱板涂布器之后，才使 TLC 得到广泛的应用。在 20 世纪 60 年代末把高压泵和化学键合固定相用于液相色谱，出现了高效液相色谱(HPLC)。20世纪80年代初毛细管超临界流体色谱(SFC)得到发展,但在20世纪90年代后未得到较广泛的应用。而在20世纪80年代初由Jorgenson等集前人经验而发展起来的毛细管电泳(CE),在20世纪90年代得到广泛的发展和应用。同时集HPLC和CZE优点的毛细管电色谱在20世纪90年代后期受到重视。到21世纪色谱科学将在生命科学等前沿科学领域发挥不可代替的重要作用。

6.1.1　色谱分析法的分类

色谱分析法(chromatography)是利用混合物中各组分在固定相和流动相两相中具有不同的分配系数,经过多次反复分配而使混合物中各组分得以分离的技术,又称为层析法。色谱分析法是包括多种分离类型、检测手段和操作方式的分离分析技术,有多种分类方法。其不同的分类方法都是按某一特征加以归纳分类的,但任何一种色谱发生的机理往往不是单一的,而是几种机理同时发生作用,因此各类方法之间既有区别又有联系。

1)按两相物理状态分类

按流动相的物理状态的不同,色谱分析法可分为气体作流动相的气相色谱法(GC)和液体作流动相的液相色谱法(LC)。根据固定相的物理状态不同,气相色谱法又分为气-固色谱法(GSC)、气-液色谱法(GLC),液相色谱法又分为液-固色谱法(LSC)、液-液色谱法(LLC),见表6.1。

表6.1　按两相物理状态分类

流动相	色谱名称		固定相	
气体	气相色谱法 (GC)	气-固色谱法 (GSC)	固体	硅胶、氧化铝、活性炭、弗罗里硅土等固体吸附剂
		气-液色谱法 (GLC)	液体	涂敷在色谱柱内壁或附着在惰性载体表面的薄层液体
液体	液相色谱法 (LC)	液-固色谱法 (LSC)	固体	硅胶、氧化铝、活性炭、弗罗里硅土等固体吸附剂,填充在直径为 $3 \sim 10\ \mu m$ 的色谱柱中
		液-液色谱法(LLC)	液体	附着在惰性固定载体表面的薄层液体

2)按固定相的存在形式分类

按固定相的存在形式可分为柱色谱法、平板色谱法。柱色谱法是将色谱填料装在色谱柱管内作固定相的色谱方法,色谱分离过程在色谱柱中进行。平板色谱法是固定相呈平板状的色谱分析方法,主要有纸色谱(PC)和薄层色谱(TLC)。纸色谱以多孔滤纸为固定相,以不同极性的溶剂为流动相携带各组分在纸上经展开而分离。薄层色谱是将固定相涂渍在玻璃板或金属板上,然后按照纸色谱类似的方法进行展开、分离,见表6.2。

3)按固定相分离原理分类

固定相的性质对分离起决定作用,按固定相分离原理不同可分为吸附色谱、分配色谱和离子交换色谱。吸附色谱用固体吸附剂作固定相,根据吸附剂表面对不同组分的吸附性能差异进行分离,如 GSC,LSC 都属于吸附色谱。分配色谱用液体作固定相,利用不同组分在两相分配系数或溶解度不同进行分离,如 GLC,LLC 都属于分配色谱。而离子交换色谱的固定相是离子交换树脂,利用不同组分对离子交换剂亲和力不同进行分离,见表6.3。

表6.2　按固定相的存在形式分类

色谱名称		固定相形式
柱色谱	填充柱色谱	固定相(固体吸附剂或涂渍在载体上的固定液)填充在不锈钢、玻璃、石英材质制成的柱管中(内径 2 ~ 4 mm,长 1 ~ 10 m)
	毛细管柱	固体吸附剂薄层或固定液涂敷在弹性石英玻璃或玻璃毛细管内壁(内径 < 1 mm,长几十米至几百米)
平板色谱	纸色谱	固定相为具有强渗透能力的滤纸或纤维素薄膜
	薄层色谱	固定相为固体吸附剂薄层涂在玻璃或金属板上

表6.3　按固定相分离原理分类

色谱名称	固定相	分离原理	平衡常数	流动相	名称
吸附色谱	固体吸附剂	利用吸附剂对不同组分的吸附性能差异进行分离	吸附系数	气体	GSC
				液体	LSC
分配色谱	涂敷在色谱柱内壁或附着在惰性载体表面的薄层液体	利用固定液对不同组分的溶解度差异进行分离	分配系数	气体	GLC
离子交换色谱	离子交换树脂	利用离子交换剂对不同离子亲和能力的差异进行分离	离子选择性系数	液体	LLC

6.1.2　认识色谱流出曲线及基本术语

色谱分析法实质是一种分离技术,其分离效率远远高于蒸馏、萃取、离心等分离技术,具有高超的分离能力,成为许多分析方法的先决条件和必需的步骤。

1)色谱分离过程

当流动相携带着混合物(A + B + C)流经固定相时,由于混合物中各组分在性质和结构上有差异,与固定相和流动相两相之间发生作用的能力不同,即分配系数不同,因而与两相发生作用的强弱不同,导致不同组分在固定相中滞留时间长短不同。分配系数小的组分(C)滞留时间短最先从色谱柱中流出,分配系数大的组分(A)在固定相中滞留时间长最后从色谱柱中流出,实现了混合物中各组分的分离。色谱分离过程如图6.2所示。

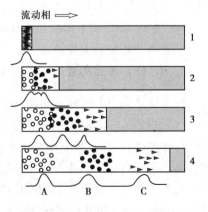

图 6.2　色谱分离过程示意图

2)色谱流出曲线(chromatogram)

样品分离后的组分依次从色谱柱中流出进入检测器,检测器将各组分的浓度转换成电信号记录下来,得到一条电信号随时间变化的曲线,称为色谱流出曲线,也称作色谱图,如图6.3所示。纵坐标是检测器输出的电信号(电压或电流),反映流出组分在检测器内的浓度;横坐标一般是流出时间。色谱流出曲线反映了样品在色谱柱内分离的结果,是判断测定条件是否合适及对样品中各组分进行定性和定量的依据。

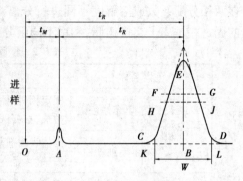

图6.3 色谱流出曲线

曲线上突起部分是色谱峰(chrom 或 atographic peak),是检测器对该组分的响应信号随时间变化所形成的峰形曲线。色谱流出曲线上的每一个峰就代表一个被分离出来的组分。理想的色谱峰呈高斯正态分布,即峰形呈钟形,两头低中间高,左右对称,如图6.4中的高斯峰。

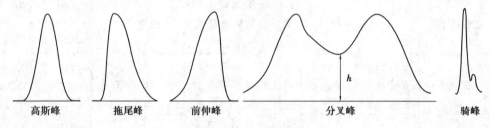

| 高斯峰 | 拖尾峰 | 前伸峰 | 分叉峰 | 骑峰 |

图6.4 非高斯峰

知识拓展

实际工作中得到的色谱峰都是非对称峰,主要有以下几种:

①拖尾峰。前沿陡起后部平缓的不对称峰。

②前伸峰。前沿平缓后部陡起的不对称峰。

③分叉峰。两种组分没有完全分开而重叠在一起的色谱峰。

④"馒头"峰。峰形比较矮而胖像馒头一样的色谱峰。

⑤骑峰。前一较大峰拖尾,后一较小峰骑于尾上。

⑥平顶峰。所出色谱峰不是尖峰,而是其顶部有一平台。

3)基本术语(Chromatography Terms)

(1)基线(baseline)

操作条件稳定后,没有组分仅有流动相进入检测器时记录的信号-时间曲线,稳定的基线是一条水平直线。基线反映检测器系统噪声随时间的变化,所以其平直与否反映出仪器及实验条件的稳定情况。实际操作中,常会出现由各种因素所引起的基线波动称为基线噪声(baseline noise)和基线随时间定向的缓慢变化称为基线飘移(baseline drift)现象,如图6.5所示。各种类型的色谱仪器在开机预热后,一定要待基线稳定成一条水平直线时方可进样分析。

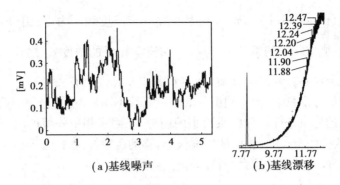

图 6.5　基线噪声和基线漂移

（2）用于定性分析的参数

①保留时间（retention time，t_R），是指组分从进样开始到柱后出现浓度极大值时所需的时间，包含了组分随流动相通过柱子所需的时间和组分在固定相中滞留所需的时间。在一定色谱体系和操作条件下，任何一种化合物都有一个恒定的保留时间，这是色谱定性的依据。如图 6.3 所示中的 OB 段。

②调整保留时间（adjust retention time，t_R'），即扣除死时间后的保留时间 $t_R' = t_R - t_M$，反映了组分在色谱柱中与固定相发生作用的实际时间，是各组分产生差速迁移的物理化学基础。如图 6.3 所示中的 AB 段。

注　意

死时间 t_M 是指不与固定相发生作用的物质从进样到出现峰极大值所需的时间，其大小与色谱柱前后的连接管道和柱内空隙体积的大小有关。如图 6.3 所示中的 OA 段。

③相对保留值（relative retention value，r_{is}），指在相同色谱分析条件下，组分 i 与另一组分 s 的调整保留值之比，即 $r_{is} = \dfrac{t_{Ri}'}{t_{Rs}'}$。相对保留值的物理意义是两组分热力学平衡分配的差别的度量，描述一对物质的分离程度。一定色谱条件下，两组分的相对保留值是常数，因此，可作为组分定性的参数。相对保留值只与柱温和固定相性质有关，而与柱内径、柱长、填充情况及流动相流速等其他色谱操作条件无关，它表示了固定相对这两种组分的选择性。

（3）用于定量分析的参数

①峰高（peak height，h），指色谱峰顶到基线的垂直距离，如图 6.3 所示中的 EB 段。

②峰面积（peak area，A），指色谱峰与基线所围成的区域的面积。

色谱峰高或面积的大小与样品中对应组分的含量成正比，因此是定量分析的依据。

（4）评价色谱柱效能的参数

①选择性因子 α，是指色谱流出曲线上相邻两组分的调整保留时间之比，即 $\alpha = \dfrac{t_{R_2}'}{t_{R_1}'}$。选择性因子 α 值的大小反映了固定相对难分离组分对的分离选择性。α 越大，说明固定相对难分离组分对的分离性能越好，相邻两组分色谱峰相距越远，能实现较好分离；当 α 等于或接近于 1 时，表示相邻两组分不能分离。

②分配系数(parition confficient，K)，是指在一定温度和压力下，组分在两相间达到分配平衡时，组分在固定相中的浓度 c_s 与组分在流动相中的浓度 c_m 之比，即 $K=\dfrac{c_s}{c_m}$。当温度、压力一定时，分配系数与组分性质、固定相和流动相性质有关。一定温度和压力下，同一组分具有恒定的分配系数，而不同组分的分配系数不同。不同组分具有不同的分配系数是实现色谱分离的先决条件。分配系数小的组分，在固定相中停留的时间短，较早流出色谱柱；分配系数大的组分，在气相中的浓度较小，移动速度慢，在柱中停留时间长，较迟流出色谱柱；两组分分配系数相差越大，两峰分离的就越好。

关于分配系数 K 的讨论

◇ K 小的组分，每次分配达平衡后，组分在流动相中的浓度较大，随流动相较早流出色谱柱。

◇ K 大的组分，每次分配达平衡后，组分在固定相中的浓度较大，随流动相较晚流出色谱柱。

◇ 若两组分 K 值相同，则色谱峰重合。

◇ 一定温度下，组分的分配系数 K 越大，出峰越慢。

◇ 试样一定时，K 主要取决于固定相性质。

◇ 每个组分在各种固定相上的分配系数 K 不同。

◇ 选择适宜的固定相可改善分离效果。

◇ 试样中的各组分具有不同的 K 值是分离的基础。

◇ 某组分的 K=0 时，即不被固定相保留，最先流出。

③分配比(partition ratio，k)，是指在一定温度和压力下，组分在两相间达到分配平衡时，组分在固定相中的质量 m_s 与组分在流动相中的质量 m_m 之比，即 $k=\dfrac{m_s}{m_m}$。分配比是衡量色谱柱对被分离组分保留能力的重要参数，k 值越大，说明组分在固定相中的质量越多，即柱容量越大，因此又被称作容量因子。容量因子越大，保留时间越长。k 受组分及固定相热力学性质所控制，如柱温、柱压、流动相和固定相的体积。因此，通过选择合适的固定液和改变样品本身的性质来控制分配比。

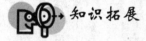 知识拓展

分配系数与分配比、保留时间的关系

(1)分配系数与分配比的关系

分配系数与分配比都是与组分及固定相的热力学性质有关的常数。两者间关系如下

$$K=\frac{c_s}{c_m}=\frac{m_s/V_s}{m_m/V_m}=k\cdot\frac{V_m}{V_s}=k\cdot\beta \tag{6.1}$$

式中　β——相比率(phase ratio)，β 是反映各种色谱柱型特点的参数，填充柱的 β 值一般为 6～35，毛细管柱的 β 值为 60～600；

　　　V_m,V_s——流动相和固定相的体积。

（2）分配系数与保留时间的关系

在色谱实验条件一定时，保留时间取决于 K，而气相色谱中 K 则取决于柱温和组分性质。因此调整保留时间用于定性分析。式（6.2）是色谱学最基本的公式之一。

$$t'_R = t_M \cdot K \frac{V_s}{V_m} \tag{6.2}$$

④区域宽度（band broadening），是色谱图中一个重要的参数，用于衡量色谱柱效率及反映色谱操作条件的动力学因素。从色谱分离角度来看，区域宽度越窄，色谱柱效能越高，分离的效果也越好。表示色谱峰区域宽度通常有3种方法，如图 6.6 所示。

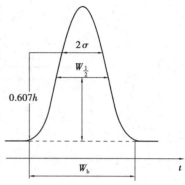

a. 标准偏差（Standard Deviation，σ），0.607 倍峰高处色谱峰宽的一半。

b. 半峰宽（peak width at half height，$W_{\frac{1}{2}}$），峰高一半处的峰宽度，它与标准偏差的关系为：$W_{\frac{1}{2}} = 2.354\sigma$。

c. 峰底宽度（peak width，W），色谱峰两侧拐点上的切线与基线的交点间的距离，它与标准偏差的关系是 $W = 4\sigma$。

图 6.6　色谱峰的区域宽度

⑤分离度 R，也称分辨率，既是反映柱效能又是反映选择性的综合性指标。其大小按 $R = \dfrac{Z(t_{R2} - t_{R1})}{W_1 + W_2}$ 计算。R 值越大，表明两组分的分离程度高。$R = 0.8$，两峰的分离程度可达89%；$R = 1.0$，分离程度可达98%；$R = 1.5$，分离程度可达99.7%。所以，通常用 $R = 1.5$ 作为相邻两峰完全分离的标准。

如图 6.7 所示，分离 A，B 两组分得到 3 张色谱图（a）、（b）和（c），分离度 R 分别为 0.75、1 和 1.5。可以看出图（a）两组分不能分离，图（b）两组分互含，只有图（c）能将 A、B 两组分完全分开，而且组分 A 的区域宽度明显最窄。

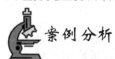 **案例分析**

从色谱流出曲线中可以获得哪些信息？

解析：从色谱流出曲线中，可得到许多重要信息。

（1）根据色谱峰的个数，可以判断样品中所含组分的最少个数。

（2）根据色谱峰的保留值，可以进行定性分析。

（3）根据色谱峰的面积或峰高，可以进行定量分析。

（4）色谱峰的保留值及其区域宽度，是评价色谱柱分离效能的依据。

（5）色谱峰两峰间的距离，是评价固定相（或流动相）选择是否合适的依据。

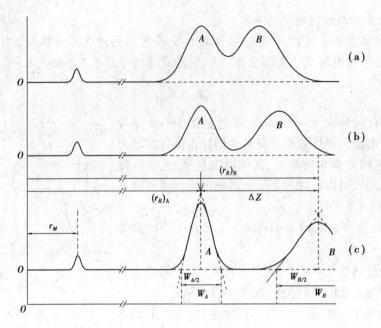

图 6.7　不同分离度时色谱峰分离的程度

 知识链接

色谱分析法的基本理论

色谱分析主要解决的是组分的分离问题。分离要考虑两个因素：一是相邻两组分是否得到很好分离，两组分色谱峰间的距离是否足够大；二是色谱峰的区域宽度是否足够窄，柱效是否足够高。而这两个因素分别与色谱分析的两个基本原理有关：一个是以热力学平衡为基础的塔板理论；一个是以动力学为基础的速率理论。两个理论相辅相成，揭示了色谱分析中的有关问题和现象。

1) 塔板理论 (plate theory)

用数学模型描述色谱分离的过程。假设色谱柱是由一系列连续的、相同的水平塔板组成。在每一块塔板上，混合物中各组分在两相间很快达到分配平衡，然后随着流动相按一个一个塔板地向前转移。假设每一块塔板的高度为 H，称为理论塔板高度 (height equivelent)。如果色谱柱长为 L，$n = L/H$。把 n 称作理论塔板数 (the number of theoretical plates)。n 值越大，表示组分达成分配平衡的次数越多，分离的机会越多，柱效越好。

设色谱柱由 5 块塔板 ($n = 5$) 组成，以 r 表示塔板编号，$r = 1, 2, 3, 4(n-1)$；某组分的分配比 $k = 1$，该组分的分布可计算如下：单位质量，即 $m = 1$ (例 1μg) 的该组分加到第 0 号塔板上，分配平衡后，由于 $k = 1$，即 $m_s/m_m = 0.5$。当一个板体积 (1ΔV) 的载气以脉动形式进入 0 号板时，就将气相中含有 mm 组分的载气顶到 1 号板上，此时 0 号板固定相中 m_s 组分及 1 号板气相中的 m_m 组分，将各自在两相间重新分配。故 0 号板上所含组分总量为 0.5，其中气液 (或气固) 两相各为 0.25，而 1 号板上所含总量同样为 0.5，气液 (或气固) 相亦各为 0.25。以后每当一个新的板体积载气以脉动式进入色谱柱时，上述过程就重复一次。表6.4 列出组分在色谱柱每个塔板上的分配情况。

塔板理论指出：

(1)当混合物中各组分在色谱柱中的平衡次数(n)大于50时,可得到基本对称的峰形曲线。

(2)当混合物进入色谱柱后,只要各组分在两相间的分配系数K有微小差异,经过反复多次的分配后仍可获得良好的分离。

(3)理论塔板数n、有效塔板数$n_{有效}$与区域宽度有关系。组分保留时间越长,峰形越窄,n越大,H越小,说明柱效能越高。因而n或H可作为描述柱效能的指标。

表6.4　组分在色谱柱内各板上的分配情况($n=5, k=1, m=1$)

塔板数	载气体积数 ΔV	塔板1	塔板2	塔板3	塔板4	塔板5	
$n=0$	进样	1.000					流动相
							固定相
	分配	0.500					流动相
	平衡	0.500					固定相
$n=1$	1 个 ΔV		0.500				流动相
		0.500					固定相
	分配	0.250	0.250				流动相
	平衡	0.250	0.250				固定相
$n=2$	2 个 ΔV		0.250	0.250			流动相
		0.250	0.250				固定相
	分配	0.125	0.250	0.125			流动相
	平衡	0.125	0.250	0.125			固定相
$n=3$	3 个 ΔV		0.125	0.250	0.125		流动相
		0.125	0.250	0.125			固定相
	分配	0.062	0.188	0.188	0.062		流动相
	平衡	0.062	0.188	0.188	0.062		固定相
$n=4$	4 个 ΔV		0.062	0.188	0.188	0.062	流动相
		0.062	0.188	0.188	0.062		固定相
	分配	0.032	0.125	0.188	0.125	0.032	流动相
	平衡	0.032	0.125	0.188	0.125	0.032	固定相
$n=5$	5 个 ΔV		0.032	0.125	0.188	0.125	0.032	流动相
		0.032	0.125	0.188	0.125	0.032	固定相
	分配	0.016	0.078	0.156	0.156	0.078	0.016	流动相
	平衡	0.016	0.078	0.156	0.156	0.078	0.016	固定相

塔板理论运用热力学的观点,很好地解释了流出曲线为什么呈现正态分布、浓度极大点的位置在哪里,能够通过计算来评价柱效能。但不能解释各种组分在色谱柱内移动过程中的动力学因素,不能找出影响塔板高度的因素,也不能说明色谱峰为什么会展宽。

2)速率理论

1956 年荷兰学者 van Deemter(范第姆特)等在研究气液色谱时,提出了色谱过程动力学理论——速率理论。速率理论吸收了塔板理论中板高的概念,并充分考虑了组分在两相间的扩散和传质过程,从而在动力学基础上较好地解释了影响板高的各种因素。范第姆特方程的数学简化式为

$$H = A + \frac{B}{u} + Cu$$

式中 u——载气流速,cm/s;

       H——塔板高度;

       A,B,C——常数,代表涡流扩散相、分子扩散相、传质阻力相。

(1)涡流扩散项 A

在填充色谱柱中,当组分随流动相通过色谱柱时,因固定相颗粒大小不一、排列不均匀,使得颗粒间隙有大有小,使组分分子在流动相中形成不规则的"涡流",到达检测器的时间不同,引起色谱峰的展宽,如图 6.8 所示。A 与流动相的性质、流动相流速及组分性质无关,只与固定相性质有关。采用粒径小且颗粒均匀、

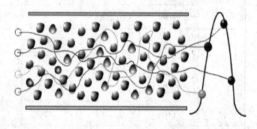

图 6.8   涡流扩散示意图

填充均匀的固定相,可降低涡流扩散项,提高柱效能。由于开口管柱没有填充载体,所以 A 项为 0。

(2)分子纵向扩散项 B/u

由于柱内存在着浓度梯度,组分分子由高浓度处向低浓度处扩散,方向与流动相运动方向一致,从而使谱峰扩张,如图 6.9 所示是纵向扩散引起峰展宽的示意图。随着样品谱带在固定相中的移动,纵向扩散使样品谱带宽逐渐增加,相应地,得到的色谱峰就越来越宽且峰高变矮。组分在气相中扩散比在液相中大约 10 万倍,所以可以忽略液相中的分子纵向扩散。对气相色谱法,选用相对分子质量较大的 N_2,Ar 为流动相并适当加快流动相流速,可减小分子扩散的影响。

(3)传质阻力项 Cu

所谓传质过程就是质量的传递过程。在色谱柱内,组分分子在两相界面上发生溶解—挥发、吸附—解吸的过程就是在两相界面上进行质量传递的过程,同时组分分子也进入固定相内部进行质量交换。当组分从流动相移动到固定相表面进行两相间质量交换时,所受到的阻力称为流动相传质阻力 C_m;组分从两相界面迁移至固定相内部进行质量交换,又返回至两相界面的过程中所受到的阻力为固定相传质阻力 C_s。传质阻力系数 $C = C_m + C_s$。

由于组分在两相间的传质速率并不快,而流动相有比较高的流速,所以色谱柱中的传质过程实际上是不均匀的,有的分子会较早地从固定相中流出,形成色谱峰的前沿展宽,有的分子从固定相中出来得较晚,形成色谱峰的拖尾展宽。

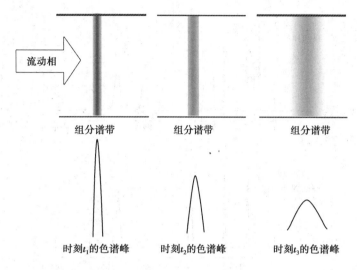

图6.9　组分在色谱柱中纵向扩散引起的谱带展宽的示意图

6.1.3　学习色谱定性分析的方法

色谱定性分析就是要确定色谱图上每个峰代表什么物质。可以依靠色谱分析方法强有力的分离能力,结合色谱流出曲线提供的信息或者与质谱仪、红外检测器等仪器联用技术,最终确定各组分。一般常用的方法有以下几种:

1)标准纯物质对照定性

利用标准纯物质对照定性的依据是当色谱条件一定时,相同物质具有相同的保留时间。根据操作方法不同,又可以分为以下两种:

（1）利用保留值定性

在相同色谱条件下,通过对比样品中具有与标准纯物质相同保留值的色谱峰,来确定样品中是否含有该标准品物质及在色谱图中的位置。如图6.10所示,上方为未知样品的色谱图,下方为标准醇样的色谱图。1~9为未知样品分离出的9个色谱峰,a,b,c,d,e为标准物质甲醇、乙醇、正丙醇、正丁醇和正戊醇的色谱峰。通过对照保留值可以得出,未知样品中色谱峰2是甲醇,色谱峰3是乙醇,色谱峰4是正丙醇,色谱峰7是正丁醇,色谱峰9是正戊醇。在此基础上,计算各峰峰高或峰面积逐一进行定量分析。此法多用于样品组成不太复杂的样品。

（2）利用加入法定性

将标准纯物质加入到未知样品中,分别对未知样品和加入标准纯物质的样品进样,得到两张色谱图样品TIC和加标样品TIC,通过对比观察两张色谱图中色谱峰的相对变化来进行定性。当加标样品TIC比样品TIC多出现一个峰时,说明未知样品中不含有标准纯物质;当加标样品TIC中某个色谱峰峰高增加,说明未知样品中含有标准纯物质,并确定了标准纯物质保留时间。

2)利用相对保留值对照定性

用相对保留值对照定性,只要求温度一定即可。具体做法是:在未知样品和标准纯物

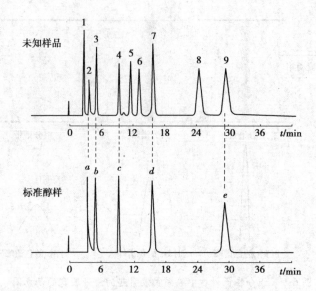

图 6.10　用已知纯物质对照定性分析

质中分别加入同一种基准物 s，进样分析分别得到未知样品的 r_{is} 和标准纯物质的 r_{is}，相比较来确定样品中是否含有 i 组分。若两个 r_{is} 相同则说明未知样品中含有标准纯物质；若不同，则说明不含有。

3）与其他分析仪器联用定性

色谱分析法具有很高的分离能力，但不能对已分离的每一组分进行直接定性。利用上述几种方法，也常因找不到对应的标准纯物质而无法分析。近年来，色谱技术与具有很强定性能力的质谱法、红外光谱法、紫外光谱法和核磁共振波谱法联用，很好地解决了组成复杂的混合物的定性分析问题。

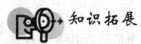 知识拓展

色质联用技术

将化合物分子电离成不同质量的离子，利用电磁学原理，按其质荷比（m/z）的大小依次排列成谱，收集和记录下来，得到质谱图（如图 6.11）。每一个线状图位置表示一种质荷比的离子，根据质谱图提供的信息，利用工作站软件提供的质谱图库（NIST，WILY 库）检索功能来进行定性分析的方法称为质谱分析法（mass spectrometry，MS）。从 20 世纪 50 年代后期以来，质谱分析法已成为测定相对分子质量、确定分子式和鉴定有机物结构的重要方法。随着色谱仪与质谱联机成功及计算机的飞速发展，将两种或多种方法结合起来的联用技术，吸取了各技术的特长，弥补彼此的不足，开辟了一个极富生命力的新领域。目前联用技术中组合效果最好的是色谱与质谱联用技术，如气相色谱-质谱（GC/MS）、液相色谱-质谱（LC/MS）、串联质谱（MS/MS）以及毛细管电泳-质谱（CZE/MS）等，其技术不断进步，在各种行业中得到了广泛应用。图 6.12 所示为 GC/MS 联用技术的分析过程。

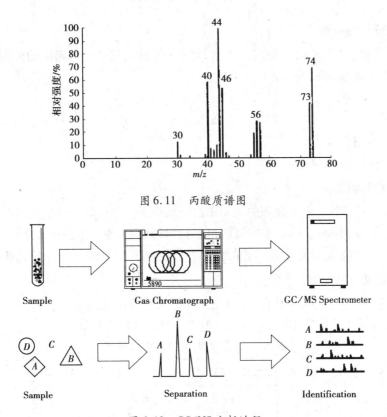

图 6.11 丙酸质谱图

图 6.12 GC/MS 分析过程

□ 案例导入：

同一个人对不同气味的敏感度是不同的,是不是同一检测器对不同物质的响应信号也有不同呢? 事实证明,同一检测器对不同物质有不同的响应信号;不同检测器对同一物质的响应信号也不同。峰高和峰面积是用于定量分析的参数。如果检测器对不同物质的响应信号不同,会不会出现两种含量相同物质,经检测器响应得到的色谱峰面积或峰高却不同呢? 色谱流出曲线上峰高越高、峰面积越大的色谱峰所对应的组分含量是不是最高?

6.1.4 学习色谱定量分析的方法

1)定量校正因子

为了使检测器产生的响应信号能真实地反映出待测组分的量,就要对响应值进行校正,使组分的峰面积 A_i 或峰高 h_i 转换成相应组分的量 m_i,即

$$m_i = f_i^A A_i$$
$$m_i = f_i^h h_i \tag{6.3}$$

式中 f_i 为绝对校正因子,是将峰面积或峰高换算为组分真实的量的换算系数。但是,精确求出 f_i 值往往是比较困难的,很少使用。在实际定量分析中,一般采用相对校正因子 f_i'。一般文献上提到的校正因子均是相对校正因子,它只与检测器类型有关,而与色谱操作条件、柱温、流动相流速和固定相性质等都无关。表 6.5 列出了一些化合物的相对校正因子。

2)定量分析的依据

定量分析就是以色谱流出曲线为依据,组分 i 的质量或在流动相中的浓度与检测器响应信号(峰面积 A_i 或峰高 h_i)成正比,即

$$m_i = f'_i A_i$$
$$m_i = f'_i h_i \tag{6.4}$$

式中 f'_i——相对校正因子;

  m_i——组分 i 的质量。

3)峰面积的测量

虽然峰高易于测量,但峰面积的大小不易受操作条件如柱温、流动相流速、进样速度等影响,更适于作为定量分析的参数。随着电子技术的发展,现代色谱仪都配有工作站系统,可自动用微积分的方法计算出峰面积的大小并且显示出来,比手工测量峰面积省时省力。

4)常用定量分析方法

色谱定量分析方法有归一化法、内标法、外标法和标准加入法。这些方法各有优缺点和适用范围,实际工作中应根据分析目的、要求及样品性质进行选择。

表6.5 一些化合物的相对校正因子

化合物	沸点/℃	相对分子质量	热导池检测器/fm	氢焰检测器/fm
甲烷	−160	16	0.45	1.03
乙烷	−89	30	0.59	1.03
丙烷	−42	44	0.68	1.02
丁烷	−0.5	58	0.68	0.91
乙烯	−104	28	0.59	0.98
丙烯	−48	42	0.63	—
甲醇	65	32	0.58	4.35
乙醇	78	46	0.64	2.18
丙酮	56	58	0.68	2.04
乙醛	21	44	0.68	
乙醚	35	74	0.67	
甲酸	100.7	46.03		1.00
乙酸	118.2	60.05	—	4.17
乙酸乙酯	77	88	0.79	2.64

(1)归一化法

假设试样中有 n 个组分,每个组分的质量分别为 $m_1, m_2, \cdots, m_n$,质量分数分别为 ω_1,

$\omega_2, \cdots, \omega_n$, 各组分含量的总和 ω 为 100%, 其中组分 i 的质量分数 ω_i 可按下式计算为

$$\underbrace{\omega_i = \frac{m_i}{m} \times 100\% = \frac{m_i}{m_1 + m_2 + \cdots + m_n} \times 100\%}_{\text{内标法}} = \underbrace{\frac{A_i f'_i}{A_i f'_1 + A_2 f'_2 + \cdots + A_n f'_n} \times 100\%}_{\text{归一化法}}$$

$$(6.5)$$

式中 f'_i 为质量校正因子。若各组分的 f'_i 值相近或相同, 例如同系物中沸点接近的各组分, 则上式可简化为

$$\omega_i = \frac{A_i}{A_i + A_2 + \cdots + A_n} \times 100\% \qquad (6.6)$$

采用积分仪或色谱工作站处理数据时, 往往采用峰面积直接归一化法定量, 得出各组分的面积百分比, 其结果的相对误差在 10% 左右; 若是对相对校正因子比较接近的组分, 结果的相对误差在允许范围之内。

注 意

归一化法虽然简便、准确, 进样量的准确性和操作条件的变动对测定结果影响不大, 而且不需要标准品。但也有其局限性, 如仅适用于试样中所有组分全出峰的情况; 各组分相对校正的获得比较麻烦。

(2) 外标法

外标法也称为标准曲线法, 是最常用的一种定量方法。与分光光度法中的标准曲线法相似, 首先把待测组分的纯物质配成不同浓度的标准系列溶液, 在一定色谱操作条件下, 分别取相同体积的标准系列溶液进样分析, 测得各峰的响应信号(峰面积 A 或峰高 h), 以响应信号为纵坐标, 标准系列溶液浓度 c 为横坐标, 绘制 A-c 或 h-c 标准曲线(如图6.13)。分析试样时, 在完全相同的色谱操作条件下取同样体积的待测样品进样分析, 根据所测得的响应信号从曲线上查得相对应的浓度。

外标法不使用相对校正因子, 准确性较高, 但是操作条件变化对结果准确性影响较大, 对进样量的准确性控制要求较高, 适用于日常控制分析和大批量同类样品的快速分析。

(3) 内标法

当只需测定试样中某几个组分, 或试样中所有组分不能全都出峰时, 可采用此法。具体做法是: 将一定量某纯物质作为内标物, 加入到准确称取的试样中, 进行色谱分析后, 根据被测组分和内标物在色谱图上相应的峰面积和相对校正因子, 求出被测组分的含量。例如,

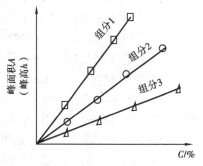

图6.13 不同组分的标准曲线

要测定试样中组分 i(质量为 m_i)的质量分数 ω_i, 组分 i 的相对校正因子为 f_i, 可于试样中加入质量为 m_s 的内标物, 试样质量为 m, 内标物的相对校正因子为 f_s, 则

$$m_i = f_i A_i$$
$$m_s = f_s A_s$$

$$m_i = \frac{f_i A_i}{f_s A_s} m_s$$

$$\omega_i = \frac{m_i}{m} \times 100\% = \frac{A_i f_i}{A_s f_s} \cdot \frac{m_s}{m} \times 100\% \tag{6.7}$$

若内标物 $f_s' = 1$，式(6.7)可简化为

$$\omega_i = \frac{f_i A_i}{A_s} \times \frac{m_s}{m} \times 100\% \tag{6.8}$$

内标法主要优点是可以抵消由于操作条件变化对测定结果的影响，但是因为在试样中增加了一个内标物，常常给分离造成一定困难。

小贴士

内标物应满足以下条件：
①它是试样中不存在的纯物质。
②加入量应接近于被测组分。
③内标物色谱峰位被测组分色谱峰附近或几个被测组分峰中间。
④注意内标物与欲测组分的物理及物理化学性质相近。

复习思考题)))

一、选择题

1.对某一组分来说，在一定的柱长下，色谱峰的宽或窄主要决定于组分在色谱柱中的（　　）。
　　A.保留值　　　　　B.扩散速度　　　　　C.分配比　　　　　D.理论塔板数
2.载体填充的均匀程度主要影响（　　）。
　　A.涡流扩散相　　　B.分子扩散　　　　　C.气相传质阻力　D.液相传质阻力
3.在以下因素中，属热力学因素的是（　　）。
　　A.分配系数　　　　B.扩散速度　　　　　C.柱长　　　　　　D.理论塔板数
4.欲使色谱峰宽减小，可以采取的措施是（　　）。
　　A.降低柱温　　　　B.减少固定液含量　C.增加柱长　　　　D.增加载体粒度
5.如果试样中各组分无法全部出峰，应采用（　　）进行定量分析。
　　A.归一化法　　　　B.外标法　　　　　　C.内标法　　　　　D.标准工作曲线法
6.俄国植物学家茨维特在研究植物色素成分时，所采用的色谱方法是（　　）。
　　A.液-液色谱法　　B.液-固色谱法　　　C.空间排阻色谱法D.离子交换色谱法
7.下列因素中，对色谱分离效率最有影响的是（　　）。
　　A.柱温　　　　　　B.载气的种类　　　　C.柱压　　　　　　D.固定液膜厚度

二、简答题

1.什么是分配系数？它受哪些因素影响？
2.色谱归一化法有哪些优点？在哪些情况下不能采用归一化法？
3.内标法定量是一种准确度较高的定量分析方法，请简述其方法及特点？

任务6.2 气相色谱法

□ 案例导入：

气相色谱法在食品工业中的应用

气相色谱法是20世纪50年代出现的一项重大科学技术，具有分离效果高、分析速度快、灵敏度高、应用范围广、样品用量少等特点，而且当与质谱法、计算机技术结合进行色谱-质谱联用分析时，能对复杂多组分混合物进行高效率的定性与定量分析，在石油化工、医药、生化、环境科学等领域有着日益广泛的应用。随着气相色谱法的快速发展和普及，其应用领域已经涉及食品工业的方方面面，在农药残留分析、香精香料分析、添加剂分析、脂肪酸甲酯分析、食品包装材料中挥发物的分析等方面成为工农业生产、科研、教学等部门不可缺少的分离与分析工具。

6.2.1 认识气相色谱仪

流动相为气体的色谱分析法称为气相色谱法（Gas Chromatography，GC），气相色谱仪是完成气相色谱分析的仪器。

1）气相色谱仪的工作流程

气相色谱仪分离分析样品的工作流程如图6.14所示。载气由高压气瓶提供，经压力调节器降压、净化器脱水及有机物等，由稳压阀调至适宜的流量，经过样品室将汽化后的样品带入加热的色谱柱。组分在柱中实现差速运动，分离后随载气依次进入检测器。检测器将组分的浓度（或质量）变化转化为电信号，电信号再经放大后，由记录仪记录下电压（或电流）随时间的变化曲线，即得色谱图。利用色谱流出曲线提供的信息进行定性、定量分析。应用计算机和相应的色谱软件，处理数据并控制实验条件。

2）仪器结构及工作原理

目前国内外的气相色谱仪型号很多，但均由5大系统组成：气路系统、进样系统、分离系统、检测记录系统和温控系统。样品中各组分能否分开，关键在分离系统，即色谱柱；分离后各组分能否鉴定出来，关键在检测系统。因此，分离系统和检测系统是气相色谱仪的核心结构。

（1）气路系统

气路系统包括载气和检测器用气。常用的载气有氮气、氢气和氦气，一般由高压气瓶供给。载气和检测器用气的类型主要由检测器的性质和色谱柱分离要求来决定。由于载气流速的变化会引起保留值和检测灵敏度的变化，因此高压气瓶的载气要通过稳压阀、稳流阀或自动流量控制装置来确保流量恒定。载气进入气相色谱系统前必须经过净化处理，除去烃类物质、水分和氧气，常用净化剂有活性炭、硅胶和分子筛。

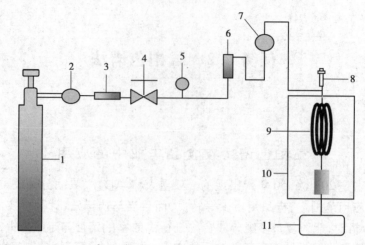

图 6.14　气相色谱仪工作流程示意图

1—高压气瓶；2—减压阀；3—净化器；4—稳压阀；5—压力表；6—稳流阀；
7—压力表；8—进样口；9—色谱柱；10—温控系统；11—检测器

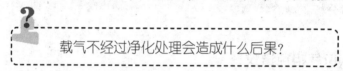

载气不经过净化处理会造成什么后果？

（2）进样系统

进样系统由进样装置和汽化室构成，经预处理好的试样快速而定量的进入汽化室后，随载气进入色谱柱。汽化室主要针对液体样品，把从进样口注入的液体样品瞬间汽化为蒸气，方便载气携带进入色谱柱中进行分离。汽化室的温度根据分析样品的不同而设定，需保证试样全部汽化，设置温度比柱温高 10～50 ℃。对于液体样品可用微量注射器进样（0.1～10 μL）；对于气体样品可用定量阀或固相微萃取器（0.1～10 mL）进样。固体样品则要溶解成液体后用微量注射器进样。

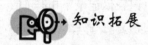 知识拓展

固相微萃取器

SPME 是一种分析检测气体样品组成的新方法，可直接与多种色谱技术联用，应用广泛。它是靠一段表面涂有固定剂（表面积大的多孔聚合物制成）的细纤维（萃取头）来萃取气体化合物的。通常有两种萃取方法：直接将萃取头插入样品基质中吸附气体成分的浸入方式（DI-SPME）和将萃取头置于样品上空萃取气体成分的顶空方式（HS-SPME）。

3）分离系统

分离系统是色谱仪的核心部分，色谱柱又是分离系统的核心构造，而固定相是气相色谱中决定混合物中各组分能否被很好分离的关键。根据色谱柱固定相形式不同分为填充柱和毛细管柱。

（1）填充柱

由不锈钢或玻璃材质制成，一般内径 2~4 mm，长 1~10 m。内部填充固定相，制备简单，柱容量大，分离效率足够高，应用很普遍。

（2）毛细管柱

由不锈钢、玻璃或石英材质制成，柱内径一般小于 1 mm，长可达几十米甚至数百米。内壁涂有固定相。分析速度快，样品用量小，但柱容量小，对检测器的灵敏度要求高。

4）温控系统

温控系统是指对汽化室、色谱柱和检测器进行温度控制。在气相色谱中，温度直接影响色谱柱的分离选择性、检测器的灵敏度和稳定性及样品汽化程度。对色谱柱的温度控制方式有程序升温和恒温两种。所谓程序升温是指在一个分析周期内，柱温连续地随时间由低温到高温变化，使沸点不同的组分在最佳柱温时流出。对于沸点范围很宽的混合物往往采用程序升温，可以改善分离效果，缩短分析时间。所谓恒温就是分析周期内柱温保持恒定不变。从图 6.17 中可以明显看出，程序升温能将醇类物质很好分离开来。通常，依据样品待测组分的沸点和对分离的要求，要对难分离物质得到良好的分离、分析时间适宜、峰形不拖尾的前提下，尽可能采用较低的柱温。柱温低使组分在色谱柱中有充分的时间进行分配平衡，组分色谱峰相对保留值增加。但最低点受固定液的熔点和分析时间的限制。同时，选用的柱温不能高于色谱柱中固定液的最高使用温度（通常低 20~50 ℃）。

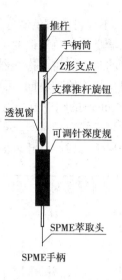

图 6.15　固相微萃取器

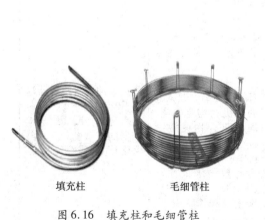

图 6.16　填充柱和毛细管柱

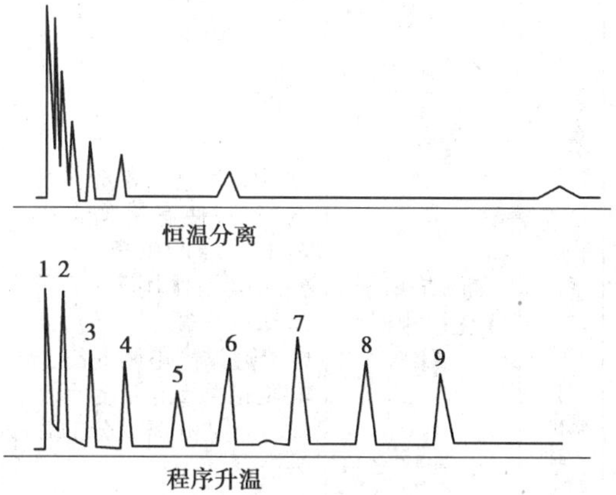

图 6.17　恒温和程序升温分离醇类物质的色谱图
1—甲醇；2—乙醇；3—1-丙醇；4—1-丁醇；5—1-戊醇；
6—环己醇；7—1-辛醇；8—1-庚醇；9—十二烷醇

一般设置温度时，汽化室温度比柱温高 10~50 ℃，以保证样品能瞬间汽化；检测器温度与柱温相同或略高，防止样品在检测器冷凝，控制精度要求在 ±0.1 ℃ 以内。

5）检测记录系统

包括检测器、放大器和记录仪。目前大多数气相色谱仪采用色谱工作站的计算机系统,不仅可以对色谱分析操作进行实时控制,而且可以自动采集数据和完成数据处理。检测器是气相色谱仪的又一重要组成部分,是一种将被分离组分的量转换为易于测量的电信号的装置。目前检测器种类繁多,主要以食品分析中常用的检测器类型为重点进行介绍。根据检测原理不同,可将检测器分为浓度型和质量型两种。浓度型检测器(concentration detector)的响应值与组分在载气中的浓度成正比,如热导池检测器和电子捕获检测器;质量型检测器(mass detector)的响应值与单位时间进入检测器的组分的质量成正比,如氢火焰离子化检测器和火焰光度检测器。表6.6列出以上类型检测器的特性。

表6.6　不同类型检测器的特性

类别	检测器名称	原理	特点	应用技术
浓度型检测器	热导池检测器 TCD	根据不同物质具有不同的导热系数	①通用型检测器,结构简单,性能稳定,通用性好,应用最广、最成熟 ②特别适用于气体混合物的分析,尤其是对无机气体的分析 ③非破坏性检测,有利于样品的收集或与其他仪器联用 ④灵敏度不高	①使用时,应先通入载气,保证检测器部分没有空气后才能打开检测器的电流,否则检测器的热丝很容易被烧毁 ②常用 H_2,He 作载气
浓度型检测器	电子捕获检测器 ECD	在 β-射线作用下将载气电离成正离子和低能电子,当被测组分进入检测器就能捕获这些低能电子而使电流下降产生负信号,通过改变极性使负信号变为正信号	①对具有电负性的物质(如含卤素、硫、磷、氮)有很高灵敏度,广泛应用于农产品中农药残留和大气及水质污染分析中 ②对电负性很小的烃类化合物响应值很小 ③灵敏度极高	①线性范围较窄,进样量不可太大 ②常用 N_2,Ar 作载气
质量型检测器	氢火焰离子化检测器 FID	以氢气和空气燃烧作为电离源,使有机物在火焰中燃烧产生离子,在外加电场作用下,离子运动产生微弱电流,此电流通过高电阻时得到电压信号,其强度高低代表着被分离组分的含量高低	①是目前应用最多和最广的色谱检测器,性能可靠,结构简单,操作方便 ②对能在火焰中燃烧电离的有机物均有响应,对碳氢化合物灵敏度高,广泛应用于有机物分析中 ③不能检测永久性气体、水、CO、CO_2、氮的氧化物、H_2S 等物质	①点火前应将检测器温度升至 100 ℃以上,避免水蒸气冷凝而影响检测器的灵敏度 ②常用 N_2 作载气
质量型检测器	火焰光度检测器(硫磷检测器) FPD	含硫、磷的有机物经燃烧、还原、激发后会发射出特征光谱,经光电倍增管转变为光电流,电流的强弱就代表了有机物含量的多少	①对含有硫、磷的有机物具有高选择性和高灵敏度 ②适用于大气中痕量硫化物和农产品、水中的痕量有机磷、有机硫农药残留的测定	常用 N_2 作载气

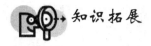

常用检测器的结构及工作原理

(1)热导池检测器

热导检测器由热导池体和热敏元件组成,其结构如图6.18所示。热敏元件是4根电阻值完全相同的钨丝或白金丝(阻值为R_1,R_2,R_3和R_4)的热敏电阻作为4个臂接入惠斯顿电桥,由恒定的电流加热。其中两个构成参比池,另外两个构成测量池。如果热导池只有载气通过,载气从两个热敏元件带走的热量相同,4个热敏元件的温度变化是相同的,其电阻值变化也相同,电桥处于平衡状态。如果载气携带组分通过测量池,由于组分气体和载气的热导率不同,两路带走的热量不相等,热敏元件的温度和阻值也就不同,从而使得电桥失去平衡,则有信号输出,且信号与组分浓度成正比。

载气、桥路电流、热敏元件的电阻值、电阻温度系数、池体温度等因素影响热导池的灵敏度。载气和组分的热导率之差越大,在检测器两臂中产生的温差和电阻差也就越大,检测灵敏度也越高。由于被测组分的热导率一般都比较小,故应选用热导率高的载气。100 ℃时,氢气、氦气和氮气的热导率(λ)分别为22.36,17.42和3.14 W/(m·K)。因此在使用热导池检测器时,为了提高灵敏度,一般选

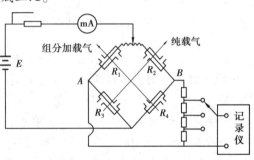

图6.18　恒定桥电流的四臂热导电路图

用H_2或He为载气。N_2与Ar作载气,灵敏度低,易出W峰,响应因子受温度影响、线性范围窄、一般只在分析H_2,He气时用。载气纯度影响TCD灵敏度。纯度低将产生较大噪声,降低检测限。载气纯度对峰形也有影响。TCD为浓度型检测器,对载气流速的波动很敏感,TCD的峰面积响应值反比于载气流速。因此,在检测过程中,载气流速必须保持恒定。

桥路电流I对灵敏度影响最大。I增大,钨丝的温度增高,钨丝与池体之间的温差增大,有利于热传导和灵敏度提高。检测器的响应值与桥电流I的三次方成正比,所以用增大桥路电流提高灵敏度是最通用的办法。但桥电流的提高受到噪声和使用寿命的限制。如果桥电流太大,噪声急剧增大,结果是信噪比下降。另外,桥电流越高,钨丝越易被氧化,烧断钨丝,使TCD寿命缩短。所以,在满足分析灵敏度的前提下,采用低的桥电流为好。

TCD灵敏度与钨丝和池体温度差成正比。降低池体温度可提高灵敏度,但是池体温度不能低于样品的沸点,以防止试样组分在检测器中冷凝。因此,对于较高沸点的样品,采用热导检测器提高灵敏度是有限的。而对于气体样品,特别是永久气体,则可达到较好的效果。

(2)电子捕获检测器

电子捕获检测器是一种放射性离子化检测器。有一放射性能源和一捕集电子的电场。能源多为^{63}Ni放射源。其结构如图6.19所示。其工作原理是:放射源(^{63}Ni放射源)作为负极,还有一正极。在两极间加适当电压。当载气(N_2)进入检测器时,受β粒子射线的辐射,发生电离,生成的正离子和低能量电子,在电场作用下,分别向负极和正极移动,形成恒定的基流。含有电负性元素的样品AB随载气进入检测器后,就会捕获电子而生成稳定的

负离子,生成的负离子又与载气正离子复合,结果导致基流下降。因此,样品经过检测器,会产生一系列的倒峰。

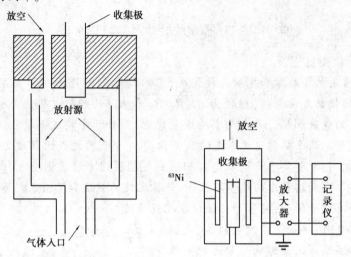

图6.19　电子捕获检测器的结构与电路图

电子捕获检测器操作条件应注意载气种类、纯度和流速的选择和检测器温度的控制。N_2,Ar,He,H_2 等均可作 ECD 的载气。N_2,Ar 作载气时灵敏度高于 He,H_2,而且氮气价廉易得、响应值大,故 N_2 是一种常用的载气。载气纯度直接影响 ECD 的基流,一般用高纯 N_2(99.999%)含 O_2 < 10 mg/L。若用普通 N_2(含 O_2 量 100 mg/L),必须净化除去残留的氧和水等,因为 O_2 是电负性物质,可使基流降低很多。ECD 响应值与温度密切相关。采取升高或降低检测器温度,使被测物组分信号增大,干扰物响应减小而达到选择性检测的目的。ECD 检测器的响应明显受检测器温度的影响,因此,检测器温度波动必须小于 ±(0.1 ~ 0.3)℃,以保证测量精度在 1% 以内。另外,在比较同一化合物的响应值或最小检测量时,注意温度应相同,并要标明温度。

（3）火焰离子化检测器

火焰离子化检测器主要部件是一个用不锈钢制成的离子室,其结构如图 6.20 所示。离子室由收集极(+)、极化环(-)、气体入口及火焰喷嘴组成。发射极和收集极通过高阻、基流补偿和直流电源组成检测电路,收集极和发射极间形成一高压静电场,测量氢火焰中所产生的微电流。其性能决定于电离效率和收集效率,电离效率主要与氮氢比有关,收集效率与 FID 的结构及样品浓度有关。

文献多用化学电离理论解释火焰离子化检测器的机理。有机物在氢气中燃烧先形成自由基,再与氧气作用产生正离子,然后与水反应生成 H_3O^+,由形成的离子流产生电信号。

有机物被裂解产生含碳的自由基 CH·,与火焰外面扩散的激发态氧反应。

$$CH· + O^+ \rightarrow 2CHO^+ + e$$

形成的 CHO^+ 与氢气燃烧产生的水蒸气相碰撞,生成 H_3O^+,

$$CHO^+ + H_2O \rightarrow H_3O^+ + CO$$

在外电场作用下,CHO^+ 和 H_3O^+ 等正离子向负极移动,而被负极吸收,形成微电流。所产生的离子数与单位时间内进入火焰的碳原子质量有关。

氢气由喷嘴流入,与空气混合燃烧,形成氢火焰,载气(N_2)本身不会被电离。在电场作用下,离子在收集极和极化环间作定向流动而形成离子流。形成的微电流经高电阻,在其两端产生电压降,经微电流放大器放大后从输出衰减器中取出信号,当只有载气通过检测器时,记录仪中记录下来的信号为基流。只要载气流速、柱温等条件不变,基流亦不变。当载气纯度高,流速小,柱温低或固定相耐热度性好,基流就低,反之就高。基流越小就越容易测到信号电流的微小变化。通常通过调节"基流补偿"使输入电阻的基流降至零。一般进样前均要使用"基流补偿"或基线调零,将记录仪上的基线调至零。无样品时两极间离子很少,当载气携带有机化合物进入氢火焰,在燃烧过程中直接或间接地产生离子,使电路中形成的微电流显著增大,即为组分的信号,离子流经高阻放大,记录即得色谱峰。

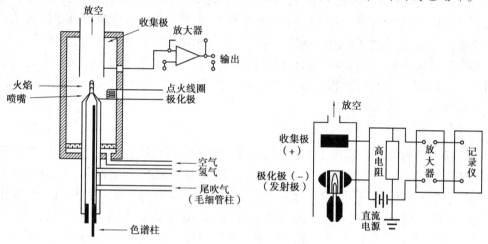

图6.20 火焰离子化检测器的结构与电路图

(4)火焰光度检测器(硫磷检测器)

FPD结构由氢火焰和光度计两部分组成,如图6.21所示。由色谱柱分离的各组分(含S,P化合物)在富氢火焰中燃烧产生激发态 S_2^* 或发光 HPO^*,同时发射出不同波长的特征光谱(硫特征波长394 nm,磷526 nm),发出特征波长的光谱线分别使用不同的滤光片,此光谱经干涉滤光片选择,将特定波长光输入光电倍增管产生光电流,放大后记录。

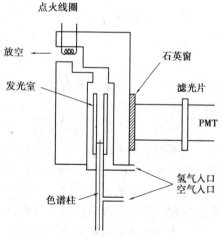

图6.21 火焰光度检测器的结构

□ **案例导入:**

气相色谱法的特点

气相色谱法以黏度小的气体为流动相,组分扩散速率高,传质快,而且可供选择的固定相种类多,检测器的灵敏度高,使该法具有显著的特点:

①分离效率高:对复杂混合物和有机同系物、异构体、手性异构体等物理、化学性质十分相近的物质有很好的选择性,能达到很好的分离效果。

②灵敏度高:由于使用灵敏度高的检测器,检测限可达 $10^{-13} \sim 10^{-11}$ g。如在食品农药残留分析中,可以测出 $10^{-9} \sim 10^{-6}$ g 数量级存在的有机磷农药。

③分析速度快:一般在几分钟或几十分钟内可以完成一个试样的分析,这是经典的化

学分析方法所不能达到的。

④应用范围广:对于沸点低于400 ℃的各种有机或无机试样都可以分析。但不适用于高沸点(>400 ℃)、难挥发、热不稳定物质的分析。

6.2.2 学习气相色谱法的原理

1)气相色谱分离过程

气相色谱法是利用混合物中各组分在流动相和固定相两相间分配系数的差异,经过多次反复分配后达到分离的目的。其分离过程如图6.22所示。当载气携带试样进入色谱柱与固定相接触时,被固定相溶解或吸附。随着载气的不断通入,被溶解或吸附的组分又从固定相中挥发或解吸出来,在载气的携带下向前移动到下一个塔板时又再次被固定相溶解或吸附,经过多次反复分配后各组分得到分离,先后到达检测器,产生相应的信号,由记录仪记录得到相应的色谱峰。

2)流动相(载气)

气相色谱常用的载气有氢气、氮气、氩气和氦气等惰性气体。载气的选择与检测器类型和分析要求有关。如,氮气的扩散系数小,可用于FID检测器,但必须除去载气中的烃类组分;氢气的相对分子质量小,热导系数大,可大大提高TCD检测器的灵敏度。在气相色谱法中,由于流动相是惰性气体,与组分没有亲和性作用,因此混合物中各组分能否被选择性分离,在很大程度上取决于固定相的性质。因此,固定相的选择在气相色谱分离中尤为重要。

3)气固色谱分析法

(1)原理

以固体吸附剂为固定相,根据固定相对混合物中各组分吸附能力的差异进行分离。分离过程是一个吸附—解吸的平衡过程:当载气携带气态组分进入色谱柱后,因吸附剂对试样混合物中各组分的吸附能力不同,经过反复多次的吸附—脱附过程,使组分彼此分离。

(2)固体固定相

固体固定相表面有一定活性的固体吸附剂,主要用于惰性气体和H_2,O_2,N_2,CO,CO_2等一般气体及C1~C4低碳烃类气体的分析,特别是对烃类异构体的分离具有很好的选择性和较高的分离效率。其缺点是得到的色谱峰往往不对称。在高温下一般具有催化活性,不宜分离高沸点和含活性组分的有机化合物。表6.7列出了气相色谱常用的固体吸附剂,在工作中可根据分析对象选择使用。

表6.7 气相色谱常用的固体吸附剂

吸附剂种类	使用温度/℃	适用对象
活性炭	<200	永久性气体及低沸点烃类
硅胶	<400	永久性气体及低级烃
氧化铝	<400	烃类及有机异构物
分子筛	<400	特别适宜分离永久气体

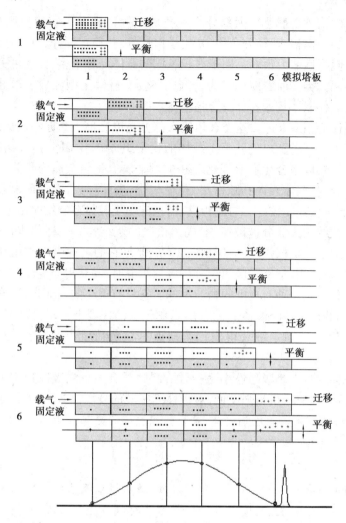

图 6.22　气相色谱分离过程示意图

硅胶是一种氢键型的强极性固体吸附剂,其化学组成为 $SiO_2 \cdot nH_2O$。品种有细孔硅胶、粗孔硅胶和多孔硅球等。气相色谱使用较多的是粗孔硅胶,其分离能力主要取决于孔径大小和含水量。氧化铝具有很好的热稳定性和机械强度,气相色谱常用的是 γ 晶型氧化铝,具有中等极性。但其活性随含水量有较大的变化,故使用前需对其进行高温活化处理。

4)气液色谱分析法

(1)原理

将固定液均匀涂敷在色谱柱内壁或载体表面成为固定相,根据固定相对混合物中各组分溶解能力的差异进行分离。分离过程是一个溶解—挥发的平衡过程:当载气携带气态组分进入色谱柱后,因固定液试样混合物中各组分的溶解能力不同,经过反复多次的溶解—挥发过程,使组分彼此分离。

(2)液体固定相

气液色谱填充柱中所用的液体固定相是由惰性的固体支持物和其表面上涂渍的液膜所构成。通常把惰性的固体支持物称为"载体",把涂渍的高沸点有机物称为"固定液"。

①载体是化学惰性的物质，大部分为多孔性的固体颗粒。它的作用是支撑固定液。要求载体有较大的表面积、孔径分布均匀、化学惰性好、热稳定性好、有一定的机械强度、表面没有吸附性或吸附性能力很弱。用于气相色谱的载体品种很多，大致可分为无机载体和有机聚合物载体两大类。前者应用最为普遍的主要有硅藻土型和玻璃微球载体。后者主要包括含氟塑料载体以及其他各种聚合物载体。

硅藻土型载体应用最普遍。这类载体绝大部分是以硅藻土为原料制成的，硅藻土分为红色和白色硅藻土。红色和白色硅藻土载体的化学组成基本相同，内部结构相似，都是以硅、铝氧化物为主体，以水合无定形氧化硅和少量金属氧化物杂质为骨架。但是它们的表面结构差别很大，红色载体表面孔隙密集，孔径较小，表面积大，能负荷较多的固定液。由于结构紧密，因而机械强度较好。与此相反，白色硅藻土载体在烧结时由于助熔剂的作用，硅藻土原来的细孔结构大部分被破坏，变成了松散的烧结物。此种载体孔径较粗，表面积小，能负荷的固定液小，机械强度不如红色载体。但是它的表面吸附作用和催化作用比较小，可在高温条件下使用，特别是应用于分析极性组分时，易获得对称峰。

玻璃微球型载体是一种有规则的颗粒小球。它具有很小的表面积，通常把它看做是非孔性、表面惰性的载体。这类载体的优点是能在较低的柱温下分析高沸点物质，使某些热稳定性差但选择性好的固定液获得应用。缺点是柱负荷量小，只能用于涂渍低配比固定液。

氟载体型载体的特点是吸附性小、耐腐蚀性强，适合用于强极性物质和腐蚀性气体分析。其缺点是表面积较小，机械强度低，对极性固定液的浸润性差，涂渍固定液的量一般不超过5%。这类载体如聚四氟乙烯载体、聚三氟氯乙烯等氟氯载体。

小贴士

为了取得好的分离效果，特别是在分析极性、酸碱性以及氢键型样品时获得对称的色谱峰，人们常采用酸洗、碱洗、硅烷化和釉化等方法对载体进行去活，硅烷化是消除载体表面活性最有效的办法之一。它可以消除载体表面的硅醇基团，减弱生成氢键作用力，使表面惰化；釉化是堵塞载体表面的微孔，改善表面性质。

②固定液是液体固定相的关键部分，表6.8列出几种常用的固定液。尽管适合用作气相色谱固定液的物质种类繁多，但必须满足一些基本要求：

a.在操作温度下呈液态，黏度越低越好：如果组分在黏度高的固定液中传质，其速度慢，柱效下降。因此，固定液有最低使用温度。

b.蒸气压低，热稳定性好：这样可以减少固定液的流失，延长色谱柱的使用寿命。

c.化学惰性高：固定液与组分、载体和载气不发生不可逆化学反应。

d.润湿性好：可以使固定液均匀涂布在载体表面或毛细管柱内壁，形成结构稳定的薄层。

e.有良好的选择性：固定液对沸点相同或相近而类型不同的物质具有分离能力，即对不同的组分具有不同的保留能力。

 知识链接

固定液的极性

　　描述或评价固定液的性质常用"极性"一词,是指含有不同功能团的固定液与分析物质的功能团之间相互作用的程度。如果一种固定液保留某种化合物的能力大于另一类,则认为这种固定液对于前一类化合物有较高的选择性。用相对极性(P)、罗氏固定液特征常数(罗氏常数)和麦氏固定液特征常数(麦氏常数)表示固定液的极性。许多色谱手册都列有这些常数。相对极性(P)规定非极性固定液角鲨烷的相对极性为0,强极性固定液β,β′-氧二丙腈相对极性为100,选取一对物质苯和环己烷(或正丁烷和丁二烯),分别测定它们在以上选定的两种固定液和被测固定液上的相对调整保留时间,然后进行计算,将固定液相对极性从0~100分成5级,极性由小到大分布。因为P只反映了固定液与组分分子之间的色散力和诱导力,有一定的局限性。因此,使用比较广泛的是麦氏常数。麦氏常数是由麦克雷诺(McReynolds)于1970年对罗氏固定液特征常数的改进,以苯、正丁醇、戊酮、2-硝基丙烷和吡啶为组分,表征一种固定液。分别得到5种组分麦氏特征常数(X,Y,Z,U,S),5个相常数的平均值称为平均极性(P),5个相常数的和称为总极性($P_总$),固定液的总极性越大,其极性就越大。

 案例分析

如何选择固定液

　　解析:固定液的选择一般可按"相似相溶"为基本原则,因为组分与固定液分子化学结构相似,官能团相似或相对极性相似,则分子间作用力就强,选择性就高。

　　对于非极性物质,应首先考虑用非极性固定液,各组分基本上按沸点由低到高的顺序出峰。

表6.8　气相色谱分析中常用的固定液

固定液	型号	相对极性	最高使用温度/℃	常用溶剂	分析对象
角鲨烷	SQ	−1	150	乙醚、甲苯	气态烃、轻馏分液态烃
甲基硅油或甲基硅橡胶	SE-30 OV-101	+1	350 200	氯仿、甲苯	各种高沸点化合物
苯基(50%)甲基聚硅氧烷	OV-17	+2	300	丙酮、苯	OV-17 + QF-1 可分析含氯农药
β-氰乙基(25%)甲基聚硅氧烷	XE-60	+3	275	氯仿、二氯甲烷	苯酚、酚醚、芳胺、生物碱、甾类
聚乙二醇	PEG-20M	+4	225	丙酮、氯仿	选择性保留分离含 O,N 官能团及 O,N 杂环化合物
聚乙二酸乙二醇酯	DEGA	+4	250	丙酮、氯仿	分离 C1 ~ C24 脂肪酸甲酯,甲酚异构体

对于极性物质,宜选用极性固定液,各组分按极性从小到大顺序出峰。

对于极性和非极性的混合物,一般选用极性固定液,则非极性组分先流出,极性组分后流出。而且固定液极性越强,非极性组分和极性组分分离越好。

对于能形成氢键的样品,如水、醇、胺类物质,一般可选择氢键型固定液,样品组分主要按形成氢键能力的大小顺序,最不容易形成氢键的最先出峰,最易形成氢键的最后出峰。

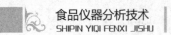 **知识拓展**

新型高选择性固定液

新型高选择性固定液是一类特殊固定液,主要用于一些特殊样品的分析,例如不对称选择合成中对映体纯度及过剩量的测定,手性药物中对映体纯度以及天然产物绝对构象的测定等。新型高选择性固定液主要有过渡金属混合物、液晶、手性化合物及有机盐类等。过渡金属混合物通常用于分离顺反异构体,被称为"超选择性"的填料。手性色谱固定液现在已发展成为一种分离对映体的特殊固定液。目前主要有氢键型手性色谱固定液、形成包合物的手性色谱固定液和金属配体交换的手性色谱固定液3类。如冠醚、环糊精及其衍生物和杯芳烃是近几年发展起来的一些具有高选择性,能形成包合物的手性固定液。

□ **案例导入:**

白酒品质的鉴定

中国白酒种类很多,有酱香型的茅台酒,浓香型的五粮液、古井贡酒、泸州老窖、绵阳大曲和洋河大曲,清香型的剑南春、竹叶青和汾酒,还有复合香型的董酒。对白酒的品质评价除了对外形、酒体、香气和滋味进行感官检验外,还可以对白酒中的组成成分及含量进行检测,因为白酒中除了主要含有水与乙醇外,还含有少量乙醛、甲醇、乙酸乙酯、正丙醇、仲丁醇、乙缩醛、异丁醇、正丁醇、丁酸乙酯、异戊醇、戊酸乙酯、乳酸乙酯、己酸乙酯等物质,这些醛、醇、酯类物质真正赋予了不同类型、不同品牌白酒的特色。常用检测方法是气相色谱法。

6.2.3 气相色谱仪的操作技术

步骤一 获取工作任务

典型工作任务:检测市售白酒的品质。

实验方法

一、实验原理

气相色谱分析测定市售白酒中的各组分的含量,同时选择标准对照法进行定性分析,选择内标物为醋酸正丁酯进行定量分析,从而得出市售白酒中各组分的相对含量。

内标法是将一定量的纯物质作为内标物,加入到准确称取的试样中一起进行分析,根据内标物的质量及内标物与被测物在色谱图上相应的峰面积比,用相应的校正因子校准待测组分的峰值并与内标物的峰值进行比较,可求得待测组分的含量。

二、仪器与试剂

1. 仪器

气相色谱仪;氢火焰离子化检测器。

2. 试剂

乙醛、甲醇、乙酸乙酯、正丙醇、仲丁醇、乙缩醛、异丁醇、正丁醇、丁酸乙酯、异戊醇、戊酸乙酯、乳酸乙酯、己酸乙酯和醋酸正丁酯标准品(均为色谱纯)。

三、操作步骤

1. 色谱操作条件

色谱柱 PEG-20M,30 m×0.25 mm;柱温:50 ℃(保持 6 min),以 4 ℃/min 的速率升至 220 ℃(保持 10 min);汽化温度:250 ℃;检测器温度:230 ℃;载气:氮气,流速 30 mL/min;燃气:氢气,30 mL/min,助燃气:空气,300 mL/min。

2. 标准溶液制备

在 10 mL 容量瓶中,预先放入约 3/4 的 40% ~60% 乙醇-水溶液(根据白酒度数决定),然后分别加入乙醛、甲醇、乙酸乙酯、正丙醇、仲丁醇、乙缩醛、异丁醇、正丁醇、丁酸乙酯、异戊醇、戊酸乙酯、乳酸乙酯、己酸乙酯各 4.0 μL,并用乙醇-水溶液稀释至刻度,混匀。

3. 样品溶液制备(加内标物醋酸正丁酯)

预先用白酒样品洗涤 10 mL 容量瓶,移取 4.0 μL 醋酸正丁酯至容量瓶中,再用乙醇-水溶液稀释至刻度,混匀。

4. 标准品测定

注入 2.0 μL 标准溶液至气相色谱仪中进行分析,记下各组分保留时间,再重复两次。

5. 确定各标准物质的保留时间

用标准物对照,确定它们在色谱图上相应位置,标准物注入量约 0.1 μL,并确定合适衰减值。

6. 样品测定

注入 2.0 μL 样品溶液分析,方法同步骤 4、5,并重复两次。

四、结果处理

①确定样品中测定组分的色谱峰位置,主要根据保留值与标准物对照定性分析。

②计算以醋酸正丁酯为标准的平均相对校正因子;根据各个组分和内标物(醋酸正丁酯)的峰面积及内标物质量计算各个组分的含量进行定量分析。

③计算样品中测定的各组分的含量(以 3 次测定的平均值计)。

五、注意事项

①必须先通入载气,再开电源,实验结束时应先关掉电源,再关载气。

②色谱峰过大过小,应利用"衰减"键调整。

③微量注射器移取溶液时,必须注意液面上气泡的排除,抽液时应缓慢上提针芯,若有气泡,可将注射器针尖向上,使气泡上浮推出。不要来回空抽。

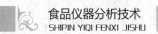
④注意气瓶温度不要超过40 ℃,在2 m以内不得有明火。使用完毕,立即关闭氢气钢瓶的气阀。

步骤二　制订工作计划

通过对工作任务进行分析,结合实验室现有设备、仪器情况,制订工作任务单,见表6.9。

表6.9　市售白酒中组成及含量的分析工作任务单
（结合自己学校的设备和开设的实验编写）

工作任务	检测市售白酒的品质		工作时间	××××年××月××日
样品名称	普通白酒			
检验方法依据	本项目的检测依据在于组分多,沸点范围宽,而且难以完全分离。采用填充柱很难完成任务,可采用毛细管柱气相色谱法			
检验方法原理	气相色谱分析测定市售白酒中的各组分的含量,同时选择标准对照法进行定性分析,选择内标物为醋酸正丁酯进行定量分析,从而得出市售白酒中各组分的相对含量			
准备工作	所需仪器及设备	名称及型号		厂　家
		GC9790J型气相色谱仪		浙江杭州英斯特科技有限公司
		色谱柱 PEG-20M, 30 m×0.25 mm		北京京科瑞达有限公司
	所需试剂及级别	乙醛、甲醇、乙酸乙酯、正丙醇、仲丁醇、乙缩醛、异丁醇、正丁醇、丁酸乙酯、异戊醇、戊酸乙酯、乳酸乙酯、己酸乙酯和醋酸正丁酯(均为色谱纯)		
	所需玻璃仪器	名　称	规　格	数　量
		容量瓶	10 mL	3个
		烧杯	100 mL	5个
		其他:玻璃棒、吸耳球、移液管		
工作流程	洗涤玻璃仪器→配制试剂→上机测定→数据处理→撰写实验报告单			
小组成员				
注意事项	①毛细管柱易碎,安装时要特别小心 ②不同型号的色谱柱,其色谱操作条件有所不同,应视具体情况作相应调整 ③进样量不宜太大			

步骤三　实施工作过程

洗涤玻璃仪器、配制试剂均参照项目1相关内容实施。本工作任务检测对象为白酒,无需特殊样品预处理环节可直接量取配置。下面以 GC9790J 型气相色谱仪为例介绍上机操作过程,具体操作流程如表 6.10 所示。

表 6.10 气相色谱法分析市售白酒中组成及含量的工作流程

步 骤	操作流程	具体操作
1	测量前准备	配制标准溶液
2		制备样品溶液
3	开机前检查	检查仪器电路和气路,确保正确连接,并试漏,保证气密性良好
4		打开载气钢瓶总阀,调节减压阀调整载气压力到所需值,调节载气总流量,柱流量及尾吹流量为适当值,使尾吹流量与柱流量之和不低于载气总流量
5		打开氢气和空气钢瓶主阀,调节减压阀使出口压力在要求值。如使用氢气发生器和空气压缩机,需在开机前进行氢气和空气的制备及压力调节
6	开 机	开启主机电源开关
7		设置进样口、检测器、柱温及点火温度,并开始升温
8		将空气和氢气的压力调至工作压力,使流速比为所需值
9		点燃 FID 检测器火焰,方法参照说明书
10		设置 FID 检测器的参数,包括量程、灵敏度和输出信号衰减,将检测器开关转向"ON"
11	进 样	当进样口、柱温和检测器的温度达到设定值时,打开记录仪,开始记录基线,基线稳定后可进样
		将标准溶液和样品依次进样(方法参见说明书)
		样品分析结束后按 STOP 键
12	关 机	分析完成后,等待冷却,常温后,断电,切断电源
13	填写使用记录	

步骤四 控制操作技术要点

1)内标法定量分析的选择

内标法定量分析可以抵消色谱条件(如柱温、载气流速、进样量等)变化对测定结果的影响,特别是在样品前处理(如浓缩、萃取、衍生化)前加入内标物,可部分补偿待测组分在样品前处理的损失。同时内标法不要求样品中所有组分都出峰,也无需知道样品的组分。但内标法的缺点是选择合适的内标物比较困难。内标物一般应符合以下要求:内标物是原样品中不含有的组分;内标物的保留时间应与待测组分相近,但彼此能完全分离($R \geqslant 1.5$);内标物必须是纯度合乎要求的纯物质;内标物与待测组分的物理及物理化学性质相近。

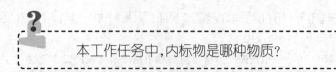

本工作任务中,内标物是哪种物质?

2）仪器测量条件的选择

对于气相色谱而言,色谱柱中的固定相是决定混合物中各组分能否被分离的关键因素。本工作任务中,选用哪一种固定相。

除此之外,还要选择分离的最佳操作条件,以提高柱效、增大分离度,满足分离需要。好的分离就是在色谱图上,相邻两组分的分离满足两个条件:一是相邻两峰的保留值相差足够大,即两峰间要有一定距离;二是要求色谱峰区域宽度足够窄。如图6.23所示。可以看出,左图A,B两组分没有实现分离,出现了交叉峰;而右图A,B两组分分离效果较好。

（1）色谱柱选择

①色谱柱材料,一般分析多用不锈钢柱,其优点是机械强度好又有一定的惰性,如用它来分离烃类和脂肪酸酯类是足够稳定的,但分析较为活性的物质时要避免使用不锈钢柱。在使用高分子小球时也不要用不锈钢柱。在分析较为活泼的物质时,多用

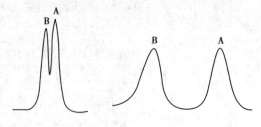

图6.23　相邻两组分分离的色谱峰

玻璃柱,它透明便于观察柱内填充物的情况,光滑易于填充成密实的高效柱,其缺点是易碎。

②色谱柱的柱形和柱径。气相色谱用填充柱多用直径为（2 ~ 3）mm 的色谱柱,而微填充柱则使用内径1 mm 左右的色谱柱,小内径色谱柱可降低涡流扩散项,从而提高柱效。由于填充柱柱阻大,柱长受限制,最长只有7 m 左右,一般多用1 ~ 3 m 的填充柱。具体使用时,按照满足分离的前提宜使用短色谱柱。这样可以降低柱温、缩短分析时间。

（2）载气及其流速的选择

①载气种类。从范第母特公式可知,使用重载气（氮气、氩气）还是用轻载气（氢气、氦气）,要根据具体情况分析。如要降低分子纵向扩散对柱效的影响,应使用重载气,但会延长分析时间。用轻载气虽然会影响分子纵向扩散而降低柱效,但是也可以降低传质阻力,有利于提高柱效,而且缩短分析时间。因此,在选择载气种类时,首先依据检测器的需求。如使用 TCD 应该使用轻载气;使用 FID 应选用重载气。由于氮气价格便宜、安全性好,故使用氮气比氩气要普遍得多。

②载气流速。由速率方程可知,分子纵向扩散项与载气流速成反比,要减少组分在载气中纵向扩散,载气的流速就要加快。而传质阻力项与流速成正比,当载气流速较大时,传质阻力项降低柱效。因此要找到最佳流速使板高最小,柱效能最高。

对于选定的色谱柱,在不同载气流速下测定塔板高度,作 H-u 图（见图6.24）。由图6.24可见,曲线上的最低点,塔板高度最小,柱效最高。该点所对应的流速即为最佳载气流速。在实际分析中,为了缩短分析时间,选用的载气流速稍高于最佳流速。对于一般色谱柱（内径3 ~ 4 mm）常用流速为20 ~ 100 mL/min。

（3）柱温的选择

柱温是一个重要的色谱操作条件,它直接影响柱的寿命、分离选择性和分析速度。降低柱温可使色谱柱的选择性增大,有利于组分分离;但柱温过低,会增加传质阻力,使色谱峰扩张甚至拖尾。升高柱温可以缩短分析时间,有利于传质,但不利用分离。一般通过实验选择最佳柱温,原则是使物质既完全分离又不使峰形扩张、拖尾。当被分析组分的沸点范围很宽时,用同一柱温往往造成低沸点组分分离不好,而高沸点组分峰形扁平,此时采用程序升温的办法就能使高沸点及低沸点组分都能获得满意结果。如图 6.25 所示。

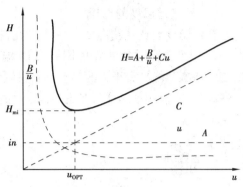

图 6.24　塔板高度 H 与载气流速 u 的关系

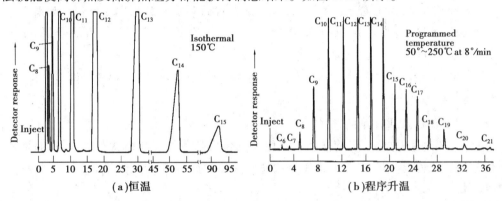

图 6.25　恒温色谱和程序升温色谱分离直链烷烃的比较

注　意

在选择柱温时还必须注意柱温不能高于固定液的最高使用温度,否则会造成固定液大量挥发流失。

（4）汽化室温度的选择

合适的汽化室温度既能保证样品迅速且完全汽化,又不引起样品分解。一般汽化室温度比柱温高 30～70 ℃,或比样品组分中最高沸点高 30～50 ℃。

小贴士

如何选择最佳汽化室温度?

可以通过实验来确定:重复进样,若出峰数目变化,重现性差,则说明汽化室温度过高;若峰形不规则,出现平顶峰或宽峰则说明汽化室温度太低;若峰形正常,峰数不变,重现性好则说明汽化室温度合适。

（5）检测器温度的选择

TCD温度要比柱箱温度高一些，以防被分析组分在检测器中冷凝，且要求温度恒定。但TCD温度升高时其灵敏度下降。FID温度一般要在120 ℃以上，以防水蒸气冷凝。ECD温度对基流和峰高有很大的影响，而且样品不同在ECD上的电子捕获机理也不一样，受检测室温度的影响也不同，所以要具体的情况具体分析。检测器温度一般比柱温高30～50 ℃。

注意

氢火焰离子化检测器（FID）使用的注意事项

①通氢气后，待管道中残余气体排出后，应及时点火，并保证火焰是点着的。

②使用FID时，离子室外罩须罩住，以保证良好的屏蔽和防止空气侵入。如果离子室积水，可将端盖取下，待离子室温度较高时再盖上。工作状态下，取下检测器罩盖，不能触及极化极，以防触电。

③离子室温度应大于100 ℃，待层析室温度稳定后，再点火，否则离子室易积水，影响电极绝缘而使基线不稳。

（6）进样时间和进样量的选择

进样时要迅速，这样可以使样品在汽化室汽化后随载气以浓缩状态进入柱内，而不被载气稀释，防止色谱峰扩张；进样速度慢会使色谱峰变宽，影响分离效果。

小贴士

如何正确进样？

①用注射器取样时，应先用丙酮或乙醚抽洗5～6次后，再用被测试液抽洗5～6次，然后缓缓抽取一定量试液（稍多于需要量），此时若有空气带入注射器内，应先排除气泡后，再排去过量的试液，并用滤纸或擦镜纸吸取针尖儿处所粘的试液（注意千万不要吸去针头内的试液）。

②取样后就立即进样，进样时要求注射器垂直于进样口，左手扶着针头防弯曲，右手拿注射器，迅速刺穿硅橡胶垫，平稳、敏捷地推进针筒（针头尖尽可能刺深一些，且深度一定，针头不能碰着气化室内壁），用右手食指平稳、轻巧、迅速地将样品注入，完成后立即拔出。

③进样时要求操作稳当、连贯、迅速。进针位置及速度、针尖停留和排出速度都会影响进样的重现性。一般进样相对误差为2%～5%。

进样量要适当，在检测器灵敏度允许下，尽可能用少的进样量，填充柱色谱的液体进样量为0.1～10 μL，气体试样为0.1～10 mL，FID的进样量应小于1 μL。进样量过大，造成色谱柱超负荷，得到的色谱峰峰形不对称，峰变宽，分离度变小，保留值发生变化；进样量太小，检测器灵敏度不够，不能检出。因此，应将样品快速、定量地加到柱头，在汽化室瞬间汽化后进入色谱柱分离。

微量注射器的使用注意事项

①微量注射器是易碎器械,使用时应多加小心,不用时要洗净放入盒内,不要随便玩弄,来回空抽,否则会严重磨损,损坏气密性,降低准确度。

②微量注射器在使用前后都须用丙酮等溶剂清洗。

③对 10～100 μL 的注射器,如遇针尖堵塞,可用直径为 0.1 mm 的细钢丝小心穿通,不可用火烧。

④硅橡胶垫在几十次进样后,容易漏气,需及时更换。

⑤用微量注射器取液体样品,应先用少量试样洗涤几次,再慢慢抽入试样,并稍多于需要量。如内有气泡则将针头朝上,使气泡上升排出,再将过量的试样排出,用滤纸吸去针尖外所粘试样。注意切勿使针头内的试样流失。

⑥取好样后立即进样,进样时,注射器应与进样口垂直,针尖刺察硅橡胶垫圈,插到底后迅速注入试样,完成后立即拔出注射器,整个动作应进行得稳当、连贯、迅速。针尖在进样器中的位置、插入速度、停留时间和拔出速度等都会影响分析结果的重复性,操作时应注意。

步骤五　数据处理与结果判定

数据处理是指从获得数据开始到得出最后分析结果的整个过程,包括数据记录、整理、计算、分析和绘制图表等。在实验分析工作中,不仅要准确地进行测量,还要正确地进行记录和运算。当记录和表达数据结果时,既要反映测定结果的大小,又要反映测定结果的准确程度。现代分析仪器,往往是用数字显示仪表或用计算机即时采集或用工作站处理后显示在显示屏上。从仪器上读取数时,应读出所示的全部有效数字,它包括确定数和可疑数两部分。确定数是指仪表能被读出的最小分度值,可疑数是指最小分度值内的估计值。在对测量数据进行数据处理时需按照有效数字运算规则进行修约、计算。

在食品安全的监督检验和分析检测工作中,大部分实验除形成检测数据外,还需要技术人员给出结果判定。判定结果主要作为主管行政部门执法的主要依据,还可为企业进行质量控制或标准化控制提供数据基础。进行结果判定的依据是食品卫生和质量安全相关的现行国家标准和国际标准。

6.2.4　学会仪器的日常维护与保养

1)气路系统

①气源至气相色谱仪的连接管线应定期用无水乙醇清洗,并用干燥氮气吹扫干净。如果用无水乙醇清洗后管路仍不通,可用洗耳球加压吹洗。加压后仍无效,可考虑用细钢丝捅针疏通管路。

②干燥净化管中活性炭、硅胶、分子筛应定期进行更换或烘干,以保证气体的纯度。

③稳压阀不工作时,必须放松调节手柄;针形阀不工作时,应将阀门处于"开"状态。

2)进样系统

(1)汽化室进样口的维护

由于仪器的长期使用,硅橡胶微粒可能会积聚造成进样口管道阻塞,或气源净化不够使进样口玷污,此时应对进样口清洗。

(2)微量注射器的维护

微量注射器使用前要先用丙酮等溶剂洗净,使用后立即清洗处理,以免芯子被样品中高沸点物质玷污而阻塞;切忌用重碱性溶液洗涤,以免玻璃受腐蚀失重和不锈钢零件受腐蚀而漏水漏气;一旦针尖堵塞,可用 $\phi 0.1$ mm 不锈钢丝串通。

3)分离系统

①新安装色谱柱使用前必须进行老化。

②新购买的色谱柱一定要在分析样品前先测试柱性能是否合格,如不合格可以退货或更换新的色谱柱。每次测试结果都应保存起来作为色谱柱寿命的记录。

③色谱柱暂时不用时,应将其从仪器上卸下,在柱两端套上不锈钢螺帽,并放在相应的柱包装盒中,以免柱头被污染。

④每次关机前都应将柱箱温度降到室温,然后再关电源和载气。

⑤对于毛细管柱,如果使用一段时间后柱效有大幅度的降低,往往表明固定液流失太多,有时也可能只是由于一些高沸点的极性化合物的吸附而使色谱柱丧失分离能力,这时可以在高温下老化,用载气将污染物冲洗出来。若柱性能仍不能恢复,就得从仪器上卸下柱子,将柱头截去 10 cm 或更长,去除掉最容易被污染的柱头后再安装测试,此时往往能恢复柱性能。如果还是不起作用,可再反复注射溶剂进行清洗,常用的溶剂依次为丙酮、甲苯、乙醇、氯仿和二氯甲烷。每次可进样 $5 \sim 10$ μL,这一办法常能奏效。如果色谱柱性能还不好,就只有卸下柱子,用二氯甲烷或氯仿冲洗(对固定液关联的色谱柱而言),溶剂用量依柱子污染程度而定,一般为 20 mL 左右。如果这一办法仍不起作用,说明该色谱柱只有报废了。

4)氢火焰离子化检测器

①尽量采用高纯气源,空气必须经过 5A 分子筛充分的净化。

②在最佳的 N_2/H_2 比以及最佳空气流速的条件下使用。

③离子室要注意避免外界干扰,保证使它处于屏蔽、干燥和清洁的环境中。

④长期使用会使喷嘴堵塞,因而造成火焰不稳、基线不准等故障,所以实际操作过程中应经常对喷嘴进行清洗。

小贴士

检测器玷污后的清洗方法

当检测器玷污不太严重时,FID 的清洗方法是:将色谱柱取下,用一根管子将进样口与检测器连接起来,然后通载气将检测器恒温箱升至 120 ℃以上,再从进样口注入 20 mL 左右的蒸馏水,接着再用几十微升丙酮或氟利昂溶剂进行清洗,并在此温度下保持 1~2 h,检查基线是否平稳。若基线不理想,则再洗一次或卸下清洗(注意:更换色谱柱,必须先切断氢气源)。

当检测器玷污比较严重时,必须卸下 FID 进行清洗。具体方法是:先卸下收集极、极化极、喷嘴等,若喷嘴是石英材料制成的,则先将其放在水中进行浸泡至过夜;若喷嘴是不锈钢等材料制成的,则可将喷嘴与电极等一起,先小心用 300~400 号细砂纸磨光,再用适当溶液(如 1+1 甲醇苯)浸泡,超声波清洗,最后用甲醇清洗后置于烘箱中烘干。注意切勿用卤素类溶剂(如氯仿、二氯甲烷等)浸泡,以免与卸下零件中的聚四氟乙烯材料作用,导致噪声增加。洗净后的各个部件要用镊子取出,勿用手摸。各部件烘干后,在装配时也要小心,否则会再度玷污。部件装入仪器后要先通载气 30 min,再点火升高检测室的温度。实际操作过程中,最好先在 120 ℃ 的温度下保持数小时后,再升至工作温度。

5)温控系统

一般来说,温度控制系统只需每月检查一次,就足以保证其工作性能。实际使用过程中,为防止温度控制系统受到损害,应严格按照仪器的说明书操作,不能随意乱动。

6)气体钢瓶

气相色谱中载气通常都是由气体钢瓶提供的。气体钢瓶由无缝碳素钢或合成钢制成,适用于装介质压力在 $1.520×10^7$ Pa 以下的气体。不同类型的气体钢瓶,其外表所漆的颜色、标记的颜色等都有统一的规定。表 6.11 列出气相色谱分析中常用载气的标记。

表 6.11 气相色谱分析中常用气体钢瓶的标记

气体钢瓶名称	外表颜色	字体颜色	字 样	工作压力/Pa	性 质	钢瓶内气体状态
氢气	深绿	红	氢	$1.471×10^7$	易燃	压缩气体
氮气	黑	黄	氮气	$1.471×10^7$	不可燃	压缩气体
氩气	灰	绿	氩	$1.471×10^7$	不可燃	压缩气体
氦气	棕	白	氦	$1.471×10^7$	不可燃	压缩气体

由表 6.11 可看出,氢气易燃易爆,其他气体虽然是惰性气体,不易燃但易爆,因此在使用时一定要注意。

 注 意

气体钢瓶的使用及注意事项

①钢瓶必须分类保管,直立存放在阴凉、干燥,远离阳光、暖气、火炉等热源的地方。避免暴晒及强烈震动,室温不超过 35 ℃,并有必要的通风设备。室内存放氢气不得超过两瓶。

②搬动钢瓶时要稳拿轻放,并旋上安全帽。放置使用时,必须固定好,防止击爆开启安全帽和阀门,不能用锤或凿敲打,要用扳手慢慢开启。

③使用时要用减压阀(二氧化碳和氩气钢瓶除外),检查钢瓶气门的螺丝扣是否完好。一般可燃气体(如氢气、乙烯等)的钢瓶气门螺丝是反扣的,腐蚀性气体(如氯气等)一般不用减压阀。各种减压阀不能混用。

④氧气钢瓶的气门、减压阀严禁沾染油脂。

⑤钢瓶附件各连接处都要使用合适的衬垫(如铝垫、薄金属片、石棉垫等)防漏,不能用棉、麻等织物,以防燃烧。检查接头或管道是否漏气时,对于可燃气体可用肥皂水涂于被检查处进行观察,但氧气和氢气不可用此法。检查钢瓶气门是否漏气,可用气球扎紧于气门上进行观察。

⑥钢瓶中的气体不可用尽,应保持 4.93×10^4 Pa 表压以上的残留量,乙炔气瓶要保留 2.922×10^5 Pa 表压以上,以便判断瓶中为何种气体,检查附件的严密性,也可防止大气的倒灌。

⑦氧气钢瓶和可燃性气体钢瓶、氢气钢瓶和氯气钢瓶不能存放在一起。

⑧钢瓶要每隔3年进场检验一次,重涂规定颜色的油漆。装腐蚀性气体的钢瓶每隔两年检验一次,不合格的钢瓶要及时报废或降级使用。

本章小结)))

本章主要阐述气相色谱法的分离原理并能正确设置分析条件,阐述了气相色谱仪的构造及工作原理,能认知气相色谱仪的基本结构并能正确阐述其工作原理及操作技术要点。通过案例学习气相色谱仪的操作方法、技术要点及利用外标法进行定量分析的方法。重点阐述气相色谱固定相的选择和影响气相色谱分离的因素。介绍了维护和保养气相色谱仪的一般性工作。

气相色谱仪器方面的最新进展

一、仪器方面

①自动化程度进一步提高,特别是 EPC(电子程序压力流量控制系统)技术已作为基本配置在许多厂家的气相色谱仪上安装(如 Agilent6890,ShimadzuGC-2010,Varian3800,PEAutoXL,CEMega8000 等),从而为色谱条件的再现、优化和自动化提供了更可靠更完善的支持。

②色谱仪器上的许多功能进一步得到开发和改进,如大体积进样技术,液体样品的进样量可达 500 mL;检测器也不断改进,灵敏度进一步提高;与功能日益强大的工作站相配合,色谱采样速率显著提高,最高已达到 200 Hz,这为快速色谱分析提供了保证。

图 6.26　汽车尾气分析仪

图 6.27　天然气分析仪

③色谱工作站功能不断增大,通讯方式紧跟时代步伐,已实现网络化,从技术上讲,现在实现气相色谱仪的远程操作(样品已置于自动进样器中)是没有问题的。

④新的选择性检测器与应用结合更紧密的专用色谱仪得到普遍开发,如天然气分析仪、汽车尾气分析仪和便携式气相色谱仪等。

图 6.28　便携式气相色谱仪

图 6.29　手握式 VOC 检测仪

二、色谱柱方面

新的高选择性固定液不断得到应用,如手性固定液等。细内径毛细管色谱柱应用越来越广泛,大大提高分析速度,有利于快速检测分析的应用。耐高温毛细管色谱柱扩展了气相色谱的应用范围,管材使用合金或镀铝石英毛细管,用于高温模拟蒸馏分析到 C120;用于聚合物添加剂的分析,抗氧剂 1010 在 20 min 内流出,得到了较好的峰形。

随着社会不断进步,人们对环境的要求越来越高,环保标准日益严格,这就要求气相色谱与其他分析方法一样朝更高灵敏度、更高选择性、更方便快捷的方向发展,不断推出新的方法来解决遇到的新的分析问题。网络经济飞速发展也为气相色谱的发展提供了更加广阔的发展空间。其发展主要体现在以下几个方面:

①满足各种应用需求的专用色谱柱的开发。高选择性和寿命、低应用成本及齐全规格尺寸是对这类色谱柱的基本要求。

②针对各类具体需求开发的与标准分析方法相配套的专用分析系统的普遍应用。小型(芯片化、模块化)、快速、可靠、自动化和网络化将是这类专用系统的主要技术特征。

③基于各类应用系统或分析方法开发的专用分析软件也是一个值得关注的方向。专业化、网络化和远程技术支持性能将是对这类应用软件的基本要求。

④基于网络的广义并行多维色谱分析系统有望进入实用阶段。广义并行多维色谱分析系统是指以普通单一气相色谱作为一个基本分析单元,通过网络将多台具有这类单一分析功能的气相色谱组合成一个分析系统,共同完成特定分析任务的组合系统。

复习思考题)))

一、选择题

1.在气相色谱分析中,用于定性分析的参数是(　　)。
　　A.保留值　　　　B.峰面积　　　　C.分离度　　　　D.半峰宽

2.在气相色谱分析中,用于定量分析的参数是(　　)。

　　A. 保留时间　　　　B. 保留体积　　　　C. 半峰宽　　　　D. 峰面积或峰高

3. 良好的气-液色谱固定液为（　　　）。
　　A. 蒸气压低、稳定性好
　　B. 化学性质稳定
　　C. 溶解度大，对相邻两组分有一定的分离能力
　　D. 以上说法都正确

4. 使用热导池检测器时，下列哪种气体作载气效果最好。（　　　）
　　A. H_2　　　　　　B. He　　　　　　C. Ar　　　　　　D. N_2

5. 气相色谱法不能用（　　　）作载气。
　　A. 氢气　　　　　　B. 氮气　　　　　　C. 氧气　　　　　　D. 氦气

6. 色谱体系的最小检测量是指恰能产生与噪声相鉴别的信号时（　　　）。
　　A. 进入单独一个检测器的最小物质量
　　B. 进入色谱柱的最小物质量
　　C. 组分在气相中的最小物质量
　　D. 组分在液相中的最小物质量

7. 在气-液色谱分析中，良好的载体为（　　　）。
　　A. 粒度适宜、均匀，表面积大
　　B. 表面没有吸附中心和催化中心
　　C. 化学惰性、热稳定性好，有一定的机械强度
　　D. 以上说法都正确

8. 热导池检测器是一种（　　　）。
　　A. 浓度型检测器　　　　　　　　　B. 质量型检测器
　　C. 只对含碳、氢的有机化合物有响应的检测器
　　D. 只对含硫、磷化合物有响应的检测器

9. 使用氢火焰离子化检测器，选用下列哪种气体作载气最合适？（　　　）
　　A. H_2　　　　　　B. He　　　　　　C. Ar　　　　　　D. N_2

10. 下列因素中，对色谱分离效率最有影响的是（　　　）。
　　A. 柱温　　　　　　B. 载气的种类　　　C. 柱压　　　　　　D. 固定液膜厚度

11. 下列气相色谱检测器中，属于质量敏感型检测器的是（　　　）。
　　A. ECD　　　　　　B. FID　　　　　　C. TCD　　　　　　D. FPD

12. 色谱分析中，要求两组分达到基线分离，分离度应（　　　）。
　　A. R≥0.1　　　　B. R≥0.7　　　　C. R≥1　　　　　　D. R≥1.5

13. 下列选项中，不能靠（　　　）来评价气相色谱检测器的性能好坏。
　　A. 基线噪音与漂移　　　　　　　　B. 检测器的线性范围
　　C. 灵敏度与检测线　　　　　　　　D. 检测器体积的大小

14. 适合于强极性物质和腐蚀性气体分析的载体是（　　　）。
　　A. 红色硅藻土载体　　　　　　　　B. 白色硅藻土载体
　　C. 玻璃微球　　　　　　　　　　　D. 氟载体

15. 在气-液色谱系统中，被分离组分与固定液分子的类型越相似，它们之间（　　　）。

A. 作用力越大,保留值越大　　　　　B. 作用力越小,保留值越大

C. 作用力越小,保留值越小　　　　　D. 作用力越大,保留值越小

16. 影响热导检测器灵敏度的主要因素是(　　　)。

　　A. 载气性质　　　　B. 电阻值　　　　　C. 热敏元件　　　　D. 桥电流

二、填空题

1. 目前国内外的气相色谱仪型号很多,但均由(　　　)、(　　　)、(　　　)、(　　　)和(　　　)五大系统组成。

2. GC 中常用的载气有(　　　)、(　　　)和(　　　)三种。

3. GC 中分离成败的关键是选择合适的(　　　)。

4. 载气和检测器用气的类型主要由(　　　)和(　　　)来决定。

5. 载气进入气相色谱系统前必须经过净化处理,除去烃类物质、水分和氧气,常用净化剂有(　　　)、(　　　)和(　　　)。

6. 根据色谱柱固定相形式不同,色谱柱分为(　　　)和(　　　)。

7. 温控系统是指对(　　　)、(　　　)和(　　　)进行温度控制。

8. 色谱柱的温度控制方式有(　　　)和(　　　)两种。

9. 程序升温是指(　　　)。

10. 检测记录系统包括(　　　)、(　　　)和(　　　)。

11. 根据检测器检测原理不同,可将检测器类型分为(　　　)和(　　　)两种。

12. 浓度型检测器的响应值与(　　　),如(　　　)和(　　　);质量型检测器的响应值与(　　　),如(　　　)和(　　　)。

13. 气固色谱分析法是以(　　　)为固定相,根据固定相对(　　　)进行分离。而气液色谱分析法将固定液均匀涂敷在色谱柱内壁或载体表面成为固定相,根据固定相对(　　　)进行分离。

14. 用于气相色谱的载体品种很多,大致可分为(　　　)和(　　　)两大类。前者应用最为普遍的主要有(　　　)和(　　　)。后者主要包括(　　　)以及其他各种聚合物载体。

15. 采用热导检测器时必须注意先开(　　　),后开(　　　)。

16. 固定液的选择是根据相似相容原则来选择的:非极性样品选非极性固定液,(　　　)组分先出峰;极性样品选极性固定液,(　　　)组分先出峰;非极性与极性混合样品选极性固定液,(　　　)组分先出峰。

17. 气相色谱仪每次关机前都应将(　　　),然后再关(　　　)和(　　　)。

18. 气源至气相色谱仪的连接管线应定期用(　　　)清洗,并用(　　　)吹扫干净。

三、判断题

1. 试样中各组分能够被相互分离的基础是各组分具有不同的热导系数。　　　　(　　　)

2. 热导检测器属于质量型检测器,检测灵敏度与桥电流的三次方成正比。　　(　　　)

3. 分离温度提高,保留时间缩短,峰面积不变。　　　　　　　　　　　　(　　　)

4. 某试样的色谱图上出现 3 个色谱峰,该试样中最多有 3 个组分。　　　　(　　　)

5. 分析混合烷烃试样时,可选择极性固定相,按沸点大小顺序出峰。　　　　(　　　)

6. 组分在流动相和固定相两相间分配系数的不同及两相的相对运动构成了色谱分离

的基础。（　　）

7.气液色谱分离机理是基于组分在两相间反复多次的吸附与脱附,气固色谱分离是基于组分在两相间反复多次的分配。（　　）

8.色谱内标法对进样量和进样重复性没有要求,但要求选择合适的内标物和准确配制试样。（　　）

9.FID 检测器对所有的化合物均有响应,故属于广谱型检测器。（　　）

10.电子俘获检测器对含有 S、P 元素的化合物具有很高的灵敏度。（　　）

11.毛细管气相色谱分离复杂试样时,通常采用程序升温的方法来改善分离效果。（　　）

四、简答题

1.简要说明气相色谱分析的基本原理。

2.说明氢焰、热导以及电子捕获检测器各属于哪种类型的检测器,它们的优缺点以及应用范围。

3.某色谱柱理论塔板数很大,是否任何两种难分离的组分一定能在该柱上分离? 为什么?

4.气相色谱仪主要包括哪几部分? 简述各部分的作用。

5.毛细管柱气相色谱有什么特点? 毛细管柱为什么比填充柱有更高的柱效?

6.在气相色谱中,如何选择固定液?

7.试述热导池检测器的工作原理。有哪些因素影响热导池检测器的灵敏度?

8.试述氢焰电离检测器的工作原理。如何考虑其操作条件?

9.试述"相似相溶"原理应用于固定液选择的合理性及其存在的问题。

10.试述气相色谱法的特点。

11.对比气固色谱分析法和气液色谱分析法的异同。

12.如何选择最佳汽化室温度?

13.氢火焰离子化检测器使用的注意事项。

14.用内标法进行定量,内标物的选择应符合什么要求?

15.适合于气液色谱法的固定液应具备哪些要求?

拓展训练　　食品中的苯甲酸和山梨酸含量测定——气相色谱法

一、实训目的

①掌握气相色谱法测定食品中山梨酸、苯甲酸含量的方法。

②学会样品的制备和处理方法,学会使用气相色谱仪。

二、实训原理

试样酸化后,用乙醚提取山梨酸、苯甲酸,用附氢火焰离子检测器的气相色谱仪进行分离测定,与标准系列比较定量。

联合测试苹果汁、杏仁酱和鱼酱(0.5~2 g/kg 水平),具有代表性的富含碳水化合物的浆状物、富含脂肪和碳水化合物及富含蛋白质的食品。

三、仪器与试剂

1. 仪器

气相色谱仪:具有氢火焰离子化检测器;天平:感量为 1 mg;干燥恒温箱;瓷坩埚;微波消解仪;可调式电热板。

2. 试剂

①乙醚:不含过氧化物。

②石油醚:沸程 30 ~ 60 ℃。

③盐酸。

④无水硫酸钠。

⑤盐酸(1 + 1):取 100 mL 盐酸,加水稀释至 200 mL。

⑥氯化钠酸性溶液(40 g/L):于氯化钠溶液(40 g/L)中加少量盐酸(1 + 1)酸化。

⑦山梨酸、苯甲酸标准溶液:准确称取山梨酸、苯甲酸各 0.200 0 g,置于 100 mL 容量瓶中,用石油醚-乙醚(3 + 1)混合溶剂溶解后并稀释至刻度。此溶液每毫升相当于 2.0 mg 山梨酸或苯甲酸。

⑧山梨酸、苯甲酸标准使用液:吸取适量山梨酸、苯甲酸标准溶液,以石油醚-乙醚(3 + 1)混合溶剂稀释至每 mL 相当于 50,100,150,200,250 μg 山梨酸或苯甲酸。

四、实验步骤

1. 试样提取

称取 2.50 g 事先混合均匀的试样,置于 25 mL 带塞量筒中,加 0.5 mL 盐酸(1 + 1)酸化,用 15 mL,10 mL 乙醚提取两次,每次振摇 1 min,将上层乙醚提取液吸入另一个 25 mL 带塞量筒中,合并乙醚提取液。用 3 mL 氯化钠酸性溶液(40 g/L)洗涤两次,静置 15 min,用滴管将乙醚层通过无水硫酸钠滤入 25 mL 容量瓶中。加乙醚至刻度,混匀。准确吸取 5 mL乙醚提取液于 5 mL 带塞刻度试管中,置 40 ℃水浴上挥干,加入 2 mL 石油醚-乙醚(3 + 1)混合溶剂溶解残渣,备用。

2. 色谱参考条件

色谱柱:玻璃柱,内径 3 mm,长 2 m,内装涂以 5%磷酸固定液的 60 ~ 80 目 Chromosorb WAW。气流速度:载气为氮气,50 mL/min(氮气和空气、氢气之比按各仪器型号不同选择各自的最佳比例条件)。温度:进样口 200 ℃;检测器 230 ℃;柱温 80 ~ 120 ℃;升温速度 8 ℃/min。

3. 测定

进样 2 μL 标准系列中各浓度标准使用液于气相色谱仪中,可测得不同浓度山梨酸、苯甲酸的峰高,以浓度为横坐标,相应的峰高值为纵坐标,绘制标准曲线。

同时进样 2 μL 试样溶液,测得峰高与标准曲线比较定量。

五、数据处理

试样中山梨酸或苯甲酸的含量按下式进行计算

$$X = \frac{A \times 1\ 000}{m \times \frac{5}{25} \times \frac{V_2}{V_1} \times 1\ 000}$$

式中　X——试样中山梨酸或苯甲酸的含量,mg/kg;

　　　A——测定用试样液中山梨酸或苯甲酸的质量,μg;

　　　V_1——加入石油醚-乙醚(3+1)混合溶剂的体积,mL;

　　　V_2——测定时进样的体积,μL;

　　　m——试样的质量,g;

　　　5——测定时吸取乙醚提取液的体积,mL;

　　　25——试样乙醚提取液的总体积,mL。

由测得苯甲酸的量乘以1.18,即为试样中苯甲酸钠的含量。计算结果保留两位有效数字。

六、注意事项

①精密度。在重复性条件下获得的两次独立测定结果的绝对差值不得超过算术平均值的10%。

②山梨酸保留时间2 min 53 s;苯甲酸保留时间6 min 8 s。

拓展训练　　白酒中杂质的含量测定——气相色谱法

一、实训目的

①理解气相色谱仪的使用方法。

②理解相对校正因子的定义以及计算方法。

③掌握内标法定量公式及其应用。

二、实训原理

内标法是将一定量的纯物质作为内标物,加入到准确称取的试样中一起进行分析,根据内标物的质量及内标物与被测物在色谱图上相应的峰面积比,可求得待测组分的含量。

三、仪器与试剂

1. 仪器

气相色谱仪:氢火焰离子化检测器;色谱柱 10% PEG-20M 3 mm×4 m。

2. 试剂

乙酸乙酯,正丙醇,异丙醇,异丁醇,正丁醇,叔丁醇和乙醇标准品(均为色谱纯)。

四、实验步骤

①气相色谱分析条件。

柱温:80 ℃(或者程序升温70 ℃~100 ℃、2~5 ℃/min);汽化温度:150 ℃,检测器温度150 ℃;载气:氮气50 mL/min,氢气50 mL/min,空气500 mL/min。

②标准溶液制备:在10 mL容量瓶中,预先放入约3/4的40%~60%乙醇-水溶液(根据白酒度数而定),然后分别加入乙酸乙酯、正丙醇、异丙醇、异丁醇、正丁醇、叔丁醇各4.0 μL,并用乙醇-水溶液稀释至刻度,混匀。

③样品溶液制备(加内标物叔丁醇):预先用白酒样品洗涤10 mL容量瓶,移取4.0 μL

叔丁醇至容量瓶中,再用乙醇-水溶液稀释至刻度,混匀。

④注入2.0 μL标准溶液至色谱仪中进行分析,记下各组分保留时间,再重复两次。

⑤用标准物对照,确定它们在色谱图上的相应位置,标准物注入量约0.1 μL,并确定合适衰减值。

⑥注入2.0 μL样品溶液分析,方法同步骤④、⑤,并重复两次。

五、数据处理

①确定样品中测定组分的色谱峰位置,主要根据保留值与标准物对照定性分析。

②计算以醋酸正丁酯为标准的平均相对校正因子;根据各个组分和内标物(醋酸正丁酯)的峰面积及内标物质量计算各个组分的含量进行定量分析。

③计算样品中测定的各组分的含量(以3次测定的平均值计)。

六、能力提升

①本实验中选叔丁醇做内标,它应符合哪些条件?

②配制标准溶液时,把叔丁醇的含量定位0.04%是任意的吗? 将其他各组分的含量也定位为0.04%,其目的是什么?

③要使白酒的分离进一步得到改进,可采取哪些方法?

七、注意事项

①色谱峰过大过小,应利用"衰减"键调整。

②微量注射器移取溶液时,必须注意液面上气泡的排除,抽液时应缓慢上提针芯,若有气泡,可将注射器针尖向上,使气泡上浮推出。不要来回空抽。

③注意气瓶温度不要超过40 ℃,在2 m以内不得有明火。使用完毕,立即关闭氢气钢瓶的气阀。

拓展训练	食用油中反式脂肪酸的测定——气相色谱法

一、实训目的

①熟悉气相色谱仪的使用方法及色谱柱选择的方法。
②掌握油脂甲酯化的方法。

二、实训原理

采用氢氧化钾-甲醇甲酯化、DB-23强极性毛细管柱气相色谱法对食用油中反式脂肪酸进行分离和分析。

三、仪器与试剂

1. 仪器

PerkinElmer气相色谱仪(带FID检测器及Total Chrom WorkStation 6.3.0色谱工作站,美国PE公司产品)、Milli-Q超纯水处理系统(美国Millipore公司产品)、DK-8D电子恒温水浴锅(上海精密实验设备有限公司产品)、FA2004电子分析天平(上海精科天平仪器有限公司产品)。

2. 试剂

①试验原料为不同品牌的食用油,市购。

②正己烷、氢氧化钾、浓硫酸、甲醇钠、甲醇均为色谱纯,由天津市大茂化学试剂厂生产。

③顺/反式油酸甲酯标准品和顺/反式亚油酸甲酯标准品为武汉美泰克科技有限公司产品。

④标准贮备液的配制分别准确称取 100 mg 反式油酸甲酯标准品和反式亚油酸甲酯标准品于 50 mL 容量瓶中,用正己烷溶解定容,得到反式油酸甲酯、反式亚油酸甲酯各为 2 mg/mL 的混合标准贮备液。

四、实验步骤

①样品甲酯化准确称取 100 mg 样品于具塞试管中,加入 2 mL 正己烷,摇动溶解,再加入 2 mL 2 mol/mL 的氢氧化钾-甲醇溶液,震荡 5 min,静置 30 min 后,取上层澄清溶液用作气相色谱分析。

②色谱分析条件。

选用 DB-23(30 m × 0.25 mm × 0.25 μm)毛细管色谱柱。进样口温度 250 ℃;检测器温度 250 ℃;色谱柱温度:程序升温,140 ℃保持 2 min,2 ℃/min 升至 220 ℃,保持 3 min。载气:氮气,流速 1 mL/min;氢气,流速 30 mL/min;空气流速 300 mL/min,分流比 100:1。

③样品测定:进样体积 1 μL,外标法定量。

五、数据处理

对大豆油和花生油样品进行了反式脂肪酸的检测,结果均检测到了反式脂肪酸的成分。

六、能力提升

①为什么要选择食用油在 2 mL 2 mol/L 的氢氧化钾-甲醇溶液中反应 30 min 为最佳甲酯化条件。

②为什么选择 DB-23 毛细管柱作为本实验的色谱柱?

七、注意事项

①接入检测器的色谱柱必须事先经过严格老化,其老化温度低于固定相的最高使用温度,高于分析样品时的温度,老化时间应长于 36 h,并通以适当的流量,以避免分析时固定相流失引起检测器污染和基线漂移。若用柱箱老化色谱柱,柱出口不能接在检测器上,应使其出气排出仪器外。

②油脂样品的主要成分是各种相对质量不同的甘油三酯。甘油三酯弱极性的特点,决定其必须经过衍生才可以用于色谱分析,甲酯化是常用的理想的衍生方法。

拓展训练　同时测定食用植物油中三种抗氧化剂——气相色谱—质谱法

一、实训目的

①熟悉气相色谱-质谱仪的使用方法。

②掌握选择离子峰面积外标法定量分析。

二、实训原理

用乙醇提取食用植物油中的丁基羟基茴香醚(BHA)、二丁基羟基甲苯(BHT)和叔丁基对苯二酚(TBHQ),并用气相色谱—质谱法对三种抗氧化剂进行分离与测定。

三、仪器与试剂

1. 仪器

Agilent6890N 气相色谱/5973innet 质谱联用仪(美国安捷仑公司),Agilent 气相色谱/质谱工作站(D.01.02),NIST02 质谱数据库;MS2 迷你振荡器(广州仪科实验室技术有限公司);TDL-5-A 低速台式心机(上海安亭科学仪器厂)。

2. 试剂

①抗氧化剂标准溶液:分别准确称取 0.100 0 gBHA、BHT、TBHQ 标准品(均由 Supelco 公司提供)于 100 mL 棕色容量瓶中,加少量无水乙醇溶解,最后用无水乙醇定容至刻度,配成 3 种抗氧化剂的标准储备液,浓度均为 1.0 mg/mL。然后分别用移液管移取 5.00 mL 上述溶液至 50 mL 棕色容量瓶中,用无水乙醇定容至刻度,配成混合标准溶液,此溶液中各种抗氧化剂的含量为 100 mg/L,置于冰箱 4 ℃内可保存 1 周。

②无水甲醇、无水乙醇、乙腈均为分析纯。

四、实验步骤

①称取 1.000 0 g 食用油样品于 10 mL 刻度离心管中,加 3 mL 无水乙醇混匀,2 min 后,以 4 800 r/min 离心 15 min,用吸管取无水乙醇层至 10 mL 比色管中,油层再用 3 mL 无水乙醇提取 1 次,合并无水乙醇层,并用无水乙醇定容至 10 mL,取 1.0 μL 直接进样。

②按下面气相色谱-质谱条件进行分析。HP-5MS 熔融石英毛细管柱(30 m×0.25 mm×0.25 m);进样 El 温度:250 ℃;进样量:1.0 μL,不分流进样;载气:高纯 He,37 cm/s(恒流);升温程序:60 ℃保留 2 min,10 ℃/min 升至 280 ℃,保留 1 min;GC/MS 接 El 温度:280 ℃;离子源:EI 源,电子轰击能量70eV;离子源温度:230 ℃;四极杆温度:150 ℃;EM 电压:1 200 V;溶剂延迟:10 min;数据采集方式:SIM;选择离子峰面积外标法定量。

五、数据处理

分别用 10.0 mg/L 的 3 种抗氧化剂的标准溶液直接进行气相色谱-质谱分析,数据采集方式采用 Scan 模式,质荷比扫描范围:50～550amu,得到三种抗氧化剂标准的质谱图,然后根据质谱图上各碎片离子的响应丰度,选择 4～6 个丰度较高、质荷比较大的离子进行 SIM 检测以保证检测结果的灵敏度和准确性。BHA 选择的特征碎片离子为 137,165,166,180,定量离子为 165;BHT 选择的特征碎片离子为 145,177,205,206,220,定量离子为 205;TBHQ 选择的特征碎片离子为 123,151,152,166,167,定量离子为 151。

六、能力提升

①本文为什么选择乙醇对植物油中抗氧化剂的提取?

②由于抗氧化剂本身易被氧化,因此需对实验中配制的标准溶液的稳定时间进行考察。用 1.0 g/L 标准储备液,配成 1.0,10.0,100.0 mg/L 3 种浓度,每 2 h 分别取 1.0 μL 进行测定,结果表明,1.0 mg/L,10.0 mg/L 和 100.0 mg/L 的抗氧化剂标准溶液在 8 h 之内的

峰面积变化不超过 5,因此,在样品提取及 GC-MS 测定的过程中,不会由于抗氧化剂的易氧化性而对实验结果产生显著影响。

七、注意事项

①汽化室用进样密封片,在注射 10~20 次后,应及时更换,以免漏气。进样垫使用前应先在苯或酒精中浸泡清洗半小时,然后在 220 ℃下烘干备用。

②仪器工作间及气源室所有管线必须确保不漏气,而且通风良好,以免气体泄漏时发生爆炸。

拓展训练　　水体中 15 种硝基苯类化合物的含量——气相色谱法

一、实训目的

掌握用标准曲线法作定量测定。

二、实训原理

将水样(200 mL)用甲苯(10.0 mL)萃取,所得萃取液经无水硫酸钠干燥后供气相色谱分析。用 HP-1 色谱柱,在 60~200 ℃温度区间采用程序升温方式进行分离,用电子捕获检测器(ECD)测定。根据保留时间作定性检定,用外标标准曲线法作定量测定。

三、仪器与试剂

1. 仪器

Agilent6890N/ECD 气相色谱仪;色谱柱 HP-1。

2. 试剂

①标准样品:硝基苯,对硝基甲苯,间硝基甲苯,邻硝基甲苯,对硝基氯苯,间硝基氯苯,邻硝基氯苯,对二硝基苯,间二硝基苯,邻二硝基苯,2,4-二硝基甲苯,2,6-二硝基甲苯,3,4-二硝基甲苯,2,4-二硝基氯苯,2,4,6-三硝基甲苯,纯度均大于 99%。

②标准储备溶液:分别称取 15 种硝基苯类标准品各 250.0 mg,分别放入 25 mL 棕色容量瓶中,用少量甲苯助溶,加正己烷稀释至刻度,作为硝基苯类储备溶液,在冰箱 4 ℃贮存。

③混合标准溶液:分别取 15 种硝基苯类标准储备溶液各 200 μL,其中硝基苯和硝基甲苯置于同一个 10 mL 棕色容量瓶中,用正己烷定容配成 200 mg/L;硝基氯苯、二硝基甲苯、二硝基氯苯和三硝基甲苯置于另外 1 个 10 mL 容量瓶中,用正己烷定容,配成 20.0 mg/L。

④标准工作溶液:硝基苯和硝基甲苯分别用甲苯将其稀释成质量浓度为 50,100,200,500,1 000 μg/L;其他硝基苯类和替代物质量浓度为 5,10,20,50,100 μg/L 的标准工作溶液,在 4 ℃条件下避光贮存。

⑤模拟水样:由空白水样加标配成质量浓度分别为 10.0 μg/L 的硝基苯和硝基甲苯溶液;其他硝基苯类质量浓度为 1.00 μg/L 空白加标模拟水样。

⑥所用试剂均为农残级,试验用水为高纯水,电导率小于 0.2 μs/cm。

四、实验步骤

①移取水样 200 mL,置于分液漏斗中,加入甲苯 10.0 mL 摇动萃取 3~5 min,静置 5~

10 min 两相分层,将萃取液通过无水硫酸钠干燥柱并收集萃取液。

②在下面色谱条件下进行测定:HP-1 色谱柱 60 m × 0.32 mm × 1.0 μm;载气为氮气,流量为 1.0 mL/min。升温程序:柱温为 60 ℃,保持 1 min;以 10 ℃/min 速率升至 200 ℃,保持 10 min。进样口温度为 250 ℃;进样口:分流/不分流毛细管柱进样口;检测器温度为 300 ℃。

五、数据处理

15 种硝基苯类化合物的标准色谱图如下:

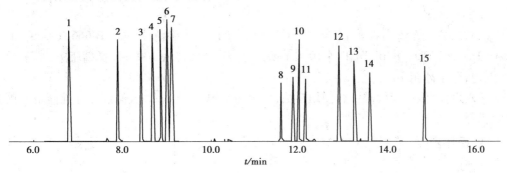

1 - 硝基苯;2—邻硝基甲苯;3—间硝基甲苯;4—对硝基甲苯;5—间硝基氯苯;6—对硝基氯苯;
7—邻硝基氯苯;8—对二硝基苯;9—间二硝基苯;10—2,6 - 二硝基甲苯;11—邻二硝基苯;
12—2,4-二硝基甲苯;13—2,4-二硝基氯苯;14—3,4-二硝基甲苯;15—2,4,6-三硝基甲苯

六、能力提升

萃取溶剂为什么选择甲苯?

七、注意事项

开气源时,气瓶开关阀应开足,减压阀开关旋至最松,查看减压阀的压力表应压力足够,然后逐渐调减压阀,仪器正常运行时,使减压阀低压测压强输出为:载气在 0.5 ~ 0.6 MPa 之间;氢气、空气在 0.3 ~ 0.4 MPa 之间。若压力过大会损坏仪器内部阀件,甚至引起净化管炸裂;若压强过小,稳压阀不能正常工作,须调至规定范围内。

拓展训练　　袋泡茶中有机氯农药残留量的检测

一、实训目的

掌握气象色谱法测定有机氯农药残留的原理;熟悉气象色谱仪的操作。

二、实训原理

有机氯农药是农药中一类有机氯化合物,一般分为两类:一类为氯化亚甲基萘类,如七氯、氯丹、艾氏剂、狄氏剂与异狄氏剂、毒杀酚等;另一类为氯化苯及其衍生物,包括滴滴涕、六六六等。有机氯农药性质比较稳定,残留时间长,属于高残毒农药,目前已被许多国家禁用,我国也已于 1984 年停止使用,但是仍然有残留。

气相色谱法基于样品中六六六、滴滴涕经提取、净化后,经涂渍 OV-17 + QF-1 固定液的色谱柱分离,利用电子捕获检测器对于电负性强的化合物具有较高的灵敏度的特点,可同

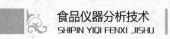

时检测出微量的六六六和滴滴涕的异构体和代谢物。在一定浓度范围内,六六六和滴滴涕的浓度与其色谱峰高或峰面积呈线性关系。根据保留时间进行定性,与标准物质比较进行定量分析。

三、仪器与试剂

1. 气相色谱仪

电子捕获检测器。

2. 主要试剂

①六六六、滴滴涕标准混合溶液(100 ug/mL):准确称 α-666,β-666,δ-666 和 p,p1-DDE,O,p1-DDT,p,p1-DDT 各 10.0 mg,溶于苯,分别移入 100 mL 容量瓶中,加苯至刻度,混匀,存于冰箱中。

②六六六、滴滴涕标准混合使用溶液(0.05 ug/mL):将六六六、滴滴涕标准储备液用正己烷稀释。

四、操作步骤

1. 提取

称取袋泡茶 5.0 g,加入石油醚 15~30 mL,振荡器上振摇 10 min,过滤或离心。

2. 净化

取提取液 5.0 mL 加入浓硫酸 0.5 mL,盖上试管塞,振摇数次后,打开塞子放气,然后振摇 0.5 min,2 000 r/min 离心 10 min,上层清液供气相色谱使用。

3. 色谱分析条件

色谱玻璃柱,内径 3~4 mm,长 2 m,内装涂以 15 g/L OV-17 和 20g/L QF-1 的混合固定液的 80~100 目硅藻土;色谱柱温度:200 ℃;汽化室温度:225 ℃;电子捕获检测器温度:225 ℃;载气(氮气)流速:30 mL/min;进样量 1~2 μL。

4. 测定

在上述色谱条件下,分别测定混合标准使用液和样品净化的色谱峰面积,以标准溶液的保留时间定性,与标准比较定量。

五、数据处理

$$X = \frac{A_x \times \rho \times V}{A_s \times m}$$

式中　X——样品中某种六六六、滴滴涕及其异构体含量,mg/kg;

　　　　ρ——在标准溶液中六六六、滴滴涕及其异构体或代谢物的单一含量,μg/mL;

　　　　V——样品总体积,mL;

　　　　A_x——样品中某组分的峰面积;

　　　　A_s——标准中某组分的峰面积;

　　　　m——样品的质量,g。

六、注意事项

电子捕获检测器的线性范围窄,为了便于定量,选择样品进样量使之适合各组分的线性范围。根据样品中六六六、滴滴涕的存在形式,相应的制备各组分的标准曲线,从而计算出样品的含量。

任务6.3 高效液相色谱法

□ **案例导入**:

什么是高效液相色谱法?

1906年,俄国植物学家茨维特在分离植物色素时使用的就是简单的液相色谱技术,但柱效低。直到20世纪60年代后期,将比较成熟的气相色谱理论引入经典液相色谱,并在技术上采用高压输液泵、梯度洗脱技术、新型高效填充剂以及各种高灵敏度的检测器,产生了具有现代意义的高效液相色谱法(High Performance Liquid Chromatography,HPLC)。这种以高压输出的液体为流动相的色谱技术具有高速、高效、高灵敏的特点,对样品的适用性广,不受分析对象挥发性和稳定性的限制,弥补了气相色谱法的不足。

6.3.1 认识高效液相色谱仪

1)仪器的工作流程

现代的高效液相色谱仪多做成积木式结构,根据分析要求将所需单元组件组合起来,最基本的组件是由高压输液系统、进样系统、色谱柱、检测系统和数据处理系统等,如图6.30所示。此外,还可根据需要配置辅助装置,如自动进样系统、流动相在线脱气装置、梯度洗脱装置、数据处理等。其工作流程为:高压泵将储液器中的流动相以稳定的流速输送至进样系统,携带由进样器导入的试样进入色谱柱,被分离的各组分依次进入检测系统,检测到的信号由记录仪记录,数据处理系统对数据进行保存和分析处理,如图6.31所示。

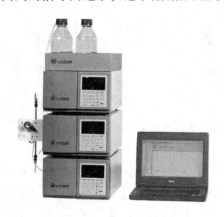

图 6.30 高效液相色谱仪

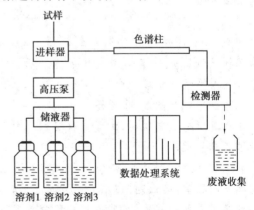

图 6.31 高效液相色谱仪的工作流程示意图

2)仪器构造与工作原理

(1)高压输液系统

高压输液系统是由储液器、高压泵、脱气装置和梯度洗脱装置组成,其核心部件是高压泵。高效液相色谱仪中流动相的高速输送是通过高压泵实现的。由于色谱柱较细（1~6 mm），填充剂料度小（5~10 μm），因此阻力很大，为达到快速、高效的分离，必须有很高的柱前压力，以获得高速的液流。

高压泵性能的好坏直接影响到整个高压输液系统的质量和分析结果的可靠性，应具备以下性能：

①输出流量恒定。因为具有稳定流量的流动相不仅影响柱效能，而且影响到峰面积和测量结果的重现性和定量的精密度。

②流量范围可调。流动相的流速是高效液相色谱分析的一个重要的分析条件。

③输出压力高。一般应能达到 $1.5 \times 10^7 \sim 4.5 \times 10^7$ Pa，同时要求压力平稳无脉动。检测器对压力不稳定或脉动非常敏感，会使噪声增大，仪器信噪比变差。

④高压泵液缸容积小，密封性能好，耐腐蚀。

脱气装置的目的是为了防止流动相从高压柱流出时，溶解在溶剂中 N_2，O_2 等释放出来，进入检测器使噪声激增，甚至不能检测。脱气的方式有氦气鼓泡、超声波脱气、真空脱气等。

在气相色谱中，可以通过控制柱温来改善分离，调节出峰时间。而在液相色谱中，可通过梯度洗脱达到改善分离、调节出峰时间的目的。所谓梯度洗脱，就是在分离过程中按一定的程序连续改变流动相中两种或两种以上不同极性溶剂的配比，以改变流动相的极性、离子强度或 pH 值，达到提高分离效率、缩短分析时间、改善峰形、提高灵敏度和定量分析精确度的目的。

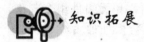

梯度洗脱的方式

根据溶剂的混合方式，梯度洗脱可分为低压梯度洗脱和高压梯度洗脱。低压梯度洗脱是在常压下预先按一定的程序将溶剂混合再经高压泵输入到色谱柱。高压梯度洗脱是将溶剂用高压泵增压后输入色谱系统的梯度混合室，混合后输入到色谱柱中。如图 6.32 所示。

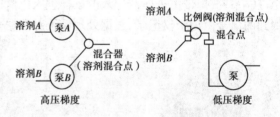

图 6.32　梯度洗脱方式

在进行梯度洗脱时，由于多种溶剂混合，而且组成不断变化，因此带来一些特殊问题，必须充分重视：

①要注意溶剂的互溶性，不相混溶的溶剂不能用作梯度洗脱的流动相。有些溶剂在一定比例内混溶，超出范围后就不互溶，使用时更要引起注意。当有机溶剂和缓冲液混合时，还可能析出盐的晶体，尤其使用磷酸盐时需特别小心。

②梯度洗脱所用的溶剂纯度要求更高，以保证良好的重现性。进行样品分析前必须进行空白梯度洗脱，以辨认溶剂杂质峰，因为弱溶剂中的杂质富集在色谱柱头后会被强溶剂洗脱下来。用于梯度洗脱的溶剂需彻底脱气，以防止混合时产生气泡。

③混合溶剂的黏度常随组成而变化，因而在梯度洗脱时常出现压力的变化。例如甲醇

和水黏度都较小,当两者以相近比例混合时黏度增大很多,此时的柱压大约是甲醇或水为流动相时的两倍。因此要注意防止梯度洗脱过程中压力超过输液泵或色谱柱能承受的最大压力。

④每次梯度洗脱之后必须对色谱柱进行再生处理,使其恢复到初始状态。可10～30倍柱容积的初始流动相流经色谱柱,使固定相与初始流动相达到完全平衡。

(2)进样系统

进样系统的作用是将试液准确送入色谱柱。由于高效液相色谱柱短,一般为10～30 cm,所以柱外展宽较突出,因此对进样技术要求较严格:密封性好,死体积小,重复性好,保证中心进样,进样时对色谱系统的压力、流量影响小。

小贴士

所谓柱外展宽是指色谱柱外的因素,如进样系统、连接管道及检测器中存在死体积等所引起的峰展宽,分为柱前展宽和柱后展宽。进样系统是引起柱前展宽的主要因素。

早期使用隔膜注射器和停流进样,现在普遍使用六通阀和自动进样器进样。

①六通阀进样。六通阀进样是目前最常用的手动进样方式,其工作原理如图6.33所示。当阀处于准备状态时,1、6、3、2相通,4和5相通,此时,样液通过微量注射器由1注入定量管中(定量管的大小依据进样量的大小而定),过量的样液从2排出。将阀芯顺时针旋转60°使阀处于进样状态,此时,5、6、3、4相通,1和2相通,流动相由5注入定量管,将贮存于定量管中的样液通过4注入色谱柱中。其关键部件由圆形密封垫(转子)和固定底座(定子)组成。由于阀接头和连接管死体积的存在,柱效率低于隔膜进样(约下降5～10%),但耐高压(35～40 MPa),进样量准确,重复性好(0.5%),操作方便。

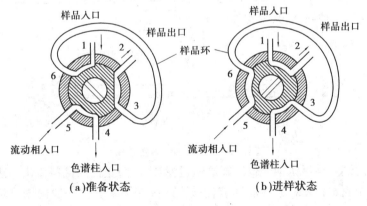

图6.33　六通阀进样工作原理

注意

使用六通阀的注意事项

◇　样品溶液进样前必须用0.45 μm滤膜过滤,以减少微粒对进样阀的磨损。

◇　转动阀芯时不能太慢,更不能停留在中间位置,否则流动相受阻,使泵内压力剧增,甚至超过泵的最大压力;再转到进样位时,过高的压力将使柱头损坏。

◇ 为防止缓冲盐和样品残留在进样阀中,每次分析结束后应冲洗进样阀。通常可用水冲洗,或先用能溶解样品的溶剂冲洗,再用水冲洗。

②自动进样器进样。自动进样器进样是由计算机自动控制定量阀,按预先设定好的程序进样。此法在进行大量样品的分析时,省时省力,具有其他进样方式无法取代的优越性。但自动进样装置成本高,图6.34所示为一种圆盘式自动进样器,工作原理如图6.35所示。

图6.34 圆盘式自动进样器

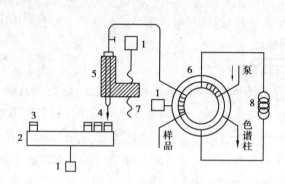

图6.35 圆盘式自动进样器示意图
1—电机;2—贮样圆盘;3—样品瓶;4—取样针;
5—滑块;6—进样阀;7—丝杆;8—定体积量管

(3)色谱柱

色谱柱是高效液相色谱的核心部件。目前常用的色谱柱是直型不锈钢柱,内径4~6 mm,标准柱型是4.6 mm或3.9 mm,柱长为10~30 cm,内填固定相颗粒直径为3 μm、5 μm或10 μm等几种规格,其结构如图6.36所示。

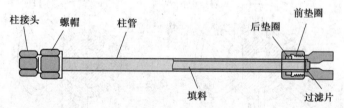

柱接头　螺帽　柱管　　　后垫圈　前垫圈

填料　　　过滤片

图6.36 直型不锈钢色谱柱

色谱柱的两端烧结不锈钢或聚四氟乙烯过滤片,以防止柱内填料流出。色谱柱的分离效能主要取决于固定相填料的性能和装柱技术。大多数实验室一般使用已填充好的商品柱,其评价报告应涵盖柱长、内径、填料的种类、粒度、色谱柱的柱效、不对称度和柱压降等基本参数。常用的装柱技术为匀浆法,即先将填料配成悬浮液,在高压泵的作用下快速将其压入装有洗脱液的色谱柱内,经冲洗后备用。色谱柱在装填料之前是没有方向的,但在填充好固定相后柱子是有方向的。通常在柱管外用箭头标出流动相方向,保证流动相方向与柱子的填充方向一致。高效液相色谱发展的一个重要趋势是减小填料颗粒直径以提高柱效,这样就可以使用更短的色谱柱,加快分析速度;另外减小柱内径(小于1 mm),可以降低溶剂用量,提高检测灵敏度。

（4）检测系统

检测系统也是高效液相仪的关键部件,其作用是将流动相被分离各组分的量转变为电信号。具有灵敏度高、响应快、重现性好、噪音低(即对温度、流量等外界变化不敏感)、线性范围宽、死体积小等特点。应用最广泛的是紫外检测器和示差折光检测器。

①紫外检测器。紫外检测器是高效液相色谱仪中应用最广泛的一种检测器,灵敏度较高,通用性也较好,分为固定波长和可变波长两类。固定波长紫外检测器常采用汞灯作光源,辐射出 254 nm 或 280 nm 的紫外光;可变波长紫外检测器的光源是氘灯和钨灯,辐射波长范围在 190~750 nm 的连续光谱。其工作原理是基于被分离组分对特定波长的紫外光(或可见光)具有选择性吸收,吸光度与被分离组分的含量之间遵循朗伯-比尔吸收定律。

②示差折光检测器。示差折光检测器是一种通用型检测器,只要被分离组分的折光率与流动相不同就能检测。但是灵敏度不高,对温度变化敏感,也不能用于梯度洗脱。

（5）数据处理系统

早期的高效液相色谱仪是用记录仪记录检测信号,再手工测量计算,使用积分仪计算并打印出峰高、峰面积和保留时间等参数。20 世纪 80 年代后,计算机技术广泛应用,通过计算机可以完成数据采集和分析处理、设置分析对数和实时控制仪器、对色谱系统进行优化,并可以联网专家系统,使数据处理更加快速、简便、准确、精密和自动化。

☐ **案例导入：**

高效液相色谱法的特点

高压:由于柱阻较大,必须对流动相施以高压,压力可达 15~40 MPa。

高速:通常分析一个样品约需 15~30 min,有些样品甚至在 5 min 内即可完成,较经典色谱法快数百倍。

高效:采用极细微粒的高效固定相填充技术,使分离效率显著提高;并可通过选择流动相性质达到最佳分离效果。

高灵敏度:高灵敏度检测器的广泛采用,使分析灵敏度可达到皮克数量级(10^{-12} g)。

但是,由于仪器设备昂贵,固定相填料和流动相价格高,因此该法的普及受到一定限制。

6.3.2 学习高效液相色谱法原理

高效液相色谱法与气相色谱法在基本理论方面基本相同,定量分析方法完全相同。最大的差异在于流动相的状态不同。高效液相色谱法以液体作流动相,而气相色谱法以惰性气体为流动相。按固定相分离原理不同,高效液相色谱法可分为液-固吸附色谱法、液-液分配色谱法、离子交换色谱法和凝胶色谱分析法等。

1）液-固吸附色谱法

（1）分离原理

以固体吸附剂为固定相,根据固定相对混合物中各组分吸附能力的差异进行分离。分离过程是一个吸附—解吸的平衡过程:当流动相携带混合物流经固定相时,由于混合物中各组分在流动相和吸附剂两相之间的吸附能力不同,在吸附剂活性表面发生吸附竞争。分配系数大的组分滞留在吸附剂中的时间长,呈现出高保留值;反之,分配系数小的组分滞留在吸附剂中的时间短,呈现出低保留值,从而实现了混合物中各组分的分离。

(2)固定相

液固吸附色谱用的固定相是一些吸附活性强弱不等的吸附剂,可分为极性和非极性两大类。极性固定相主要有硅胶、氧化镁和硅酸镁分子筛等。非极性固定相主要用高强度多孔微粒活性炭、多孔石墨化炭黑、高交联度苯乙烯-二乙类烯基苯共聚物的单分解多孔微球和碳多孔小球等。其中应用最广泛的是硅胶和氧化铝。表6.12列出常用极性固定相的物理性质。

(3)流动相

在吸附色谱中,流动相常被称作洗脱剂。在高效液相色谱法中,除了固定相,流动相对改善分离效果也发挥着重要的辅助作用。选择流动相时要依据样品的性质,基本原则是:极性大的样品用极性强的流动相,极性小的样品用极性弱的流动相。实际工作中,通常选择二元混合溶剂作为流动相,一般是由一种极性强和一种极性弱的溶剂按一定比例混合而成。由于混合溶剂容易分层,因此在使用时要充分连续地流过色谱柱,直到进入与流出的流动相组成相同。

表6.12 常用极性固定相的物理性质

类 型		商品名称	形 状	粒度/μm	比表面积/$(m^2 \cdot g^{-1})$	平均孔径/nm
硅 胶	全多孔型	YQG	球 形	5~10	300	30
		Chromegasorb	无定形	5,10	500	60
	表面多孔型	YBK	球 形	25~37~10	14~7~2	—
		Zipax	球 形	37~44	1	80
氧化铝	全多孔型	Lichrosorb ALOXT	无定形	5,10,30	70	15
		Bio-rab AG	球 形	74	200	—

小贴士

选择流动相时应符合的要求

◇ 廉价、易购。

◇ 化学性质稳定,与固定相和被测组分不发生化学反应。

◇ 溶剂纯度要求高,至少使用分析纯试剂,最好使用色谱纯。

◇ 与检测器相匹配。若使用紫外检测器就不能选用对检测波长有吸收的溶剂;若使用示差折光检测器就不能选用梯度洗脱,而且要选择与样品中组分折射率差异大的溶剂,以提高灵敏度。

◇ 对样品有良好的溶解能力。

◇ 黏度低,流动性好,沸点低,毒性小。

（4）应用

液-固吸附色谱法适用于分离相对分子量在 200~1 000 的脂溶性组分,如甾醇类、类脂化合物、磷脂类化合物、脂肪酸等有机物,对具有不同官能团的化合物和异构体有较高的选择性,但由于非线性等温吸附常引起峰的拖尾现象。

2）**液-液分配色谱分析法**

（1）分离原理

在液-液分配色谱分析法中,一个液相为流动相,一个液相为固定液,涂敷于载体(或担体)表面形成固定相。流动相与固定液互不相溶,两者之间有一个分界面。分离原理是根据被分离的组分在流动相和固定相中溶解度不同而分离。分离过程是一个溶解—挥发的平衡过程:当流动相携带混合物流经固定相时,由于混合物中各组分在流动相与固定液之间的相对溶解度存在差异,在固定液中溶解度大的组分滞留在固定相中的时间长,呈现高保留值;在固定液中溶解度小的组分滞留在固定相中的时间短,呈现低保留值,从而实现了混合物中各组分的分离。

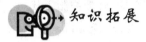 知识拓展

液-液分配色谱的类型

根据固定相和流动相的极性不同,分配色谱法可分为正相色谱法和反相色谱法。

● 正相分配色谱法,即固定相的极性大于流动相的极性。固定相载体上涂敷的是极性固定液,流动相是非极性溶剂。它可用来分离极性较强的水溶性样品,组分中的非极性组分先洗脱出来,极性组分后洗脱出来。

● 反相分配色谱法,即固定相的极性小于流动相的极性。固定相载体上涂敷的是极性较弱或非极性固定液,而流动相是极性较强的溶剂。它可用来分离油溶性样品,其洗脱顺序正好与正相色谱相反,即极性组分先洗脱出来,非极性组分后洗脱出来。

（2）固定相

固定相由两部分组成:一部分是惰性载体(也叫担体),主要是一些固体吸附剂,如全多孔球形或无定形微粒硅胶、全多孔氧化铝等;另一部分是涂敷在惰性载体上的固定液。固定液的选择符合相似相溶原则,即极性样品选择极性固定液,非极性样品选择非极性固定液。常用的固定液有强极性的 β,β'-氧二丙腈,中等极性的聚乙二醇和非极性的角鲨烷等。此类固定液虽然分离重现性好,但最大的缺点是固定液易被流动相洗脱而导致柱效能下降,目前已被化学键合相色谱所代替。

（3）流动相

在正相分配色谱中,使用的流动相主体为己烷、庚烷,可加入 <20% 的极性改性剂,如1-氯丁烷、异丙醚等。在反相分配色谱中,使用的流动相主体为水,可加入一定量的改性剂,如二甲基亚砜、乙醇、乙腈等。

3）**键合相色谱分析法**

采用化学键合固定相的液相色谱为化学键合相色谱。由于键合固定相非常稳定,在使用中不易流失,而且可以将各种极性的官能团键合到载体表面,适用于各种样品的分离分

析。根据键合固定相与流动相相对极性的强弱,把键合固定相的极性大于流动相的键合相色谱称为正相色谱,适用于分离油溶性或水溶性的极性或强极性化合物;把键合固定相的极性小于流动相的键合相色谱称为反相色谱,适用于分离非极性、极性或离子型化合物,其应用范围比正相键合相色谱广泛许多。据统计,在高效液相色谱法中,约 70% ~80% 的分析任务是由反相键合相色谱分析法来完成的,占据非常显赫的地位。

(1)分离原理

正相色谱的分离原理与液-液分配色谱相同。反相色谱的分离原理可用疏松溶剂作用理论来解释。这种理论认为:键合在硅胶表面的非极性或弱极性基团具有较强的疏水特性,当用极性溶剂为流动相来分离含有极性官能团的有机化合物时,一方面,分子中的非极性部分与疏水基团产生缔合作用,使它保留在固定相中;另一方面,被分离物的极性部分受到极性流动相的作用,促使它离开固定相,并减小其保留作用。由于不同溶质分子对键合固定相具有不同的缔合和解缔能力,使其流出色谱柱的速度不同,从而获得了分离。

(2)固定相

由于硅胶具有机械强度好、表面硅羟基反应活性高、表面积和孔结构易于控制等优点,全多孔型或表面多孔型微粒硅胶被广泛作为基体与各种官能团生成键合固定相。

(3)流动相

正相键合相色谱采用和正相液-液分配色谱相似的流动相。为改善分离效果,常加入的优选溶剂为:质子接受体乙醚;质子给予体氯仿;偶极溶剂二氯甲烷等。反相键合相色谱采用和反相液-液分配色谱相似的流动相。为改善分离效果,常加入的优选溶剂为:质子接受体甲醇;质子给予体乙腈;偶极溶剂四氢呋喃;等等。

4)离子交换色谱法

离子交换色谱的固定相是离子交换树脂,其分离原理是树脂上可解离离子与流动相中电荷符号相同的离子及被测组分离子进行可逆交换,根据各离子与离子交换剂具有不同的亲和力而将它们分离。缓冲液常用作离子交换色谱的流动相。被分离组分在离子交换柱中的保留时间除与组分离子和树脂上的离子交换基团作用强弱有关外,还受流动相的 pH 值和离子强度影响。流动相的 pH 值可改变化合物的解离程度,从而影响其与固定相的作用。随着流动相中盐浓度增大,则离子强度提高,不利于样品的解离,导致样品较快流出。离子交换色谱法主要用于分析有机酸、氨基酸、多肽及核酸。

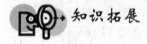 知识拓展

离子色谱法

离子色谱法是在离子交换色谱法的基础上发展起来的液相色谱法,利用离子交换剂为固定相,电解质为流动相。通常以电导检测器为检测器,利用抑制柱除去流动相中的高浓度电解质,以抑制背景电导。离子色谱的分离方式仍是基于离子交换的分离机理。如对于阴离子分析,试样通过分离柱(内装特制的低容量阴离子交换树脂)时,流动相(碱性溶液)中待测阴离子(Br^- 为例)与树脂上的 OH^- 离子交换,洗脱反应则为交换反应的逆过程。而抑制柱中填充高交换容量的阳离子交换树脂(氢型),当淋洗液经过时,溶液中的 OH^- 与树

脂上的 H^+ 发生反应生成水,淋洗液中待测离子的电导突出出来,可以采用电导检测器方便、灵敏地检测。但随着抑制反应的不断进行,抑制柱中树脂由氢(或碱)型逐渐转变为相应的盐型,抑制柱中树脂将被完全作用而失去抑制效果,在分离过程中,组分的保留时间发生变化,影响重现性,因此抑制柱需要不断再生。长期以来离子型化合物的阴离子分析缺乏快速灵敏的分析方法,离子色谱法是目前唯一快速、灵敏和准确的多组分分析方法,因而得到广泛重视和迅速发展。

5)空间排阻色谱分析法(凝胶色谱分析法)

空间排阻色谱法以凝胶为固定相。凝胶为具有一定孔径的多孔性填料,当溶解于流动相中的试样组分随流动相进入色谱柱后,小分子量的化合物可以进入孔中,滞留时间长;大分子量的化合物不能进入孔中,直接随流动相流出。利用凝胶类似分子筛的作用,对分子量大小不同的各组分排阻能力的差异而完成分离。

空间排阻色谱法常用于分离相对分子质量大的化合物(约为 2 000 以上),如多肽、蛋白质、核酸等。由于方法本身所限制,只能分离相对分子质量差别在10%以上的分子。

□ **案例导入:**

谨慎饮用含有咖啡因成分的饮料

一名 14 岁的美国女孩 24 h 内饮用两罐容量大约为 680 mL 名为"怪兽"的功能饮料而出现心脏骤停状况,6 天后不治身亡。据调查,"怪兽"功能饮料中咖啡因含量为 240 mg/罐,两罐饮料相当于 14 听 340 mL"可口可乐"饮料中的咖啡因含量。

咖啡因是一种黄嘌呤生物碱化合物,是一种中枢神经兴奋剂。在北美,90% 成年人每天都使用咖啡因。很多咖啡因的自然来源也含有多种其他的黄嘌呤生物碱,包括强心剂茶碱和可可碱以及其他物质例如单宁酸。专家建议成年人每天饮用的剂量不要高于 300 mg,青少年的安全剂量则更低。少年儿童身体正处于发育期,过量饮用会超过其身体消化系统和肾脏、肝脏以及神经系统的承受能力。建议少年儿童应谨慎饮用含咖啡因的咖啡、茶及功能饮料等。

6.3.3 高效液相色谱仪的操作技术

步骤一 获取工作任务

典型工作任务:高效液相色谱法测定可口可乐中咖啡因的含量。

实验方法

一、实验原理

咖啡因又称咖啡碱,属黄嘌呤衍生物,化学名称 1,3,7-三甲基黄嘌呤,是由茶叶或咖啡中提取出的一种生物碱。它能兴奋大脑皮层,使人精神兴奋。咖啡中含咖啡因约 1.2% ~ 1.8%,茶叶中约为 2.0% ~4.7%。可乐饮料中也含有咖啡因。

本实验利用反相分配色谱法,用非极性填料 ODS-C18 为固定相,用极性较强的甲醇水溶液为流动相,将饮料中的咖啡因与其他组分(如单宁酸、蔗糖等)分离后,利用标准样品的保留时间进行定性,以峰面积对浓度绘制的工作曲线进行定量。

二、仪器和试剂

1. 仪器

高效液相色谱仪,配紫外检测器(254 nm);色谱柱 ODS-C18 柱(5 μm × 250 mm × 4 mm);超声波清洗器;微量注射器(25 μL)。

2. 试剂

①咖啡因(分析纯)。

②甲醇(色谱纯)。

③水(超纯水)。

④盐酸。

⑤pH 试纸。

⑥咖啡因标准储备液(1 000 mg/L):将咖啡因在110 ℃下烘干1 h,准确称取0.100 0 g 咖啡因,用甲醇溶解后转移至100 mL 容量瓶中,用甲醇定容至刻度线。

⑦流动相:甲醇:水 =1:1,用盐酸调 pH 至3.5,使用前用超声波振荡脱气10 min。

3. 样品

可口可乐。

三、操作步骤

1. 标准系列溶液配制

分别吸取0.40,0.60,0.80,1.00,1.20,1.40 mL 咖啡因标准储备液于6 个 10 mL 容量瓶中,用甲醇定容至刻度,浓度分别为40,60,80,100,120,140 mg/L。充分摇匀,在注入色谱仪前脱气5 min。

2. 样品处理

将约100 mL 可乐置于250 mL 洁净、干燥烧杯中,超声脱气5 min,赶尽其中的空气及 CO_2。将脱气后的可乐通过0.45 μm 的滤膜过滤后,转移至100 mL 容量瓶中备用。

3. 色谱分析条件

色谱柱:ODS-C18 柱(5 μm ×250 mm ×4 mm);柱温:30 ℃;流动相:甲醇:水 =1:1;流速1 mL/min;检测器:紫外检测器(波长254 nm);进样量:20 μL。

4. 标准曲线测绘

待基线平直后,依次将咖啡因标准系列溶液进样20 μL,重复3 次,要求3 次所得的咖啡因色谱峰面积基本一致,否则继续进样,记录咖啡因的保留时间及各浓度下的峰面积。咖啡因的保留时间取多次测定的平均值。

5. 样品测定

分别取制备好的可乐样品20 μL 进样,各重复测量3 次,根据保留时间确定样品中咖啡因色谱峰的位置,记下咖啡因色谱峰面积。

四、结果处理

①根据咖啡因标准系列溶液的色谱图,以浓度(mg/L)为横坐标,以峰面积为纵坐标,

绘出咖啡因峰面积与其浓度的标准曲线。

②根据可乐中咖啡因色谱峰的峰面积,由标准曲线查得可乐中咖啡因的含量(mg/L)。

步骤二 制订工作计划

通过对工作任务进行分析,结合实验室现有设备、仪器情况,制订工作任务单,见表6.13。

表6.13 可乐中咖啡因含量的测定工作任务单
(结合自己学校的设备和开设的实验编写)

工作任务	可乐中咖啡因含量的测定	工作时间	×××年××月××日
样品名称	可口可乐		
检验方法依据	高效液相色谱法测定可口可乐中咖啡因的含量		
检验方法原理	本实验利用反相分配色谱法,用非极性填料 ODS-C18 为固定相,用极性较强的甲醇水溶液为流动相,将饮料中的咖啡因与其他组分(如单宁酸、蔗糖等)分离后,利用标准样品的保留时间进行定性,以峰面积对浓度绘制的工作曲线进行定量		

准备工作		名称及型号	厂 家
	所需仪器及设备	Waters600E-2487 高效液相色谱仪	美国 Waters 公司
		XB224 电子天平	上海精科实验有限公司
		SB-3200DT 型 超声波清洗器	宁波海曙赛福实验仪器厂
	所需试剂及级别	甲醇(色谱纯)、水(超纯水)、咖啡因和盐酸均为分析纯	

		名 称	规 格	数 量
	所需玻璃仪器	容量瓶	1 000 mL	1个
			100 mL	5个
			10 mL	10个
		烧 杯	200 mL	2个
		其他:玻璃棒、吸耳球、微量注射器(25 μL)、0.45 μm 滤膜		

工作流程	洗涤玻璃仪器→配制试剂及样品→上机测定→数据处理→撰写实验报告单
小组成员	
注意事项	①流动相滤过后,注意观察有无肉眼能看到的微粒等。如有,需重新滤过 ②流动相流速的增(减)应逐步进行,忌急升(降),以免损坏色谱柱及泵 ③安装柱时,请注意流向,接口处不要留有空隙 ④样品溶液需过滤后进样,注意样品溶剂的挥发性 ⑤测定完毕后,需用水冲柱 1 h,甲醇 30 min。如果第二天仍使用,可用水以低流速(0.1～0.3 mL/min)冲洗过夜(注意水要够量),无须用甲醇冲洗

步骤三　实施工作过程

洗涤玻璃仪器、配制试剂均参照项目 1 相关内容实施,下面以 Waters600E-2487 高效液相色谱仪(如图 6.37)为例介绍上机操作过程,具体实施工作流程见表 6.14。

图 6.37　Waters600E-2487 高效液相色谱仪

表 6.14　高效液相色谱法测定可乐中咖啡因含量的工作流程

步骤	操作流程		具体操作
1	测量前准备		配制标准系列溶液
2			制备样品试液
3			制备流动相　用 0.45 μm 滤膜过滤
4	开机前检查		检查仪器设备之间的电源线、数据线和输液管道是否连接正常
5	开　机		接通 UPS 电源,依次打开断电保护器、脱气机、泵、UV 检测器,待检测器自检结束显示测量状态时,打开打印机、电脑显示器、主机
6			打开软件系统,选择色谱系统"600-2487"
7	泵操作		转动手柄至"RUN"位置,更换流动相
8			排气泡
9	平衡系统		用制备好的流动相冲洗系统
10			待基线稳定后,依次设置色谱分析参数
11	装液进样	清洗、过滤	用测试溶液清洗注射器并排除气泡后抽取适量。测试样品时需用针头滤器过滤试样溶液后抽取
12		装　样	将进样阀手柄转动至"Load"位置,将注射器针完全插入进样阀入口中,平稳地注入测试溶液
13		进　样	让注射器留在进样阀上,将进样阀手柄快速转动至"Inject"位置,系统将自动运行,采集数据并记录图谱
14		保　持	让进样阀手柄保持在"Inject"位置,到下次进样前 1~2 min 切换回"Load"位置,将注射器从进样阀中拔出

续表

步骤	操作流程		具体操作
15		清洗	先用水再用测试溶液清洗注射器后,按以上程序继续进样,依次完成标准系列溶液和样品试液的测量
16	数据处理		按外标法进行定量分析(略)
17	关机		关闭所有窗口,退出软件系统,依次关闭电脑主机、显示器、打印机
18		清洗检测器	关闭检测器,继续以工作流动相冲洗 10 min 后,换水冲洗
19	清洗	清洗进样阀	使进样阀保持在"Inject"位置,慢慢将 10 mL 超纯水通过注射针导入口、引导管、注射针导入管和注射针密封圈,由样品溢出管排出
20		清洗柱	先用超纯水以 1 mL/min 冲洗 40 min 以上,再用甲醇或乙腈冲洗 20 min
21	关机		将流速降到 0,再依次关闭泵、脱气机、UPS,断开电源
22	填写使用记录		

小贴士

◇　各实验室的仪器不可能完全一样,操作时一定要参照仪器的操作规程。

◇　色谱柱的个体差异大,即使是同一厂家的同型号色谱柱,性能也会有差异,因此色谱条件应根据所用色谱柱的实际情况作适当的调整。

步骤四　控制操作技术要点

1)流动相比例的调整

我国食品检测相关标准中一般均会推荐高效液相色谱条件,如色谱柱类型(固定相性质、内径、柱长、液膜百度)、流动相组成及流速、检测器类型和进样量等,为开展分析检测提供参考。但在实际分析过程中,往往需要根据具体情况进行调整,如调整流动相的配比以使主峰的保留时间在 6 ~ 15 min。因此首次分析时,不宜配制过多流动相,以免造成浪费。

2)样品溶液的配制

样品处理时,常采用流动相作为试剂稀释样品。盛装样品时的容器不宜选用塑料容器,因为塑料容器常含有高沸点的增塑剂,可能释放到样品溶液中造成污染,而且还会吸留某些组分,引起分析误差。对某些组分特别是碱性组分会被玻璃容器表面吸附,影响其定量回收,因此必要时应将玻璃容器进行硅烷化处理。

3)记录时间

第一次测定时,应先将空白溶剂、标准溶液及供试品溶液各进一针,并尽量收集较长时间的图谱(如 30 min 以上),以便确定样品中被分析组分峰的位置、分离度、理论塔板数及是否还有杂质峰在较长时间内才洗脱出来,确定是否会影响主峰的测定。

4)进样量

根据标准要求进样,可选择微量注射器或六通阀进样,保证定量环容积(一般有 10,20,50 μL 等规格),因此应注意进样量是否一致。

步骤五 数据处理与结果判定

高效液相色谱法用于定量分析时,如用内标法应考虑内标物是否含有干扰供试品的杂质;如用外标法时,标准系列溶液各进样 3 次求平均值,供样液取两份,各进样两次求平均值(RSD≤1.5%)。根据要求测量并将测量数据记录在表 6.15 中,根据咖啡因标准系列溶液的色谱图,以浓度(mg/L)为横坐标,以峰面积为纵坐标,绘出咖啡因峰面积与其浓度的标准曲线。根据可乐中咖啡因色谱峰的峰面积,由标准曲线查得可乐中咖啡因的含量(mg/L)。

表 6.15 可乐中咖啡因测定的原始数据记录表

溶 液	编 号	测定次数	保留时间/min	峰面积/mA*s	峰面积平均值/mA*s	RSD
咖啡因标准系列溶液	标准1	1				
		2				
		3				
	标准2	1				
		2				
		3				
	标准3	1				
		2				
		3				
	标准4	1				
		2				
		3				
	标准5	1				
		2				
		3				
	标准6	1				
		2				
		3				
可口可乐	样品1	1				
		2				
	样品2	1				
		2				

□ **案例导入：**

高效液相色谱仪最常见的故障

高效液相色谱仪是一种易学难用的仪器,特别讲究正确使用和经验。操作者接触最多的是流动相,而流动相也是造成仪器各种故障的最主要源头。

一堵——流路不畅导致柱压异常升高。主要原因是:

①流动相里有杂质,杂质主要来源是细菌。配制或使用流动相时被细菌污染,细菌虽小却足以堵塞柱填料颗粒的空隙。

②操作不当。如更换型号不匹配的零件;样品试液处理不干净阻塞在进样阀与柱之间;使用手动六通阀时转动不到位等不当操作。

二漏——由内往外的漏液和由外往内的漏气。

①漏液的主要原因是硬件连接不当和仪器使用不当。

②漏气的主要原因是流动相脱气不彻底或过滤装置被污染。

注意日常维护和及时保养就可以杜绝或减少仪器故障的发生,延长仪器寿命,为我们更好地工作。

6.3.4 高效液相色谱仪的日常维护与保养

1)工作环境的要求

实验室温度在 10～30 ℃之间,相对湿度小于 80%。应与化学分析室隔开,最好安装空调保证恒温、恒湿,远离高电干扰、高振动设备。

2)日常维护与保养

(1)贮液器

①完全由色谱级试剂组成的流动相不必过滤,其他级别的溶剂在使用前都应用 0.45 μm 的滤膜过滤后才可使用,以保持贮液器的清洁。

②过滤器使用 3～6 个月后或出现阻塞现象时要及时更换新的,以保证仪器正常运行和溶剂的质量。

③用普通溶剂瓶作流动相贮液器时应注意更换,一般每月更换一次。专用贮液器也应定期用酸、水或溶剂清洗,最后一次清洗应选用色谱级的水或有机溶剂。

(2)高压输液系统

①使用色谱级或高级别的试剂作流动相,使用前必须经过过滤和脱气。

②使用前要放空排气,工作结束后从泵中洗去缓冲液,不让水或腐蚀性溶剂滞留泵中。

③定期更换垫圈,需要时加润滑油。

(3)进样器

①进样时使用的注射器针头是平头注射器,避免针头刺坏密封组件及定子。吸液时针头应没入样品试液中,但不能碰到样品瓶底。

②为延长阀的使用寿命,每次分析结束后都要反复冲洗进样口,防止缓冲盐和其他残留物留在进样系统中。

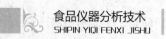

六通阀进样器的使用

六通阀进样器是高效液相色谱系统中最理想的进样器,最为通用的是美国 Rheodyne 公司制造的。

①手柄在 Load 和 Inject 之间转换时应迅速,不要停留在中途。若处于两者之间位置时,由于暂时堵住了流路,使流路中压力骤增。再转到进样位置时,过高的压力会损坏柱头。

②进样方式分为部分装液法和完全装液法两种。使用部分装液法进样时,进样量最多为定量环容积的 75%,并且要求每次进样体积准确、相同;使用完全装液法进样时,进样量最少为定量环容积的 3~5 倍,才能完全置换样品定量环内残留的溶液,保证进样量的准确。建议采用 100 μL 的平头进样针配合 20 μL 满环进样。

③样品试液均要用 0.45 μm 的滤膜过滤,防止微粒阻塞进样阀,减少对进样阀的磨损。

(4)色谱柱

①在任何情况下不能碰撞、弯曲或强烈振动色谱柱。

②避免使用高黏度的溶剂作为流动相。

③严格控制样品纯度和进样量。

④注意色谱柱的 pH 使用范围,一般控制在 pH2~8。硅胶柱 pH>8 时会发生硅胶溶脱,键合型柱 pH<2 时会发生键合相断裂。

⑤每次分析结束后都要用适当的溶剂清洗柱子。

⑥若长时间不用色谱柱,应将柱子取下用有机相(如甲醇)保存,切忌用纯水保存。

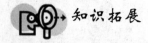

高效液相色谱法适合于分析高沸点不易挥发的、受热不稳定易分解的、分子量大的、极性不同的有机化合物、生物活性物质和多种天然高分子化合物,约占全部有机化合物的 80%,在食品领域用途相当广泛,如三聚氰胺、瘦肉精、塑化剂等有毒有害物质的分析,甜味剂、防腐剂、抗氧化剂等添加剂的分析,动物性食品中抗生素类、激素类兽药残留的分析。随着先进技术在高效液相色谱仪中的应用,一定会使高效液相色谱法优越的性能和特点发挥得更加淋漓尽致。

中国消费者所购买的罐装可口可乐中,到底含有多少咖啡因?

我国《食品标识标注规定》要求"饮料含有咖啡因、硫胺素、核黄素、烟酸、维生素 B_6、维生素 B_{12}、泛酸、葡萄糖醛酸内酯、纤维醇、牛磺酸中的一种或多种成分的,应当标注每天最多限量(罐、听、瓶或毫升)。国家标准 GB 2760 和 GB 14880 也已规定了上述食品添加剂(含咖啡因)或营养强化剂的使用量和使用范围,但却没有规定每日安全的食用量。1993年的中华人民共和国国家标准 GB 14758—1993《食品添加剂咖啡因》,从中了解到,咖啡因作为一种食品添加剂,其主要的用途是"增加风味"。1995 年的中华人民共和国行业标准 QB 2079—1995《食品添加剂天然咖啡因》介绍咖啡因"在食品工业中作为调味剂使用"。而 2007 年的中华人民共和国国家标准 GB 2760—2007《食品添加剂使用卫生标准》中对咖啡因的添加剂功能介绍为"其他"。

在可口可乐中,含有一种重要成分可乐果,而可乐果里就含有咖啡因。咖啡因属于中枢神经兴奋剂,对中枢神经系统有较强的兴奋作用,对大脑皮层具有选择性兴奋作用。小剂量的咖啡因能增强大脑皮层兴奋过程、改善思维活动、振奋精神、祛除瞌睡疲乏,使人动作敏捷、工作效率增加。而大剂量的咖啡因能直接使延脑呼吸中枢、血管运动中枢兴奋,使呼吸加快加深,血压升高。此外,还可能导致记忆力衰退,诱发失眠等。

在医药上,咖啡因也是一种重要的解热镇痛剂,是复方阿司匹林和氨非加的一种主要成分,有一定的利尿作用。但是,科学研究证明,使用兴奋剂会对人的身心健康产生许多直接的危害。比如,出现严重的性格变化、产生药物依赖性、导致细胞和器官功能异常、产生过敏反应,损害免疫力,对于肝炎或艾滋病患者,兴奋剂容易使其免疫力下降,引发各种感染。使用兴奋剂的危害,主要来自激素类和刺激类的药物,而咖啡因就恰恰属于刺激类药品。

尤其令人担心的是,许多有害作用在数年之后才表现出来。咖啡因是公认的中枢神经兴奋剂和致瘾物质,成人每天摄入 200 mg 咖啡因,就会导致咖啡因依赖,处于身体发育期间的儿童则更容易对咖啡因上瘾。对普通人而言,咖啡因停止起任何兴奋作用,需要 3 ~ 4 h;对孕妇来说,需要 9 ~ 11 h;咖啡因进入婴儿体内,需要 30 h 才能消除影响;而对肝脏有问题的人来说,咖啡因在体内完全失去作用的时间长达 3 d。邹磊说,咖啡因很容易让人上瘾,过量摄入咖啡因,肯定会使人体对其产生一种依赖。

虽然我国制订了《食品标识标注规定》等标准,但是还不够完善,而且也不是强制性的,因此执行起来相对比较困难。据了解,目前我国关于食品标签、标识规定的法规和标准就有三四个,如《产品标识标注规定》、GB 7718《预包装食品标签通则》和 GB 13432《预包装特殊膳食用食品标签通则》等,而且目前卫生部也正在组织制订《食品营养标签管理办法》。国外的做法很简单,在有关文件中给出咖啡因每日的最大食用量,并提示尤其对儿童、孕妇及哺乳妇女等最好不要超过这个数值,但并不要求在食品饮料标签上作任何标示。我国可以根据国际惯例,只在食品的包装上,标示每日最大食用量就可以了。但是,在我国,目前缺乏"每日安全食用量"的指引。

复习思考题 》》》

一、填空题

1.高效液相色谱仪一般是由(　　)、(　　)、(　　)和(　　)构成。

2.高压输液系统一般包括(　　)、(　　)、(　　)和(　　)。

3.高压输液泵按工作方式的不同可分为(　　)和(　　)两大类。

4.梯度洗脱装置依据溶液混合的方式可分为(　　)和(　　)。

5.高效液相色谱仪中,常用的进样器有(　　)和(　　)。

6.高效液相色谱仪的心脏部件是(　　)。

二、选择题

1. ( )在输送流动相时无脉冲。
    A. 气动放大泵   B. 单活塞往复泵
    C. 双活塞往复泵   D. 隔膜往复泵

2. 一般评价烷基键合相色谱柱时所用的流动相为( )。
    A. 甲醇-水(83/17)   B. 甲醇-水(57/43)
    C. 正庚烷-异丙醇(93/7)   D. 水-乙腈(98.5/1.5)

3. 下列检测器中,( )属于质量型检测器。
    A. UV-Vis   B. RI   C. FD   D. ELSD

4. LC 分析中通用型检测器是( )。
    A. 热导池检测器   B. 示差折光检测器
    C. 紫外检测器   D. 荧光检测器

5. 在 GC 和 LC 中,影响柱选择性的不同的因素是( )。
    A. 固定相的种类   B. 柱温   C. 流动相的种类   D. 分配比

6. 在液相色谱中,某组分的保留值大小实际反映了( )的分子间作用力。
    A. 组分与流动相   B. 组分与固定相
    C. 组分与流动相和固定相   D. 组分与组分

7. 用液相色谱法分离长链饱和烷烃的混合物,应采用( )。
    A. 紫外吸收检测器   B. 示差折光检测器
    C. 荧光检测器   D. 电化学检测器

8. 在液相色谱中,梯度洗脱最宜于分离( )。
    A. 几何异构体   B. 沸点相近,官能团相同的试样
    C. 沸点相差大的试样   D. 分配比变化范围宽的试样

9. 在液相色谱中,范氏方程中的( )对柱效能的影响可以忽略不计。
    A. 涡流扩散项   B. 分子扩散项
    C. 固定相传质阻力项   D. 流动相中的传质阻力

三、简答题

1. 简述六通阀进样器工作原理。
2. 简述高效液相色谱仪对检测器的要求。
3. 简述高效液相色谱仪的日常维护。
4. 为什么要对流动相脱气?常用的脱气方法有哪几种?

拓展训练   苹果汁中有机酸苹果酸和柠檬酸的分析

一、实训目的

①学习果汁样品的预处理和分析方法。
②掌握采用高效液相色谱法进行定性和定量分析的基本方法。

二、实训原理

在食品中,主要的有机酸是乙酸、乳酸、丁二酸、苹果酸、柠檬酸、酒石酸等。这些有机酸在水溶液中都有较大的离解度。有机酸在波长 210 nm 附近有较强的吸收。苹果汁中的有机酸主要是苹果酸和柠檬酸,可以用反相高效液相色谱、离子交换色谱、离子排斥色谱等方法分析。

本实验采用反相高效液相色谱法,在酸性流动相(pH 2~5)条件下,有机酸的离解得到抑制。利用分子状态的有机酸的疏水性,使其在 ODS 色谱柱中保留。不同有机酸的疏水性不同,疏水性大的有机酸在固定相中保留强,疏水性小的有机酸在固定相中保留弱,以此得到分离。

三、仪器与试剂

1. 仪器

高效液相色谱仪(配紫外检测器);色谱柱:PE Brownlee C18 反相键合相色谱柱(5 μm,4.6 mm i. d. × 150 mm);25 μL 平头微量注射器;超声波清洗器;流动相过滤器;无油真空泵。

2. 试剂

①苹果酸。

②柠檬酸。

③磷酸二氢铵(优级纯)。

④4 mmol/L 磷酸二氢铵溶液:称取优级纯磷酸二氢铵 0.460 0 mg 于一洁净 500 mL 烧杯中,用蒸馏水溶解,转入 1 000 mL 容量瓶并定容,使用前用 0.45 μm 水相滤膜减压过滤,脱气。

⑤苹果酸和柠檬酸标准溶液:准确称取优级纯苹果酸和柠檬酸,用蒸馏水分别配制 1 000 mg/L 的浓溶液,使用时用蒸馏水或流动相稀释 5~10 倍。

⑥苹果酸和柠檬酸的混合标准溶液:用苹果酸和柠檬酸标准溶液配制成各含 100~200 mg/L 即可。

3. 样品

市售苹果汁,用 0.45 μm 水相滤膜减压过滤后,置于冰箱中冷藏保存。

四、操作步骤

①色谱分析条件。

流动相:4 mmol/L 磷酸二氢铵溶液,流速 1.0 mL/min;柱温:室温;紫外检测器:210 nm。

②待基线稳定后,分别进样苹果酸和柠檬酸标准溶液。

③苹果酸和柠檬酸标准溶液分别进样分析。与苹果酸和柠檬酸标准溶液色谱图比较可确定苹果酸和柠檬酸的色谱峰位置。如果分离不完全,可适当调整流动相浓度或流速。

④苹果酸和柠檬酸的混合标准溶液进样分析。

⑤设置定量分析程序。用苹果酸和柠檬酸的混合标准溶液分析结果建立定量分析表或计算较正因子。

五、数据处理

将数据记录在下表中,用外标法进行定量分析。

	保留时间/min	组 分	峰面积	测定值/$(mg \cdot L^{-1})$	校正因子
标 样		苹果酸			
标 样		柠檬酸			
混合标样		苹果酸			
		柠檬酸			
样 品		苹果酸			
		柠檬酸			

六、能力提升

①假设用50%的甲醇或乙醇作流动相,你认为有机酸的保留值是变大还是变小?分离效果会变好还是变坏?说明理由。

②如果用酒石酸作内标定量苹果酸和柠檬酸,对酒石酸有什么要求?写出该内标法的操作步骤和分析结果的计算方法。

拓展训练　食品中维生素 A 和维生素 E 含量的测定

一、实训目的

①学习食品中维生素 A 和维生素 E 含量的测定办法。
②了解维生素 A 和维生素 E 的色谱分离条件。
③熟悉高效液相色谱仪的使用方法。

二、实验原理

样品中的维生素 A 及维生素 E 经皂化提取处理后,将其从不可皂化部分提取至有机溶剂中。用高效液相色谱法 C18 反相柱将维生素 A 和维生素 E 分离,经紫外线检测器检测,并用内标签法定量测定。

三、仪器与试剂

1.仪器

高效液相色谱仪;紫外吸收检测器;旋转蒸发器;高速离心机(配备与高速离心机配套的带有塑料盖的 0.5 ~ 3.0 mL 塑料离心管);恒温水浴锅。

2.试剂

①无水乙醚(不含过氧化物)。

过氧化物检查方法:用 5 mL 乙醚加 1 mL10% 碘化钾溶液,振摇 1 min,如有过氧化物,则放出游离碘,水层呈黄色;或加 4 滴 0.5% 淀粉液,水层呈蓝色。该乙醚需处理后使用。

去除过氧化物的方法:重蒸乙醚时,瓶中纯铁丝或铁沫少许,弃去 10% 初馏液和 10%

残留液。

②无水乙醇。不得含有醛类物质。

醛类物质检测方法:取2 mL银氨溶液于试管中,加入少量乙醇,摇匀,再加入10%的氢氧化钠溶液,加热,放置冷却后,若发生银镜反应则表示乙醇中有醛。

脱醛方法:取2 g硝酸银溶于少量水中,取4 g氢氧化钠溶于温乙醇中,将两者倾入1 L乙醇中,振摇后,放置暗处两天(不时摇动,促进反应),经过滤,置于蒸馏瓶中蒸馏,弃去初蒸出的50 mL。当乙醇中含醛较多时,硝酸银用量适加。

③无水硫酸钠。

④甲醇(优级纯)。

⑤重蒸水。水中加入少量高锰酸钾,临用前蒸馏。

⑥10%抗坏血酸溶液。临用前配置。

⑦1:1氢氧化钾溶液。

⑧10%氢氧化钠溶液。

⑨5%硝酸银溶液。

⑩银氨溶液。加氨水至5%硝酸银溶液中,直至生成的沉淀重新溶解为止,再加10%氢氧化钠溶液数滴,如发生沉淀,再加氨水直至溶解。

⑪维生素A标准溶液。视黄醇(85%)或视黄醇乙酸酯(90%)经皂化处理后使用。用脱醛乙醇溶解维生素A标准品,使其1 mL溶液中大约含有1 mg视黄醇。临用前用紫外分光光度法标定其准确质量分数。

⑫维生素E标准液。α-生育酚(95%),r-生育酚(95%),δ生育酚(95%)。用脱醛乙醇溶解以上3种维生素E标准品,使其1 mL溶液中大约含有相当于1 mg的α-生育酚,r-生育酚,δ生育酚。临用前用紫外分光光度法分别标定3种维生素E的准确质量分数。

⑬内标溶液。称取苯并[e]芘(98%),用脱醛乙醇配制成每1 mL溶液中约含有10 μg苯并[e]芘的内标溶液。

四、操作步骤

1. 样品处理

①皂化。称取1~10 g样品(含维生素A约3 μg,维生素E各异沟体约40 μg)于皂化瓶中,加30 mL无水乙醇,搅拌,直到颗粒物分散均匀为止。加5 mL 10%抗坏血酸,2.0 mL苯并[e]芘标准溶液,混匀。加10 mL(1:1)氢氧化钾,混匀。于沸水浴中回流30 min,使之皂化完全。皂化后立即放入冰水中冷却。

②提取。将皂化后的样品移入分液漏斗中,用50 mL水分2~3次洗皂化瓶,洗液并入分液漏斗中,用100 mL乙醚分两次洗皂化瓶及其残渣,乙醚液并入分液漏斗中。如有残渣,可将此液通过铺有少许脱脂棉的漏斗滤入分液漏斗中。轻轻振摇分液漏斗两分钟,静置分层,弃去水层。

③洗涤。用约50 mL水洗分液漏斗中的乙醚层,用pH试纸试验直至水层不显碱性(最初水洗轻摇,逐次振摇强度可增加)。

④浓缩。将乙醚提取液经过无水硫酸钠(约5 g)滤入与旋转蒸发器配套的250~300 mL球形蒸发瓶内,用约10 mL的乙醚冲洗分液漏斗及无水硫酸钠3次,并入蒸发瓶内,并将其接至旋转蒸发器上,于55 ℃水浴中减压蒸馏并回收乙醚,待瓶中剩约2 mL乙醚时,取

下蒸发瓶,用氮气吹掉乙醚,立即加入 2.00 mL 的乙醇,充分混匀,溶解提取物。

⑤将乙醇液移入一小塑料离心管中,离心 5 min(5 000 r/min),上清液供色谱分析用。如果样品中维生素含量过少,可用氮气将乙醇液吹干后,再用乙醇重新定容,并记下体积比。

2. 标准曲线的制备

①维生素 A 和维生素 E 标准浓度标定方法。取维生素 A 和维生素 E 标准溶液若干微升,分别稀释至 3.00 mL 乙醇中,并分别按给定波长测定各种维生素的吸光值,用比吸光系数计算出该维生素的浓度。按下式计算浓度。

$$X = \frac{A}{E} \times \frac{1}{100} \times \frac{3.00}{s \times 10^{-3}}$$

式中 X——某维生素浓度,g/mL;

　　　A——某维生素平均紫外吸光值;

　　　S——式中加入的标准量,μL;

　　　E——某种维生素 1% 比吸光系数;

　　　$3.00/s \times 10^{-3}$ 标准液稀释倍数。

②标准曲线的制备。本方法采用内标法定量。把一定量的维生素 A,r-生育酚,δ 生育酚、α-生育酚及内标苯并[e]芘液混合均匀。选择合适灵敏度,使上述物质的各高峰面积与内标物峰面积之比为纵坐标,维生素浓度为横坐标绘制,或计算直线回归方程。如有微处理机装置,则按仪器说明书用二点内标法进行定量。

3. 高效液相色谱分析参考条件

①预柱:Ultraspere ODS 10 μm,4 mm×4.5 cm。

②分析柱:Ultraspere ODS 5 μm,4.6 mm×25 cm。

③流动相:甲醇与水的体积之比为 98:2,混匀,临用前脱气。

④测定波长:300 nm,量程 0.02 nm。

⑤进样量:20 μL。

⑥流速:1.7 mL / min。

4. 样品分析

吸取样品浓缩液 20 μL,待绘出色谱图及色谱参数后,再进行定性和定量。

五、数据处理

$$X = \frac{\rho}{m} \times V \times \frac{100}{1\,000}$$

式中 X——某种维生素含量,mg/100 g;

　　　ρ——由标准曲线上查到某种维生素含量,μg/mL;

　　　v——样品浓缩定容体积,mL;

　　　m——样品质量,g。

用微机处理二点内标法进行计算时,按公式计算结果或由微机直接给出结果。

果汁饮料中人工合成色素的测定

一、实训目的

①了解人工合成色素的测定原理及方法。

②理解和熟悉高效液相色谱仪的工作原理及操作要点。

③掌握高效液相色谱技术测定人工合成色素的方法。

二、实验原理

食品中人工合成色素用聚酰胺吸附法或用液-液分配法提取,制成水溶液,注入高效液相色谱仪,经反相色谱分离,根据保留时间和峰面积进行定性和定量测定。

三、仪器与试剂

1. 仪器

高效液相色谱仪;紫外线检测器。

2. 试剂

①甲醇。分析纯,经滤膜(FH0.5 μm)过滤。

②0.02 mol/L 乙酸铵溶液。称取 1.54 g 乙酸铵,加水至 1 000 mL,溶解,经滤膜(HA 0.45 μm)过滤。

③氨水(2:98)的 0.0 mol/LCH3COONH4 溶液。取氨水(2:98)0.5 mL,加 0.02 mol/L 乙酸铵溶液至 1 000 mL。

④聚酰胺粉。过 200 目。

⑤甲醇-甲酸(6:4)溶液。量取甲醇 60 mL,甲酸 40 mL,混匀。

⑥200 g/L 柠檬酸溶液。称取 20 g 柠檬酸,加水至 100 mL,振摇溶解。

⑦乙醇-氨水-水(7:2:1)溶液。取无水乙醇 70 mL,氨水 20 mL,水 10 mL 混匀。

⑧三正辛胺-正丁醇溶液(5:95)。量取三正辛胺 5 mL,加正丁醇 95 mL,混匀。

⑨饱和硫酸钠溶液。

⑩20 g/L 硫酸钠溶液。

⑪正己烷。分析纯。

⑫pH =6 的水。在水中加入 200 g/L 柠檬酸调 pH 到 6。

⑬着色剂标准溶液。柠檬黄、日落黄、苋菜红、新红、赤藓红、亮蓝、靛蓝按其纯度折算为 100% 质量,配成 1.00 mg/mL 的 pH 为 6 的水溶液,临用时加 pH 为 6 的水稀释成 50.0 μg/mL 的溶液,经滤膜(HA0.45 μm)过滤。

四、操作步骤

1. 样品处理

称取 20.0~40.0 g 橘子汁,放入 100 mL 烧杯中。含二氧化碳的样品加热除去二氧化碳。

2. 色素提取

①聚酰胺吸附法。样品溶液加入 200 g/L 柠檬酸调 pH 到 6,加热至 60 ℃将 1 g 聚酰胺粉加少许水调成糊状,倒入样品溶液中,搅拌片刻,以 G3 垂融漏斗抽滤,用 60 ℃ pH 为 4

的水洗涤 3~5 次,然后用甲醇-甲酸混合液洗涤 3~5 次(含赤藓红的样品不能洗),再用水洗至中性,用乙醇-氨水-水混合液解吸 3~5 次,每次 5 mL,收集解吸液,加以酸中和,蒸发至近干,加水溶解,定容至 4 mL。经滤膜(HA0.45 μm)过滤,取 10 μL 进高效液相色谱仪。

②液-液分配法(适用于含赤藓红的样品)。将准备好的样品溶液放入分液漏斗中,加三正辛胺-正丁醇溶液(5:95)10~20 mL,振摇,提取,分取有机相,重复此操作。合并有机相,用饱和硫酸钠溶液洗两次,每次 10 mL,分取有机相,放入蒸发皿中,水浴加热浓缩至 10 mL。转移到分液漏斗中,加 60 mL 正己烷,混匀,加氨水(2:98)提取 2~3 次,每次 5 mL。合并氨水层(含水溶性酸性色素)。用正己烷洗两次,氨水层加乙酸调成中性,水浴加热蒸发至干,加水溶解,定容至 5 mL。经滤膜(HA0.45 μm)过滤,取 10 μL 进高效液相色谱仪。

3. 高效液相色谱条件

①色谱:YWG-C18,4.6 mm×250 mm,10 μm 不锈钢柱。

②流动相:甲醇(0.02 mol/L)醋酸胺溶液(pH=4)。

③梯度洗脱:甲醇 20%~35%,3 min;35%~98%,9 min;98% 继续 6 min。

④流速:1 mL/min。

⑤检测器:紫外检测器,波长 254 nm。

根据保留时间定性,根据外标峰面积法定量。

五、数据处理

$$X = \frac{m_1 \times 1\,000}{m \times \dfrac{V_2}{V_1} \times 1\,000}$$

式中　X——样品中着色剂的含量,g/kg;

m_1——进样体积中着色剂的质量,mg;

V_2——进样体积,mL;

V_1——样品稀释液体积,mL;

m——样品质量,g。

拓展训练　　家禽中的激素含量的测定

一、实训目的

①了解家禽中激素含量的测定原理。

②进一步掌握高效液相色谱仪的使用方法,熟悉紫外检测器的使用。

二、实验原理

激素主要用于提高动物的繁殖和加快生长发育速度,使用于动物的激素有性激素和皮质激素,而以性激素最常用,如孕酮、睾酮、雌二醇等。正常情况下,动物性食品中天然存在的性激素含量是很低的,因而不会干扰消费者的激素代谢和生理机能。但摄入性激素残留超标的动物性食品,可能会影响消费者的正常生理机能,并具有一定的致癌性,可能导致儿童早熟、儿童发育异常、儿童异性趋向等。

本实验中,样品中的激素经提取分离后,用高效液相色谱分离测定,以峰保留时间定性、峰高或峰面积与标准比较定量。本方法适用于动物性食品中雌三醇、雌二醇、雌酮、睾酮、孕酮等的测定。

三、仪器与试剂

1. 仪器

高效液相色谱仪;紫外检测器;离心机;旋转蒸发仪;K-D 浓缩器。

2. 试剂

①甲醇(优级纯)。

②丙酮。

③乙醚。

④二氯甲烷。

⑤乙酸钠。

⑥乙酸。

⑦无水硫酸钠。

⑧乙酸钠缓冲液:0.2 mol/L 的乙酸钠溶液与 0.2 mol/L 乙酸溶液逐渐混合至 pH5.2。

⑨内标储备液:称取安眠酮 0.100 0 g,用甲醇溶解并定容至 100 mL。此溶液每毫升含安眠酮 1.000 g。

⑩内标使用液:取内标储备液 2.0 mL,用甲醇稀释并定容至 100 mL。此溶液每毫升含安眠酮 20.00 μg。

⑪激素标准储备液:分别称取雌三醇、雌二醇、雌酮、睾酮、孕酮 0.100 0 g,用甲醇溶解并定容至 100 mL,每毫升含各种激素均为 1.00 0 mg。

⑫激素标准使用液:精密吸取一定量的激素标准品和内标储备液,用甲醇配置成每毫升含各种激素为 10.00 μg,安眠酮 2.00 μg 和每毫升各种激素 2.00 μg,安眠酮 2.00 μg 的两种标准使用液。

四、操作步骤

1. 样品处理

取可食部分,捣成匀浆取 50 g 左右,置于 250 mL 具塞三角瓶中。在上述样品中加入安眠酮 20.00 μg/mL 的内标储备液 1.0 mL,加甲醇-丙酮(1:1)混合溶液 150 mL,在振荡器上振摇提取 30 min。用快速滤纸过滤,残渣用少量甲醇-丙酮(1:1)混合液洗涤数次,洗液并入滤液中,于旋转蒸发仪或 K-D 浓缩器中,将溶剂蒸出,残渣用甲醇 20 mL 溶解,经盛有无水硫酸钠的漏斗滤入 250 mL 分液漏斗中,再用 10 mL 甲醇分数次洗涤漏斗及内容物,洗液并入滤液中。加 pH5.2 的乙酸钠缓冲液 80 mL 左右,混匀后用二氯甲烷 50 mL,30 mL,30 mL 振摇提取 3 次,合并提取液并用无水硫酸钠脱水,在水浴挥干溶剂,残渣用甲醇溶解并定容至 10.00 mL,混匀后,以 3 000 r/min 速度离心 5 min,取上清液供色谱分析用。

2. 高效液相色谱分析参考条件

色谱柱:HP-ODS,4.6 mm×200 mm;流动相:乙腈-甲醇-四氢呋喃-0.01 mol/L 乙酸钠溶液(超纯水配制) = 20:20:10:50;流速:1.0 mL/min;检测器测定波长:270 nm;进样体积:10 μL。

3. 样品测定

取供色谱测定的样品溶液 10 μL,注入液相色谱仪,以内标法定量。

五、数据处理

$$X = \frac{A_1 cV}{A_2 m}$$

式中　X——样品中激素的含量,μg/g;

　　　A_1——样品中激素的峰高与峰高之比;

　　　A_2——标准液中激素的峰高与安眠酮峰高之比;

　　　m——样品的质量,g;

　　　c——标准溶液中激素的质量与浓度,μg/mL;

　　　V——样品定容体积,mL。

六、能力提升

①什么是激素? 食品中激素有哪些种类?

②测定食品中激素的方法有哪些?

拓展训练　瘦肉精残留的检测

一、实训目标

①了解瘦肉精含量的测定原理。

②进一步掌握高效液相色谱仪的使用方法,熟悉紫外检测器的使用。

二、实验原理

盐酸克伦特罗(Clenbuterol)俗称"瘦肉精",是一种平喘药。这种化合物具有促进生长的作用,添加到饲料中喂食家畜可以提高酮体瘦肉率。但是盐酸克伦特罗对人体有害,可引发食物中毒,重者引发肌肉震颤、心动过速、神经过敏、头痛、肌肉痛等症状,也可能导致死亡。目前,国内外有关瘦肉精残留的检测方法有:高效液相色谱法(HPLC 法)、气相色谱-质谱联用法(GC/MS 法)、酶联免疫法(ELISA 法)。

本实验采用高效液相色谱法(HPLC),将固体试样剪碎,用高氯酸溶液匀浆。液体试样加入高氯酸溶液,进行超声加热提取,用异丙醇 + 乙酸乙酯(40 +60)萃取,有机相浓缩,经弱阳离子交换柱进行分离,用氨水 + 浓氨水(98 +2)溶液洗脱,洗脱液经浓缩,用流动相定容后在高效液相色谱仪上进行测定,外标法定量。

三、仪器与试剂

1. 仪器

高效液相色谱仪。

2. 试剂

盐酸克伦特罗标准溶液(250 mg/L):准确称取盐酸克伦特罗标准品用甲醇溶液溶解配成标准储备液,储藏于冰箱中。使用时用甲醇稀释成 0.5 mg/L 的克伦特罗标准使用液,进

一步用甲醇 + 水(45 + 55)适当稀释。

四、操作步骤

1. 提取

精确称取肌肉、肝脏或肾脏试样 10 g,用 0.1 mol/L 高氯酸溶液 20 mL 匀浆,置于磨口玻璃离心管中,然后置于超声波清洗器中超声 20 min,取出置于 80 ℃ 水浴中加热 30 min。取出冷却后离心(4 500 r/min)15 min。倾出上清液,沉淀用 0.1 mol/L 高氯酸溶液 5 mL 洗涤,再离心,将两次的上清液合并。用 1 mol/L 氢氧化钠溶液调 pH 至 9.5 ± 0.1,若有沉淀产生,再离心(4 500 r/min)10 min,将上清液转移至磨口离心玻璃管中,加入氯化钠 8 g,混匀,加入异丙醇 + 乙酸乙酯(40 + 60)25 mL,置于振荡器上振荡提取 20 min。提取完毕,放置 5 min(如有乳化层稍离心一下)。再重复萃取一次,合并有机相,于 60 ℃ 在旋转蒸发器上浓缩至近干。用 1 mol/L 磷酸二氢钠缓冲液(pH6.0)1 mL 充分溶解残留物,经针筒式微孔过滤膜,洗涤 3 次后完全转移至 5 mL 玻璃离心管中,并用 0.1 mol/L 磷酸二氢钠缓冲液(pH0.6)1 mL 充分溶解残留物,经针筒式微孔过滤膜过滤,洗涤 3 次后完全转移至 5 mL 玻璃离心管中,并用 0.1 mol/L 磷酸二氢钠缓冲液(pH6.0)定容至刻度。

2. 净化

依次用乙醇 10 mL、水 3 mL、0.1 mol/L 磷酸二氢钠缓冲液(pH6.0)3 mL、水 3 mL 冲洗弱阳离子交换柱,取适量提取液至弱阳离子交换柱上,弃去流出液,分别用水 4 mL 和乙醇 4 mL 冲洗柱子,弃去流出液,用乙醇 + 浓氨水(98 + 2)6 mL 冲洗柱子,收集流出液。将流出液在 N_2-蒸发器上浓缩至干。

3. 测定前准备

往净化、吹干的试样残渣中加入 100 ~ 500 μL 流动相,在涡旋式混合器上充分振摇,使残渣溶解,液体混浊时用 0.45 μm 的针筒式微孔过滤膜过滤,上清液待进行液相色谱测定。

4. 测定

(1)液相色谱测定参考条件

色谱柱:BDS 或 ODS 柱,250 mm × 4.6 mm,5 μm;流动相:甲醇 + 水(45 + 55);流速:1 mL/min;进样量:20 ~ 50 μL;柱箱温度:25 ℃;紫外检测器:244 nm。

(2)测定

分别吸取 20 ~ 50 μL 标准校正溶液及试样液注入液相色谱仪,以保留时间定性,用外标法单点或多点校准法定量。

五、数据处理

$$X = \frac{m' \times F}{m}$$

式中 X——试样中的克伦特罗含量,μg/kg;

m'——试样中色谱峰与标准色谱峰的峰面积比值对应的克伦特罗质量,ng;

F——试样稀释倍数;

m——试样的取样量,g。

任务6.4 平板色谱法

 **知识储备**

根据固定相形式不同,色谱分析法可分为柱色谱和平板色谱。薄层色谱和纸色谱是典型的两种平板色谱,两者有许多共性:

①固定相均为平板状,而非柱状。

②流动相均为液体,故又属于液相色谱,而纸色谱是典型的液固色谱。

③流动相移动时不需要使用动力源,仅依靠毛细作用就可以完成洗脱。此特性也是与其他色谱法不同的特征。

④操作流程大致相同,如图6.38所示。

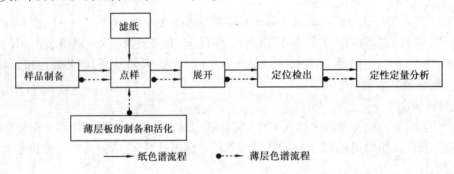

图6.38 薄层色谱与纸色谱操作流程图

□ **案例导入:**

什么是薄层色谱?

薄层色谱(Thin Layer Chromatography,简称 TLC)是一种基于混合物中组分在固定相和流动相两相之间具有不同的分配系数而导致各组分在固定相中滞留时间不同而将其分离的方法。TLC 属于液相色谱,根据固定相分离原理不同,可分为吸附薄层色谱、分配薄层色谱、离子交换薄层色谱和排阻薄层色谱等,常见的是吸附薄层色谱。

吸附薄层色谱是将固体吸附剂涂铺在载板上,形成均匀的薄层。将待测试液点加在薄层板下沿的位置,再将薄层板点样端向下放入盛有流动相的密闭展开缸中进行展开。由于吸附剂对不同组分有不同的吸附能力,流动相对不同组分有不同的溶解能力,因此在流动相携带混合物中各组分流经固定相的过程中,不同组分移动的速度不同。吸附力强的组分随流动相移动慢,吸附力弱的组分随流动相移动快。经过一定时间的洗脱,不同组分在薄层板上移动的距离就不相同。通过适当技术对组分斑点进行定位处理后,依据斑点位置、颜色、形状等信息进行定性和定量分析。

6.4.1 认识薄层色谱装置

薄层色谱法分析速度快、结果直观,而且不需昂贵的仪器设备。但该法操作步骤烦琐且不连续,使用装置规格各异(见图6.39),操作人员的技术水平对结果影响较大,难以实现自动化。这些缺点约束了该法在食品分析领域的广泛应用。但仍然有些检测项目采用薄层色谱法,如食品中黄曲霉毒素 B_1 测定(GB/T 5009.22—2003),第一法即为薄层色谱法。除此之外,食品中的合成色素、糖精钠等的测定也可采用此法。下面以吸附色谱为例,介绍几个重要的装置。

1)薄层板

薄层板的好坏是分离成功与否的关键,一块好的薄层板要求:

①吸附剂涂铺均匀。

②表面光滑。

③厚度一致。

图6.39 薄层色谱分析装置

根据制板方式不同可分为软板和硬板。软板是不含黏合剂的薄层板,制备简单,只需将活化好的吸附剂直接涂铺在平板状载体上,制成均匀的薄层即可使用。但软板操作起来不方便,因此很少使用。现在普遍使用湿法制备的薄层板。

(1)载体

载体是承载固定相的平板状物体,基本要求为:机械强度好、化学惰性好(与溶剂、显色剂均不发生化学反应)、耐一定温度、表面平整、厚度均匀、价格适宜。常用的载体是玻璃板,一般厚度为2 mm,且厚度均匀、边角垂直平滑,标准规格有20 cm × 20 cm、10 cm × 20 cm、5 cm × 20 cm 等。使用前需洗净、晾干。

(2)固定相(或吸附剂)

固定相的性质是决定被测组分能否从混合物中被分离出来的最重要因素。常用的固定相是固体吸附剂,有硅胶(略带酸性,适用于酸性和中性物质的分离,碱性物质与硅胶有相互作用,展开时易吸附于原点不动或得到拖尾的斑点,使分离效果不好)、氧化铝(呈碱性,适用于碱性和中性物质的分离),还有纤维素、硅藻土、聚酰胺等。一般要求固定相颗粒直径为 $10 \sim 40 \ \mu m$。

(3)黏合剂

图6.40 薄层硅胶板

在制备薄层板时,一般需在吸附剂中加入适量黏合剂,其目的是使吸附剂颗粒之间相互粘附并使吸附剂薄层紧密地附着在载体上。实验室自制薄层板时常用的黏合剂有煅石膏、羧甲基纤维素钠、淀粉等。一般常用 10% ~ 15% 煅石膏($CaSO_4 \cdot 2H_2O$,使用前在 140 ℃ 烘 4 h)或 0.5% ~ 0.7% 羧甲基纤维素钠水溶液与吸附剂混匀后,加适量水调成糊状,均匀涂布于玻璃板上。

2）涂布器

把调制好的吸附剂匀浆涂布在玻璃板上,涂成一层符合厚度要求的均匀薄层,一般厚度为 0.2~0.3 mm。若使用商品化薄层板则无需使用涂布器;若实验室自制薄层板时,常用的涂布方法有涂布器法和刮层平铺法。为保证薄层均匀、平整、无气泡、不易造成凹坑和龟裂,多采用涂布器法,包括手动涂布法和自动涂布法两种(见图6.41和图6.42)。

图6.41　手动涂布器　　　　　　　　　图6.42　自动涂布器

3）点样器

把待测试液滴加在薄层板上的过程叫做点样,是薄层色谱法分离和精确定量的关键步骤,一般占全部分析时间的1/3左右。在分析中,需要将不同种类的食品样品预处理成液态,一般选用易挥发的非极性或弱极性溶剂作为试剂。对定量分析而言,点样是造成误差的主要来源。既要保证点样量适宜、位置正确、点样原点大小符合要求,又要使点样仪器化、自动化,既快又准,获得好的重复性,就必须借助特殊的点样器来完成,如微量注射器、定量毛细管和自动点样仪(见图6.43)。

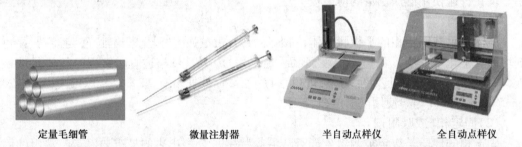

定量毛细管　　　　　微量注射器　　　　　半自动点样仪　　　　　全自动点样仪

图6.43　不同类型的点样器

4）展开室

流动相携带待测试液沿薄层板运动,以实现样品中混合组分分离的过程称为展开。展开的过程需要在密闭空间进行。常见的是玻璃制成的矩形展开缸,又称作层析缸(见图6.44)。层析缸底部应平整光滑,透明便于观察,上部具有盖子,以保证展开缸内密闭。

图6.44　矩形玻璃展开缸

☐ **案例导入**：

黄曲霉毒素污染粮油产品

据统计,每年世界上约有 2% 的粮食因储藏条件不当或存放时间过长,霉变而受到霉菌污染。其中,富含脂肪的粮食制品,如花生、花生油、玉米等,最容易受到黄曲霉毒素的污染。黄曲霉毒素是黄曲霉菌和寄生霉菌的代谢产物,毒性极强,是 KCN 的 10 倍,砒霜的 68 倍。在目前发现的 20 多种黄曲霉毒素中,黄曲霉毒素 B_1(以下简称 AFTB$_1$)毒性最强。

我国食品中 AFTB$_1$ 检测的国标(GB/T 5009.22—2003)第一法为薄层色谱法。

6.4.2 薄层色谱的操作技术

步骤一 获取工作任务

典型工作任务:检测超市零售五香花生米中是否含有 AFTB$_1$。

实验方法

一、实验原理

根据黄曲霉毒素 B_1 能在波长 365 nm 紫外光下产生蓝紫色荧光的特性,采取薄层色谱法,将样品经有机溶剂提取、浓缩、薄层分离后,利用其在薄层板上是否显示荧光及荧光强度进行定性定量分析。

二、仪器与试剂

1. 仪器

电动振荡器;玻璃板:5 cm×20 cm;薄层板涂布器;展开缸:25 cm×6 cm×4 cm;25 μL 微量注射器;紫外光灯:365 nm,220 V,125 W,启动电流 1.8 A;20 目样筛;电吹风机;电热恒温水浴;恒温干燥箱;离心机。

2. 试剂

①三氯甲烷。

②石油醚(沸程 30~60 ℃)。

③甲醇。

④无水乙醚。

⑤丙酮。

⑥硅胶 G(薄层色谱用)。

⑦无水硫酸钠。

⑧苯。

⑨乙腈。

⑩苯-乙腈(98+2)混合液 100 mL:量取 98 mL 苯,加 2 mL 乙腈,混匀。

⑪甲醇水溶液(55+45)100 mL:量取 55 mL 甲醇,加 45 mL 水,混匀。

⑫次氯酸钠溶液(消毒用):取 100 g 漂白粉,加入 500 mL 水,搅拌均匀。另将 80 g 工业用碳酸钠($Na_2CO_3 \cdot 10H_2O$)溶于 500 mL 温水中。将两液混合、搅拌、澄清后过滤。此液含次氯酸浓度为 25 g/L。污染的玻璃器皿用次氯酸钠溶液浸泡半天可达到消毒的效果。

3. 样品

超市购买散装五香花生米。

三、操作步骤

1. 样品处理

花生样品从大样经粗碎及连续多次用四分法缩减至 0.5 ~ 1 kg 后全部粉碎,并全部通过 20 目筛,混匀。

2. 提取

称取粉碎样品 20 g 移于滤纸筒内,筒内塞以少量脱脂棉,置于 250 mL 脂肪提取器内,在 75 ~ 85 ℃水浴上以石油醚提取脱油 8 h,然后将滤纸筒挥干。将脱油后的样品移于 250 mL 具塞三角烧瓶内,加正己烷 30 mL,甲醇水(55∶45)100 mL,加塞后加水少许,盖严防漏,振荡 30 min,静置片刻,以脱脂棉过滤于分液漏斗中,待分层,放出下层的甲醇水溶液 20 mL(相当于样品 4 g)于另一分漏斗中,加氯仿 20 mL,振摇 2 min,静止分层(加入氯仿振摇 2 min 如出现乳化现象,可滴加甲醇促使分层或用电吹风机吹热风促使分层)。另备一漏斗底部铺脱脂棉少许,再加无水硫酸钠 10 g,下接 60 mL 蒸发皿,漏斗中的无水硫酸钠先用氯仿湿润。将分层后的氯仿放入已备好的具有无水硫酸钠的漏斗中,过滤,再加 5 mL 氯仿于分液漏斗中,分层后一并滤于同一蒸发皿中,最后用少量氯仿洗涤滤器,洗液并入以上蒸发皿中。将蒸发皿放入通风橱内于 65 ℃水浴上通风挥干,然后放在水浴上冷却 2 ~ 3 min,准确加入苯乙腈 1 mL。用带橡皮头的滴管的尖端将残渣充分混合,若有结晶析出(苯),将蒸发皿从水浴上取下,继续溶解,混合,晶体消失,再用此管吸取上清液,转移于 2 mL 样液瓶中,若溶液不够澄清,应离心,或放置等候澄清,取上清液供薄层点板用。

3. 测定——单向展开法

(1)薄层板的制备

称取硅胶 G 约 3 g(或称取硅胶 85 g 与石膏粉 15 g,充分混合均匀后称取 3 g)加相当于硅胶 2 ~ 3 倍的水在玻璃乳钵中研磨 1 ~ 2 min,至成均匀的糊状后立即倒入涂布器内,推成 5×20 cm,厚约 0.25 mm 的薄层板 3 块。在空气中干燥 15 min 后,放入烘箱内 100 ℃活化 2 h 取出放入干燥器内保存,一般在干燥器内可保存 2 ~ 3 d,若放置时间较长,则应重新活化。

(2)点样

将薄层板边缘附着的吸附剂刮净,在距薄层板下端 3 cm 的基线上用微量注射器滴加样液。一块板可滴加 4 个点。点距边缘和点间距为 1 cm,点直径约 3 mm 以内为好。在同一板上滴加的点大小应一致,滴加样液时可用吹风机用冷风边吹边点。

滴加试样如下:

第一点:$AFTB_1$ 标准液(0.04 μg/mL)10 μL。

第二点:样液 20 μL。

第三点:样液 20 μL 加 $AFTB_1$ 标准液(0.04 μg/mL)10 μL。

第四点:样液 20 μL 加 $AFTB_1$ 标准液(0.2 μg/mL)10 μL。

（3）展开

在展开缸内加 10 mL 无水乙醚，预展 12 cm，取出挥发干。再于另一展开缸内加 10 mL 丙酮-三氯甲烷（8+92）混合溶液，展开 10~12 cm 取出，在紫外光（365 nm）下观察。

（4）观察

薄层板上第一点中 $AFTB_1$ 为 0.000 4 μg，用作检查最低检出量是否正常出现；如为阳性，则起定位作用。

薄层板上第三点为 $AFTB_1$ 标准点与样液中的 $AFTB_1$ 荧光点重叠：如样品为阴性，薄层板上的第三点 $AFTB_1$ 为 0.000 4 μg，与第一点相同；如样品为阳性，则 $AFTB_1$ 含量大于 0.000 4 μg，起定位作用。

薄层板上第四点中 $AFTB_1$ 为 0.002 μg，主要起定位作用。

薄层板上第二点若无蓝色荧光点，表示样品中 $AFTB_1$ 含量在 5 μg/kg 以下；如在相应位置上有蓝紫色荧光点，则需要确证试验。

（5）确证试验

为了证实薄层板上样液荧光系由 $AFTB_1$ 产生的，滴加三氟乙酸产生 $AFTB_1$ 的衍生物，展开后，这种衍生物的比移值，约在 0.1 左右。其方法是：

在薄层板左边依次滴加两个点：

第一点：样液 20 μL。

第二点：$AFTB_1$ 标准溶液（0.2 μg/mL）10 μL，以上两点各加三氟乙酸 1 小滴盖于样点上，反应 5 min 后，用吹风机吹热风 2 min，使热风吹到薄层板上的温度不高于 40 ℃，再于薄层板上滴加 2 个点。

第三点：样液 20 μL。

第四点：$AFTB_1$ 标准溶液（0.2 μg/mL）10 μL。

再展开同前，在紫外灯光下，观察样液是否产生与 $AFTB_1$ 相同的衍生物，未加三氟乙酸与 3、4 两点，可依次作为样液与标准的衍生物空白对照。

（6）稀释定量

样液中的 $AFTB_1$ 荧光点的荧光强度如与 $AFTB_1$ 标准点的最低检出量（0.000 4 μg）的荧光强度一致，则样品中的 $AFTB_1$ 定量即为 5 μg/kg，如样品中的荧光强度比最低检量强，则根据强度估计减少滴加微升数或将样液稀释后，再滴加不同的微升数，如 10 μL、15 μL，直至样液点的荧光强度与最低检出量点的荧光强度一致为止。

滴加试样如下：

第一点：AFT 标准液（0.04 μg/mL）

第二点　⎫

第三点　⎬　根据情况滴加样液

第四点　⎭

四、数据处理

$$AFTB_1(\mu g/kg) = 0.000\ 4 \times \frac{V_1 \times D}{V_2} \times \frac{1\ 000}{W_1}$$

式中　V_1——加入苯乙腈混合液的 mL 数，mL；

　　　　V_2——出现最低荧光时滴加样液的 mL 数，mL；

D_1——样液的总稀释倍数;

W_1——苯乙腈溶解时相当试样重量克数,g;

0.000 4——AFTB$_1$的最低检出量,μg。

如用单向展开法展开后,薄层板上由于杂质的干扰,掩盖了AFTB$_1$的荧光强度时,需采用双向展开法。薄层板先用无水乙醚作横向展开,把干扰的杂质推到样液点的旁边,而AFTB$_1$不动,然后再用丙酮氯仿混合液进行纵展,这样试样里在AFTB$_1$相应处的杂质的颜色将大量减少,因而就提高了方法的灵敏度,如用双向展开法中的滴加两点法展开后仍有杂质时则可改用滴加一点法,现将两种方法分别介绍于后面。

1. 滴加两点法

首先是滴样,取薄层板3块,在距下端3 cm基线上滴加AFTB$_1$标准溶液与样液,其具体做法是:在3块板距左边缘0.8 cm处各滴加AFTB$_1$标准溶液(0.04 μg/mL)10 mL,在距左边缘2.8 cm各滴加样液20 mL;然后在第二块板的样液点上加AFTB$_1$标准溶液(0.04 μg/mL)10 mL。在第三块板的样液点上加滴AFTB$_1$标准溶液(0.2 μg/mL)10 mL。第二步展开。先进行横展,在展开槽内的长边置一玻璃支架,加无水乙醚10 mL,将点好的板靠标准点的长边置于层析槽内展开,展至板端后继续展开1 min,取出挥干再进行纵展。挥干的薄层板以丙酮氯仿溶液(8 +92)展开至12 cm为止(丙酮、氯仿比例也可根据不同条件自行调节)。然后进行观察和评定结果。在紫外灯光下,观察第一、二板,若第二板的第二点在AFTB$_1$标准点的相应处出现最低检出量,而第一板在第二板的相同位置上未出现荧光点,则试样中AFTB$_1$含量在5 μg/kg以下。若第一板与第二板的相同位置上出现荧光点,则将第一板与第三板比较,看第三板上第二点与第一板上第二点的相同位置的荧光点是否与AFTB$_1$的标准重叠,如果重叠,再进行以下衍生物确证试验。在具体测定中第一、二、三板可以同时做,亦可按照顺序做,当第一板出现阴性时第三板可以省略。如第一板为阳性,第二板可省略,直接做第三板。

如果需要做确证试验,于第四、五两板距边缘0.8 cm处各滴加AFTB$_1$标准液(0.2 μg/mL)10 μL,再于其上滴加三氟乙酸1小滴,距左边缘2.8 cm处,第四板滴加样液20 μL,三氟乙酸1小滴,第五板滴加样液20 μL,AFT标准溶液(0.2 μg/mL)10 μL,三氟乙醋1小滴,产生衍生物的步骤同单相展开法。再用双向展开法,展开后,观察样液点是否产生与B$_1$标准点重叠的产物,观察时可将第一板作为样液的衍生物后的板。

如样液AFTB$_1$含量高时,则将样液稀释后,按单向展开法D项做确证试验。并按照单向展开法进行稀释定量,如含毒素低稀释倍数小,在定量的纵板上仍有干扰,并影响结果判断,可将板上需要判断的样液点再分别作双向展开观察,以确定含量,结果计算,同单向展开法。

2. 滴加一点法(多用于杂质干扰严重的样液)

①滴样:取薄层板3块,在距下缘3 cm的基线上滴加AFTB$_1$标准液与样液。做法是在3块板的左边缘0.8 cm处各滴加样液20 μL。第二板的点上滴加AFTB$_1$标准液(0.04 μg/mL)10 μL,在第三板的点上滴加AFTB$_1$标准溶液(0.2 μg/mL)10 μL。

②展开:同滴加两点中的横展和纵向展开。

③观察与评定结果:在紫外光灯下,观察一、二板,如第二板出现最低检出量的AFTB$_1$标准点,而第一板与其相同位置未出现荧光点,样品中AFTB$_1$含量在5 μg/kg以下,如第一板在与第二板AFTB$_1$标点相同位置出现荧光点,则应将第一板与第二板比较,看第三板上

与第一板相同位置的荧光点,是否与 AFTB$_1$ 标准点重叠,如果重叠,再进行确证试验。滴加以下二板,距左边缘 0.8 cm 处第四板滴加样液 20 μL,三氟乙酸 1 小滴,第五板滴加样液 20 μL,AFTB$_1$ 标准液(0.2 μg/mL)10 μL 及三氟醋酸 1 小滴,产生衍生物的步骤同单向展开法,再用双向展开法展开后,将以上两板在此外光灯下观察,以确定样液是否产生与 AFTB$_1$ 标准点重叠的衍生物,观察时可将第一板作为样液的衍生物空白板。经过以上确证试验定为阳性后,再进行稀释定量。如含 AFTB$_1$ 低不需稀释或稀释倍数小,杂质仍有严重干扰,可根据样液中 AFTB$_1$ 荧光的强弱,直接用双向展开法定量。或者与单向展开法结合使用,方法同上。

④其计算同单向展开法。

五、注意事项

①黄曲霉菌所产生的代谢产物,具有较强毒性,自然界中易被污染的有玉米、花生等,其中以 AFTB$_1$ 最多,B$_2$、G$_1$、G$_2$ 较少。故我们一般仅作 AFTB$_1$ 的测定。

在测定中 AFT 高的霉粒,一粒就可以左右测定结果,而有毒霉粒在整个检品中占比例是小的,而分布又不均匀,为避免采样带来的误差,取样量应尽量多一些(1 000 g),并将取样充分均合尽多的粉碎,使尽量取得相对可靠一些的结果,因而在取样时应注意:

a.根据规定检取有代表性样品。

b.对局部霉变样,应单独取样检验。

c.每份分析测定用样品,应将大样经粗碎后连续多次用四分法分样至 0.5~1 kg 再全部粉碎粮食样品,通过 20 目筛,花生不易过筛。但应磨到一定程度并充分混合均匀。

②据以上实验条件 AFTB$_1$ 的最低检出量是 0.000 4 μg,方法的灵敏度为 5 μg/kg,回收率约为 75% 以上。

③展开剂丙酮与氯仿比例可随比移值大小,与分离情况而调节,如果比移值太大,可减少丙酮体积,反之则增加。

④对杂质少含毒量又高的样品可不予展开,直接用丙酮氯仿溶液(8 +92)展开。

⑤在气候潮湿的条件下,薄层板的活性容易降低,影响检出量,因此在使用薄层板时,当日活化为好,滴加样液和标准液时,可将板放在盛有干燥剂(硅胶)的层析槽内进行。

⑥玉米、大米、小麦、面粉、花生等试样按方法提取后,用上述单向展开法测定,薯干用双向展开法测定。

⑦在具体测定条件下,有时用无水乙醚作薄层板的横展后,标准 B$_1$ 点仍有稍微移动,这并不影响测定结果。

⑧在 80~200 目硅胶中加热盐酸水溶液(1+4)浸没硅胶,搅拌 15 min 后,倾去上液,再用水洗至无氯离子为止,于 100 ℃ 干燥,磨碎,过 250 目筛,此种硅胶的性能较为满意。于空白样液点上滴加 AFTB$_1$ 最低检出量时,经展开后,能使 AFTB$_1$ 点与杂质分离,没有拖尾现象,而且在暗的条件下,其点形十几小时内不消失。

步骤二　制订工作计划

根据工作任务,对国家标准第一法略作修改,采用薄层色谱对五香花生米 AFTB$_1$ 进行初步的定性分析,制订工作任务单(见表6.16)。

表 6.16　五香花生米中 AFTB$_1$ 的定性分析工作任务单

工作任务	食品中 AFTB$_1$ 的定性分析	工作时间	××年×月×日
样品名称	五香花生米		
检验方法依据	GB/T 5009.22—2003		
检验方法原理	根据 AFTB$_1$ 能在波长 365 nm 紫外光下产生蓝紫色荧光的特性,采取薄层色谱法,将样品经有机溶剂提取、浓缩、薄层分离后,利用其在薄层上是否显示荧光进行初步定性分析。		

准备工作

所需仪器及设备

名称及型号	厂家
XFB-500 小型粉碎机	吉首市中诚制药机械厂
1-500 目分样筛一套	安平县天成金属丝网厂
V8 电动振荡器	广州科桥实验技术设备有限公司
RCE-9813 电吹风机	广州市世纪劲力电器有限公司
TD-Ⅱ薄层板涂布器	上海科哲生化科技有限公司
紫外光灯	南京华强电子有限公司
25 μL 微量进样器	上海佳安分析仪器厂
HHS-21-4 电热恒温水浴	杭州汇尔仪器设备有限公司
CK-720 电热恒温箱	广东宏展科技有限公司

所需试剂名称及级别：三氯甲烷;石油醚(沸程 30～60 ℃);甲醇;无水乙醚;丙酮;硅胶 G(薄层色谱用);无水硫酸钠;苯;乙腈

所需玻璃仪器

名　称	规　格	数　量
脂肪提取器	250 mL	1
具塞三角烧瓶	250 mL	1
蒸发皿	60 mL	2
分液漏斗	125 mL	3
移液管	1 mL	3
玻璃板	5 cm×20 cm	4
展开缸	25 cm×6 cm×4 cm	2
微量注射器	25 μL	1

其他:玻璃乳钵;胶头滴管;玻璃漏斗

工作流程	采样 —→ 试剂配制 —→ 样品处理 —→ 提取AFTB$_1$ ┐ └→ 制备薄层板 —→ 点样 观察 ←— 展开 ↓
小组成员	
注意事项	

步骤三　实施工作过程

洗涤玻璃仪器、配制试剂均按照项目1相关内容实施。重点介绍薄层板的制备、点样、展开等操作环节的实施过程(见表6.17)。

表6.17　薄层色谱操作关键环节

步骤	操作流程		具体操作方法
1	制备薄层板	准备玻璃板	选择光滑平整的玻璃清洗干净,不能挂水珠。自然风干或烘箱烘干冷却后备用
2		调制固定相匀浆	称取硅胶G3 g放在玻璃乳钵中,用量筒量取约10 mL蒸馏水,慢慢倒入乳钵中,边倒边研磨至均匀糊状。研磨时应顺一个方向、稍加用力研磨,待开始凝固时立即进入下一步骤。匀浆不宜过稠或过稀:过稠引起薄层板面出现层纹;过稀导致水蒸发后板面粗糙
3		制板	将5块玻璃板整齐地排列在托板上,将涂布器放在第一块玻璃板上,然后把调制好的固定相浆倒入涂布器槽中,沿一定方向轻轻匀速推动涂布器,即可涂板。固定相薄层厚度应为0.2~0.3 mm。涂布时速度要快,避免固定相过度凝固给涂布带来困难,推动涂布器时要保证匀速
4		干燥	将涂布好的薄层板水平放置在工作台面上,自然干燥至板面呈现白色即可。干燥的目的是使固定相薄层蒸发掉大部分水。实验室温度20 ℃左右,自然干燥大约20 min,避免过度通风导致板面出现裂纹
5		活化	将自然干燥好的薄层板置于电热恒温干燥箱中,100 ℃,2 h。活化的目的是除去固定相薄层里残余的水分而增加吸附剂的吸附能力
6		保存	活化好的薄层板应立即放入干燥器内,将干燥器盖子稍微推开,有助薄层板的冷却。制备好的薄层板一般在干燥器内可保存2~3 d,若放置时间较长,使用前应重新活化
7	点样	点样前检查	将薄层板在日光和紫外光下检查板面上有无损坏或污染,应符合薄层板的要求
8		点样方法	用微量注射器吸取溶液,采用点状点样。点样时要轻轻将管端靠近薄层板,不要戳破薄层,使液滴与薄层板相接触被吸收而落下。原点直径3 mm为合适,最大不超过5 mm。原点较小,展开后各组分斑点分离度好,颜色分明;原点较大,展开后斑点扩散大,导致无法定位
9		点样位置	在距薄层板下端3 cm的基线上用微量注射器点样,从左到右依次为第一点、第二点、第三点和第四点(见图6.45)。在空气中点样时最好不要超过10 min,时间过长会因吸附剂在空气中吸湿而降低活性
10		点样量	第一点10 μL;第二点20 μL;第三点30 μL;第四点30 μL。尽可能避免多次点样。如果一次点不完全部样品,可分多次点样。但必须待前一滴溶剂挥发完后再点第二滴,保证原点直径小。点样过多会造成原点超载,使斑点拖尾或重叠

续表

步骤	操作流程		具体操作方法
11	点样	挥干溶剂	点样后需将溶剂全部挥发。可借助吹风机吹冷风加快溶剂的挥发。不要用热风近距离吹薄层板,热风易破坏待测样品的性质,对性质较稳定的样品也可用热风较远距离干燥
12		预展	在展开缸内加 10 mL 无水乙醚,将点好样的薄层板点样端向下,盖好展开缸盖子,预展 12 cm,取出挥干无水乙醚。预展的目的是为了消除薄层板及样品中杂质组分的影响。预展后必须挥干展开剂
13	展开	展开	在另一展开缸内加 10 mL 丙酮-三氯甲烷(8 + 92)混合溶液,将预展好的薄层板点样端向下直立(或稍倾斜一个角度)置于展开缸中,采用线形上行展开方式见图 6.46。展开剂上行 10 ~ 12 cm 即取出薄层板,并用铅笔标示出展开前沿的位置。展开剂浸入薄层板下端的高度不超过 0.5 cm,点样处绝对不能接触展开剂。展开时保证展开缸密闭的目的,是让展开剂蒸气充满展开缸,并使薄层板吸附蒸气达到饱和。严格控制水蒸气,即使是微量的水蒸气对薄层的分离结果也会产生较大影响
14		挥干展开剂	将薄层板置于通风橱内自然挥干展开剂。因为丙酮和三氯甲烷都是有毒性的有机溶剂,所以应置于通风橱内

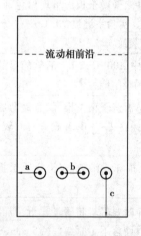

图 6.45 薄层色谱点样位置
a = 1 cm; b = 1 cm; c = 3 cm

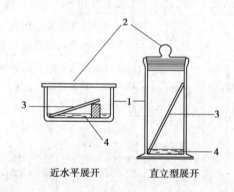

图 6.46 线形上行展开示意图
1—展开缸;2—展开缸盖;3—薄层板;4—展开剂

步骤四　控制操作技术要点

1)溶剂的选择

样品经预处理后需要用中等极性的溶剂稀释或溶解成一定浓度的待测试液再进行点样。溶剂的选择很重要。如果溶剂的溶解度过大,点样时待测试液就会在原点处环形展开,原点就变成空心环,对随后的展开造成不良影响。最常用的溶剂是甲醇、乙醇和丙酮。点样后、展开前,必须将溶剂全部挥干、除去。通常是用吹风机吹冷风速溶剂挥发,要避免较高温度热风近距离直吹而改变待测成分的性质。有机溶剂一般都有一定的毒性,因此挥干溶剂的操作最好在通风橱内进行。

2)展开剂的选择

在薄层色谱中,又常把流动相称为展开剂。展开剂的性质、组成对混合物的分离效果影响很大。选择展开剂时,要遵循以下原则:

(1)相似相容原则

根据待测试液的极性选择极性相似的展开剂。如,强极性试样宜用强极性展开剂(水、甲醇、乙腈、乙醇、氯仿等),弱极性试样宜用弱极性展开剂(异辛烷、正己烷、正庚烷等),弱极性的有机氯农药分离常选用弱极性的正己烷、正庚烷作展开剂。

(2)R_f值合理原则

选择具有适当溶解度和组成的展开剂使待测试液中绝大部分组分,特别是被测组分的R_f值位于$0.2 \sim 0.8$,并且使各组分之间达到较好的分离。为了达到理想的分离目的,薄层色谱通常用多元溶剂体系,即流动相由多种不同体积比例的溶剂组成。

展开剂配制时的注意事项

配制展开剂时,先选择合适的量器将各组成溶剂移入分液漏斗,经强烈振摇使混合液充分混匀后倒入展开缸。若出现分层现象,则取用体积相对大的一层混合液作为展开剂。绝对不允许将各组成溶液按比例分别倒入展开缸,通过振摇展开缸来配制展开剂。混合不均匀和没有分液的展开剂,会造成展开完全失败。同时,移取各组成溶剂时应尽量达到实验室仪器的最高精确度。比如,配制100 mL 苯-乙腈(98 +2)混合液时,用吸量管准确移取乙腈2 mL,转移入100 mL容量瓶中,再用苯定容。再将混合液转移至分液漏斗,强烈振摇后再倒入展开缸。

除此之外,还应注意:

①溶剂纯度要高,若含有杂质会影响分离效果。

②溶剂避免与水接触,否则会改变极性而影响分离效果。

③溶剂存放不当或贮存时间过长,也会改变溶剂极性。

步骤五　数据处理与结果判定

1)显色定位

因为 AFTB$_1$ 能在波长365 nm紫外光下产生蓝色荧光,展开后的薄层板在365 nm紫外光下观察,确定薄层板上各斑点的有无、形状和位置情况。若样品中组分较多时,需用铅笔轻轻标注出各点的位置。

有时候被分离的组分本身带色,直接目测观察即可判断组分移动到达的位置。但很多时候被测组分是无色的,无法确定其移动到达的位置,必须借助特殊的显色方法来确定其位置。理想的显色希望灵敏度高,斑点颜色稳定,斑点与背景的对比度好,斑点的大小及颜色的深度与物质的量成正比。适用于薄层色谱的显色方法主要有:

(1)紫外照射法

在紫外光的照射下确定组分斑点的位置。该法方便、不破坏样品组分。

(2)蒸气显色法

最常见的是碘蒸气和溴蒸气法,将展开后挥去展开剂的薄层板放入有晶体碘并充满碘蒸气的密闭容器中,有机物吸收碘蒸气后显示不同程度的黄褐色斑点,即可定位。该法通用性强,与紫外法结合灵敏度高于两法单独使用。

(3)化学试剂显色法

使用最广泛的方法。选择合适的显色剂喷到薄层板上,利用化学反应生成颜色稳定、清晰、灵敏度高、专属性强的斑点,即可定位。

(4)生物酶显色法

利用具有生物活性的物质酶显色的方法。

知识储备

什么是比移值?

薄层色谱法中,组分原点至斑点中心的距离与原点至流动相前沿的距离之比称为比移值,又称 R_f 值,它表示一种组分在色谱图中的位置。

$$R_f = \frac{原点至斑点中心的距离}{原点至流动相前沿的距离}$$

不同组分的比移值由其本身性质所决定,当色谱条件一定时,特定组分的 R_f 值是一个定值。因此可以根据 R_f 值进行定性分析。需要注意的是,必须用标准品与被测组分在同一薄层板上经过两种以上不同的展开剂展开得到的 R_f 值均相等时,才可以认定被测组分与标准品为同一物质。

2)定性分析

定性分析时,可根据具体情况确定定性分析方法。常见的方法有以下几种:

(1)利用斑点的显色特性

观察被测组分斑点和标准品斑点的颜色是否一致来进行定性。这种方法简单易行,主要用于能够与化合物反应生成特征颜色化合物的被测组分。

(2)利用保留值定性

在特定的色谱条件下,化合物的 R_f 值一定。以此为依据,通过比较未知物和标准物的 R_f 值是否相同来鉴定未知物。为了增加 R_f 值定性的可靠性,需要改变色谱条件多次重复测定 R_f 值,若仍能得到与标准物相同的 R_f 值,才能确定未知物与标准物为同一种化合物。

(3)原位扫描定性

展开后的斑点用薄层色谱扫描仪(见图6.47)进行扫描得到斑点的光谱图,对照标准品和被测组分的最大吸收波长和吸收系数是否一致来进行定性。

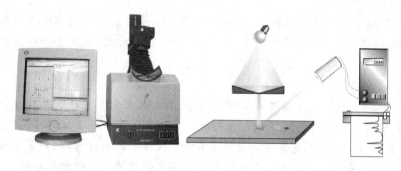

图6.47 薄层色谱扫描仪及其工作示意图

（4）与其他技术联用定性

薄层色谱可与其他技术联用进行定性，如，薄层色谱-傅里叶变换红外光谱联用定性、薄层色谱-质谱联用定性。

3）定量分析

定量分析的对象就是薄层板展开后得到的斑点，通过斑点可以进行半定量和定量分析。

（1）半定量分析

半定量分析又称为目测比较法。将一系列已知浓度的标准品与一定未知浓度的样品溶液等体积点在同一薄层板上，经展开、定位后，将样品斑点与标准品斑点相比较，观察斑点颜色深浅和斑点面积与哪一标准浓度相接近，可估计出样品含量范围。这种定量法非常适用于对常规大量样品的重复分析。

（2）间接定量法

间接定量法又称为洗脱测定法。将已分离的物质斑点洗脱下来，再采用分光光度计、HPLC，GC等方法进行定量分析。该法的关键是要根据被测组分和吸附剂的性质确定洗脱方法。

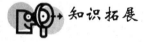 **知识拓展**

薄层色谱分析过程中出现异常原因及克服方法

①拖尾现象。

拖尾现象在薄层色谱中较为常见，结果使斑点间界限模糊，结果难以判断。产生的原因是点样过量在薄层色谱过程中化合物在薄层板上进行吸附—解吸附的移动过程中，任何一类吸附剂，它们的负载化合物的能力是有一定限度的，因点样过量而超载后，过剩的化合物被抛在后面，形成拖尾现象。重复点样样点虽在同一垂直线而样点圆心未重合，致使样点呈近椭圆形，也是形成拖尾现象的又一原因。为避免以上异常现象，应选择合适的点样量和复点样过程中，样点圆心应重合。

②边缘效应。

边缘效应是样品在层析时，薄层板两边的斑点比中间斑点移动快，并向两边偏斜。其原因是用混合溶剂展开过程中，其中极性较弱和沸点较低的溶剂在薄层板两边沿处较易挥发，使薄层板上展开剂的比例不一致，极性发生变化，而出现边缘效应。为避免上述现象的出现:增加层板缸中溶剂蒸气浓度,在层析缸内壁贴上浸湿展开剂的滤纸或选择内径和长度适宜的层析缸进行层析;选择适宜的单一溶剂代替混合溶剂;采用共沸溶剂代替一般混合溶剂。

③S形及波形斑点。

S形斑点是指含多种成分的样品层析时,斑点不是顺次分布于原点至展开前沿的垂直线上,而是呈S形分布于垂直线两侧。波形斑点是指某些含多种成分的样品液,顺次点于同一起始线上,展开后,这些成分相同的斑点不呈直线状平行于起始线,而是呈波浪形。产生原因为薄层板厚薄不匀。为避免上述现象的出现应选用厚薄均匀的薄层板。

④念珠状斑点。

念珠状斑点是指化合物斑点之间距离小,相互连接呈念珠状。当样品中成分过多,在一定长度的薄层板上,排布不开,彼此重叠。可适当增加层析板长度,使斑点距离加大或采用双向层析,使所含成分向两个方向展开可以避免念珠状斑点的出现。多次点样时,点样中心不重合,形成复斑。应以适当浓度供试液一次点样,若多次点样,点样中心必须重合。

⑤展开后斑点 R_f 值不稳定,斑点 R_f 值与文献规定不符或重复操作,R_f 值时大时小。主要原因为是层析温度不稳定,在采用混合溶剂展开时,由于温度不稳定使展开剂的比例发生变化,或者薄层厚薄不匀、吸附剂溶剂质量差异。根据以上原因在层析过程中除选择质量较好的吸附剂与溶剂外,同批或同一品种应选择同厂、同批号的吸附剂和溶剂,层析时室温差控制在 5 ℃之间,制板时吸附剂颗粒应选择直径颗粒制板,板材平整,薄层厚薄均匀。

 案例分析

薄层色谱法对花生米中 AFTB$_1$ 的定性分析实验中,经显色定位后可能会得到以下 3 种结果之一(如图 6.48)。图中 1、2、3、4 分别代表薄层板上点样第一点、第二点、第三点和第四点,展开后,a、b、c 为第一点展开后的斑点,d 为第二点展开后产生的斑点,a$_1$、b$_1$、c$_1$ 为第三点展开后产生的斑点,a$_2$、b$_2$、c$_2$ 为第四点展开后产生的斑点。试分别对 3 种情况进行分析。

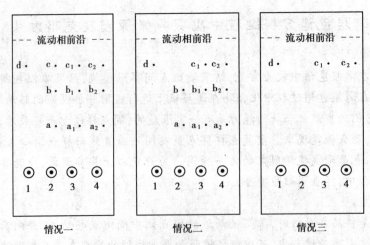

图 6.48　显色定位后的色谱图

解析:图中斑点 d 为 $AFTB_1$ 斑点。根据在同一色谱条件下,$AFTB_1$ 的比移值相同可初步判断,薄层板上凡出现与斑点 d 比移值相同的斑点即为 $AFTB_1$ 斑点。因此,由情况一色谱图可知,样品中可能含有 $AFTB_1$,斑点 a、斑点 b 为组分 a 和组分 b;由情况二色谱图可知,样品中不含有 $AFTB_1$,但分离出组分 a 和组分 b;由情况三色谱图可知,样品中未分离得到任何组分,可能是样品中 a、b、c 3 种组分都未含有,也可能是分析方法有差错而导致。

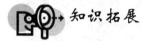 **知识拓展**

纸色谱法(Paper Chromatography)

1944 年,A. J. P Martin 等用滤纸代替薄层板,成功实现了多种氨基酸的分离。这种用纸作为固定相分离混合物的方法就称为纸色谱法(见图 6.49)。纸色谱法不需要贵重的仪器设备和特殊的操作方法,只需要滤纸、展开缸和展开剂。具体做法为:将待测试液点在滤纸的一端,将该端浸在展开剂中,展开剂依靠毛细作用沿着滤纸向上移动,经过原点时,携带待测试液向上运动流经滤纸。由于待测试液中各组分的分配系数不同,即各组分在固定相和流动相两相之间发生作用的大小不同,各组分随展开剂向上移动距离就不同。展开完成

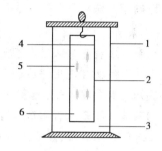

图 6.49 纸色谱装置示意图
1—展开缸;2—滤纸;3—展开剂;
4—展开剂前沿;5—斑点;6—原点

后,通过特殊方法定位出各组分移动的距离来对各组分进行定性定量分析。虽然纸色谱法操作简单,但这种方法应用广泛,不仅可用于氨基酸的分离,还可分离糖类、肽类、抗生素等几乎所有的无机物、有机物,在食品安全快速检测领域迅速发展成为一种重要的检测手段。

1)仪器与材料

(1)展开缸

通常为圆形或长方形玻璃缸,缸上具有磨口玻璃盖,应能密闭。用于下行法时,盖上有孔,可插入分液漏斗,用以加入展开剂。在近顶端有一用支架架起的玻璃槽作为展开剂的容器,槽内有一玻棒,用以压住色谱滤纸;槽的两侧各支一玻棒,用以支持色谱滤纸使其自然下垂,避免展开剂沿滤纸与溶剂槽之间发生虹吸现象。用于上行法时,在盖上的孔中加塞,塞中插入玻璃悬钩,以便将点样后的色谱滤纸挂在钩上;并除去溶剂槽和支架。

(2)点样器

点样一般用专用点样器或毛细管、微量注射器。常用具支架的微量注射器或定量毛细管,应能使点样位置正确、集中。定性分析时点样量控制在 $10 \sim 30~\mu g$,点样量不要求十分准确,可采用毛细管点样;但定量分析时点样量要相当准确,可采用微量注射器点样。点样后要使溶解样品的溶剂挥发,对较难挥发的溶剂可用电吹风吹冷风加快溶剂的挥发。对性质较稳定的样品也可用热风较远距离干燥。

(3)滤纸

纸色谱法使用的滤纸应具备以下条件:

①滤纸中应不含有水或有机溶剂能溶解的杂质。

②滤纸被展开剂浸润时,不应有机械折痕和损伤,应具有一定的强度。

③滤纸对展开剂的渗透速度应适当,渗透速度太快时易引起斑点拖尾,影响分离效果;速度太慢时,耗费时间太长。

④纸质应均一,否则会影响实验结果的重复性,特别是定量实验中更应注意这点。

用于下行法时,取色谱滤纸按纤维长丝方向切成适当大小的纸条,离纸条上端适当的距离(使色谱纸上端能足够浸入溶剂槽内的展开剂中,并使点样基线能在溶剂槽侧的玻璃支持棒下数厘米处)用铅笔划一点样基线,必要时,可在色谱滤纸下端切成锯齿形便于展开剂滴下。用于上行法时,色谱滤纸长约 25 cm,宽度则按需要而定,必要时可将色谱滤纸卷成筒形;点样基线距底边约 2.5 cm。

2)操作方法

(1)展开

纸色谱法展开时必须在密闭容器中进行,保证容器的空间被展开剂充分饱和。只要能满足这个条件就可选用手边的各种装置作展开容器。展开方法主要有上行法、下行法、近水平展开和双向展开等,通常用上行法展开。

①下行法展开。将供试品溶解于适当的溶剂中制成一定浓度的溶液。用微量吸管或微量注射器吸取溶液,点于点样基线上,溶液宜分次点加,每次点加后,待其自然干燥、低温烘干或经温热气流吹干,样点直径为 2~4 mm,点间距离约为 1.5~2.0 cm,样点通常应为圆形。

将点样后的色谱滤纸上端放在溶剂槽内并用玻棒压住,使色谱纸通过槽侧玻璃支持棒自然下垂,点样基线在支持棒下数厘米处。展开前,展开缸内用各品种项下规定的溶剂的蒸气使之饱和,一般可在展开缸底部放一装有规定溶剂的平皿或将浸有规定溶剂的滤纸条附着在展开缸内壁上,放置一定时间,待溶剂挥发使缸内充满饱和蒸气。然后添加展开剂使浸没溶剂槽内的滤纸,展开剂即经毛细管作用沿滤纸移动进行展开,展开至规定的距离后,取出滤纸,标明展开剂前沿位置,待展开剂挥散后按规定方法检出色谱斑点。

②上行法展开。点样方法同下行法。展开缸内加入展开剂适量,放置待展开剂蒸气饱和后,再下降悬钩,使色谱滤纸浸入展开剂约 0.5 cm,展开剂即经毛细管作用沿色谱滤纸上升,除另有规定外,一般展开至约 15 cm 后,取出晾干,按规定方法检视。

展开可以向一个方向进行,即单向展开;也可进行双向展开,即先向一个方向展开,取出,待展开剂完全挥发后,将滤纸转动 90°,再用原展开剂或另一种展开剂进行展开;亦可多次展开、连续展开或径向展开等。

(2)定位检出

有时候被分离的组分带色,直接观察即可判断组分移动到达的位置。可很多时候待分离的组分是无色的,如何确定其移动到达的位置? 这就需要定位检出。检出方法通常采用显色检出法,即将特定显色剂喷到滤纸上加热或不加热使斑点显色,即可定位。定位时仍利用比移值 R_f 定位。

(3)定量

①洗脱法定量。洗脱法定量就是将所需测定的斑点中的组分用适当溶剂洗脱得到的洗脱液进行定量分析。

②直接测定法。直接测定就是直接用肉眼观察比较或用仪器扫描斑点来测定含量。

本章小结)))

本项目主要讲解了平板色谱中薄层色谱和纸色谱进行定性定量分析的基本原理及构造、制作方法、操作步骤及定性、定量分析方法和注意事项。并通过相应实践项目,让学生了解、熟悉和掌握平板色谱技术在实际生产活动中的应用。

薄层色谱法的应用

一、在食品营养与质量安全领域

食品中的营养成分包括蛋白质、氨基酸、糖类、脂类、维生素等,和有害物如残留农药、致癌的黄曲霉毒素等成分都可用薄层色谱法定性和定量。对不同来源的动物性和植物性蛋白水解后产生不同的氨基酸进行定性和定量,有助于解决蛋白质的结构和食品营养问题。20 多种氨基酸用硅胶 G 薄层板双向展开,一次即能分开,然后定性和定量,方法快速而简便。多糖和寡糖可水解为单糖,可用薄层色谱法进行单糖和双糖的定性和定量。油和脂肪水解为脂肪酸,脂肪酸的种类和结构中的不饱和键数,与营养和卫生有关。脂溶性和水溶性维生素在薄层上可方便地定性和定量,例如脂溶性维生素 A,D,E,K 及 B_2,B_6,B_{12},泛酸,叶酸,维生素 C,在硅胶 G 薄层上可用苯:甲醇:丙酮:冰醋酸(7:2:0.5:0.5)分开。

二、在药物及药物代谢物的分析领域

薄层色谱法在合成药物和天然药物中的应用很广。有些文献和内容偏重于合成药物、化合物及其代谢产物,有文献为在中草药分析中的应用。每一类药物,例如磺胺、巴比妥、苯骈噻嗪、甾体激素、抗菌素、生物碱、强心贰、黄酮、挥发油和萜等,都包括几种或十几种化学结构和性质非常相似的化合物,可以选择合适的展开剂一次即能把每一类的多种化合物很好地分开。药物代谢产物的样品一般先经预处理后用薄层分析,应用也很广,但有时因含量甚微,不如采用气相和高效液相色谱法灵敏。

三、化学和化工领域

化工和化学方面的有机原料和产品都可用薄层色谱法分析。例如含各种功能团的有机物,石油产品,塑料单体,橡胶裂解产物,油漆原料,合成洗涤剂等,内容非常广泛。

四、医学和临床领域

薄层色谱法的应用还渗透到医学和临床中去,例如它是一种快速的诊断方法,可用于妊娠的早期诊断。方法是基于在孕妇的尿中能检出比未孕妇女的尿中含更多的孕二醇,把两者的尿提取后点在薄层上比较,即可作出判断。这一方法可在 2~3 h 内化验出结果。由于经典的毒物分析有许多缺点,目前毒物分析和法医化学采用薄层色谱法等新的手段,对麻醉药、巴比妥、印度大麻、鸦片生物碱等均可分析。

五、农药残留分析

10 多种有机磷农药和 6 种有机氯农药都可在硅胶 G 薄层上分开并测定含量,可用于农药分析及其残留量分析。

复习思考题 〉〉〉

一、填空题

1.纸色谱法(PC)是以( )作为载体的色谱法,按固定相分离原理属于( )色谱法。

2.当几种组分的R_f值相差很小时,宜采用( )滤纸,当几种组分的R_f值相差较大时,则可采用( )滤纸或( )滤纸。

3.纸色谱展开方式有( )法、下行法、( )展开法、多次展开法和径向展开法等多种方式。

4.薄层分离中一般各斑点的R_f值要求在( )之间,R_f值之间应相差( )以上,否则易造成斑点重叠。

5.薄板有两种:不加黏合剂的( )板和加黏合剂的( )板。

6.薄层扫描法的测定方式有3种,即( )测定法、( )测定法和( )测定法。

7.在纸色谱中,被分离组分分子与展开剂分子的性质越接近,它们之间的作用力越( ),组分斑点距原点的距离越( )。

8.薄层色谱法的一般操作程序是( )。

二、选择题(1~13 多项选择题,14~20 单项选择题)

1.吸附柱色谱与分配柱色谱的主要区别是( )。
    A.所用的玻璃柱不同　　　　B.所用的吸附剂不同　　　　C.所用的洗脱剂不同
    D.色谱分离原理不同　　　　E.分离的物质不同

2.分配系数K值大,则( )。
    A.组分被吸附得牢固　　　　B.组分被吸附得不牢固　　　　C.组分移动速度快
    D.组分不会移动　　　　E.组分吸附得牢固与否与K值无关

3.纸色谱法属于( )。
    A.吸附色谱　　　　　　　　B.分配色谱　　　　　　　　C.离子交换色谱
    D.分子排阻色谱　　　　　　E.薄层色谱

4.某样品在薄层色谱中,原点到溶剂前沿为6.3 cm,原点到斑点中心为4.2 cm,其R_f值为( )。
    A.0.67　　　　　　　　　　B.0.54　　　　　　　　　　C.0.80
    D.0.15　　　　　　　　　　E.0.75

5.( )不是纸色谱的展开法。
    A.上行展开　　　　　　　　B.下行展开　　　　　　　　C.双向展开
    D.近水平展开　　　　　　　E.径向展开

6.薄层色谱点样线一般距玻璃板底端( )。
    A.0.2~0.3 cm　　　　　　　B.1 cm　　　　　　　　　　C.1.5~2 cm
    D.2~3 cm　　　　　　　　　E.4 cm

7.不是吸附剂的物质有( )。
    A.硅胶　　　　　　　　　　B.氧化铝　　　　　　　　　C.羧甲基纤维素钠

D. 聚酰胺　　　　　　　　E. 碳酸钙

8. 关于色谱,下列说法正确的是( )。
　A. 用薄层色谱分离两种以上的组分,要求 R_f 值的差至少要大于 0.5
　B. 分离极性强的组分用极性强的吸附剂
　C. 各组分之间分配系数相差越小,越易分离
　D. 纸色谱中滤纸是固定相
　E. 色谱过程是一个差速迁移的过程

9. 色谱法中下列说法正确的是( )。
　A. 分配系数 K 越大,在柱中滞留的时间越长
　B. 混合样品中各组分的 K 值都很大,则分离困难
　C. 混合样品中各组分的 K 值都很小,则分离容易
　D. 吸附剂含水量越高则活性越高
　E. 分离极性大的物质应选活性大的吸附剂

10. 根据固定相分离原理不同,液-固柱色谱属下列哪一类色谱( )。
　A. 吸附色谱　　　　　B. 离子交换色谱　　　　　C. 分配色谱
　D. 凝胶色谱　　　　　E. 气相色谱

11. 吸附平衡常数 K 与保留时间的关系是( )。
　A. K 值越大,保留时间越长
　B. K 值越大,保留时间越短
　C. K 值越小,保留时间越长
　D. K 值大小与保留时间无关
　E. 以上都不对

12. 薄层色谱中,软板与硬板的主要区别是( )。
　A. 所用吸附剂不同　　　B. 所用玻璃板不同　　　C. 是否加黏合剂
　D. 所用黏合剂不同　　　E. 所分离物质不同

13. 分离离子型化合物应选用( )。
　A. 吸附柱色谱　　　　　B. 分配柱色谱　　　　　C. 离子交换色谱
　D. 凝胶色谱　　　　　E. 纸色谱

14. 进行纸色谱时,滤纸所起的作用是( )。
　A. 固定相　　　　　　　B. 展开剂
　C. 吸附剂　　　　　　　D. 惰性载体

15. 试样中 A,B 两组分在薄层色谱中分离,首先取决于( )。
　A. 薄层有效塔板数的多少
　B. 薄层展开的方向
　C. 组分在两相间分配系数的差别
　D. 薄层板的长短

16. 在薄层色谱中,以硅胶为固定相,有机溶剂为流动相,迁移速度快的组分是( )。
　A. 极性大的组分　　　　B. 极性小的组分
　C. 挥发性大的组分　　　D. 挥发性小的组分

17. 在平板色谱中跑在距点样原点最远的组分是(　　)。

　　A. 比移值最大的组分　　　　B. 比移值小的组分

　　C. 分配系数大的组分　　　　D. 相对挥发度小的组分

18. 纸色谱法分离糖类,应选用的展开剂是(　　)。

　　A. 烃类　　　　　　　　　　B. 卤烃

　　C. 醛类　　　　　　　　　　D. 醇类

19. 平板色谱中被分离组分与展开剂分子的类型越相似,组分与展开剂分子之间的(　　)。

　　A. 作用力越小,比移值越小　　B. 作用力越小,比移值越大

　　C. 作用力越大,比移值越大　　D. 作用力越大,比移值越小

20. 某组分在以丙酮作展开剂进行吸附薄层色谱分析时, R_f 值太小,欲提高该组分的 R_f 值,应选择的展开剂是(　　)。

　　A. 乙醇　　　　　　　　　　B. 氯仿

　　C. 环己烷　　　　　　　　　D. 乙醚

三、判断题

1. 如果两个物质的分配系数比值为 1:2,则它们 R_f 值之比为 1:2。　　　　(　　)

2. 展开剂苯、甲苯、氯仿、正丁醇、乙醇的极性顺序依次减弱。　　　　　(　　)

3. 吸附薄层色谱分析中,极性大的组分应选择活性强的吸附剂,极性小的展开剂。

(　　)

4. 在纸色谱中,固定相是滤纸,流动相是有机溶剂。　　　　　　　　　(　　)

5. 在吸附薄层色谱中,极性小的组分在板上移行速度较快, R_f 值较大。　(　　)

6. 薄层扫描法中,定量分析结果的精密度与原点直径、点样间距无关。　(　　)

7. 相对比移值在一定程度上消除了测定中的系统误差,因此与比移值具有较高的重现性和可比性。　　　　　　　　　　　　　　　　　　　　　　　　　　(　　)

8. 在一定分离度下,分离次数越多,平面色谱的容量越大。　　　　　　(　　)

9. 硅胶的含水量越多,级数越高,吸附能力越强。　　　　　　　　　　(　　)

10. 薄层色谱中,峰宽反映了组分在两相间的分配情况。　　　　　　　(　　)

四、简答题

1. 如何选择色谱滤纸和展开剂?

2. 什么是 R_f 值?

3. 纸色谱和薄层色谱有何区别?

4. 已知某混合试样中含 A、B、C 三组分,其分配系数分别为 420、460、480,则它们在薄层上 R_f 值的大小顺序如何?

5. 在吸附薄层色谱中如何选择展开剂? 欲使某极性物质在薄层板上移动速度快些,展开剂的极性应如何改变?

6. 薄板有哪些类型? 硅胶-CMC 板和硅胶-G 板有什么区别?

7. 薄层色谱的显色方法有哪些?

8. 在薄层色谱中,以硅胶为固定相,氯仿为流动相时,试样中某些组分 R_f 值太大,若改

为氯仿-甲醇(2∶1)时,则试样中各组分的 R_f 值会变得更大,还是变小? 为什么?

9. 在硅胶薄层板 A 上,以苯-甲醇(1∶3)为展开剂,某物质的 R_f 值为 0.50,在硅胶板 B 上,用相同的展开剂,此物质的 R_f 值降为 0.40,问 A、B 两种板,哪一种板的分离效果好?

10. 已知 A,B 两物质在某薄层色谱系统中的分配系数分别为 100 和 120。问哪一个的 R_f 值小些?

11. 薄层色谱展开剂的流速与哪些因素有关?

12. 展开剂的液面高出滤纸上的样点将会产生什么后果?

13. 吸附薄层色谱中,欲使被分离极性组分 R_f 值变小,一般可采用哪些方法?

五、计算题

1. 化合物 A 在薄层板上从原点迁移 7.6 cm,溶剂前沿距原点 16.2 cm,①计算化合物 A 的 R_f 值。②在相同的薄层系统中,溶剂前沿距原点 14.3 cm,化合物 A 的斑点应在此薄层板上何处?

2. 在某分配薄层色谱中,流动相、固定相和载体的体积比为 $V_m∶V_s∶V_g = 0.33∶0.10∶0.57$,若溶质在固定相和流动相中的分配系数为 0.50,计算它的 R_f 值和 k。

3. 已知 A 与 B 两物质的相对比移值为 1.5。当 B 物质在某薄层板上展开后,色斑距原点 9 cm,溶剂前沿到原点的距离为 18 cm,问若 A 在此板上同时展开,则 A 物质的展距为多少? A 物质的 R_f 值为多少?

4. 在薄层板上分离 A、B 两组分的混合物,当原点至溶剂前沿距离为 16.0 cm 时,A、B 两斑点质量重心至原点的距离分别为 6.9 cm 和 5.6 cm,斑点直径分别为 0.83 cm 和 0.57 cm,求两组分的分离度及 R_f 值。

5. 今有两种性质相似的组分 A 和 B,共存于同一溶液中。用纸色谱分离时,它们的比移值分别为 0.45、0.63。欲使分离后两斑点中心间的距离为 2 cm,问滤纸条应为多长?

拓展训练　　纸色谱法分离绿叶色素

一、实训目的

①了解纸色谱的原理。

②熟悉纸色谱的制作方法。

③掌握纸色谱对绿叶色素的定性分析方法。

二、实验原理

叶绿体中含有叶绿素(包括叶绿素 A、叶绿素 B)和类胡萝卜素(包括胡萝卜素和叶黄素)两大类。它们与类囊体膜上的蛋白质相结合而成为色素蛋白复合体。这两类色素都不溶于水,而溶于有机溶剂,可用乙醇或丙酮等有机溶剂提取。因吸附剂对不同物质的吸附力不同,当用适当的溶剂对色素提取液推动时,混合物中各成分在两相间具有不同的分配系数,所以它们的移动速率不同,经过一定时间展开后,便可将混合色素的各组分分离。

三、仪器与试剂

1.仪器

研钵;漏斗;100 mL 三角瓶;250 mL 烧杯;玻璃棒;剪刀;滴管;药匙;圆形滤纸(直径 11 cm);滤纸条(5×1.5 cm)。

2.试剂

95% 乙醇;石英砂;碳酸钙粉;流动相:石油醚＋丙酮＋苯混合溶液(10:2:1)。

四、操作步骤

1.绿叶色素的提取

取菠菜新鲜叶20 g 左右,洗净,擦干,去掉中脉,剪碎,放入研钵中,加入少量石英砂、碳酸钙粉、2~3 mL 95% 乙醇,研磨至糊状,再加 20~30 mL 95% 乙醇,提取 3~5 min,将上清液过滤于三角瓶中,残渣用 10 mL 95% 乙醇冲洗,一同过滤于三角瓶中。

2.绿叶色素的分离

(1)点样

取滤纸 1 张,用毛细管吸取提取液,小心点于距滤纸一端 1 cm 处(斑点直径 0.3~0.5 cm为宜),待风干后,在原处重复多次(5~10 次),直至斑点浓绿色为止。风干后待用。若需点多个点,必须保证点与点间距离≥1 cm。

(2)分离

取一个 250 mL 烧杯,用塑料滴管加入 5 mL 流动相,将滤纸点样端朝下插入流动相中,靠在烧杯壁上。待流动相向上展开至滤纸上端横线处,取出观察结果。

五、结果判断

滤纸上斑点由下到上依次是叶绿素 B,叶绿素 A,叶黄素和胡萝卜素。

拓展训练　　纸色谱法检测食品中油溶性非食用色素苏丹红

一、实训目的

①熟悉纸色谱的定性分析方法。
②掌握纸色谱在食品安全性检测中的实际应用。

二、实验原理

食物中的油溶性非食用色素——苏丹红与其他成分性质和结构上的不同,在固定相层析纸和流动相间产生的吸附作用不同,随流动相移动的距离不同,通过比较食物中各成分与苏丹红标准溶液在层析纸上展开距离的差异来直接判断食物中是否存在苏丹红。本方法适用于苏丹红(Ⅰ 号、Ⅱ 号、Ⅲ 号、Ⅳ 号)等油溶性非食用色素的现场快速检测。

三、仪器与试剂

1.仪器

层析纸。

2.试剂

苏丹红试剂；苏丹红展开剂；苏丹红Ⅰ号、Ⅱ号、Ⅲ号、Ⅳ号标准溶液。

四、操作步骤

①称取1.0 g样品置于5 mL塑料显色管中，加2.5 mL苏丹红试剂，盖盖，摇动1 min，静置5 min后作为待测液。

②取一张层析纸，用4支毛细管分别蘸取苏丹红Ⅰ号、Ⅱ号、Ⅲ号、Ⅳ号标准溶液少许（毛细管尖端不多于0.5 cm容积距离），分别点在层析纸从左到右的4个"·"上，再取1支毛细管蘸取待测液（体积不限），将其点在层析纸的最后一个"·"上（溶液颜色较浅时，可在每次点样斑点挥发干后重复点样，斑点直径控制在0.5 cm以内）。

③取一个250 mL烧杯，加入5 mL苏丹红展开剂，将层析纸（样品端朝下）插入苏丹红展开剂中靠在杯壁上。待苏丹红展开剂沿层析纸向上展开至层析纸上端横线处，取出层析纸，观察结果。

五、结果判断

在本实验条件下，如果待测液在展开轨迹中出现斑点，其斑点展开（向上跑）的距离与某一标准溶液展开后的斑点距离相等、形状相同、颜色相近时，即可判断样品中加入了这一种苏丹红色素。

六、注意事项

①苏丹红标准溶液的点样量不要太多，否则会产生斑点拖尾现象。在用毛细管蘸取标准溶液后，可在棉花球上或一张废弃的层析纸上蘸弃多余的溶液，使毛细管尖端留有不多于0.5 cm容积距离的溶液，将其一次性点到层析纸的"·"上。

②展开剂的使用应适量，液面高度应控制在斑点以下，展开过程中层析纸不能倾倒，每展开一张层析纸最好更换一次展开试剂。

③环境温度会影响斑点的展开距离。温度低时，斑点的展开距离短；温度高时，斑点的展开距离长；当斑点的展开距离较短时（2 cm以内），可在展开剂中加入数滴苏丹红试剂；当斑点的展开距离过大时（达到顶端），应换一个温度较低的环境操作。

④检测样品数量较多时，只需在一张层析纸上点标准溶液，其余样品点在另外的层析纸上，展开后与标准溶液展开的斑点对比。

⑤现场检测出阳性样品应送实验室确认，精确定量需要用HPLC。

拓展训练　　果汁中防腐剂山梨酸和苯甲酸的测定——薄层色谱

一、实训目的

①熟悉薄层色谱的分析原理。

②掌握薄层色谱对果汁饮料中防腐剂的检测方法。

二、实验原理

试样酸化后，用乙醚提取苯甲酸、山梨酸。将试样提取液浓缩，点于聚酰胺薄层板上，

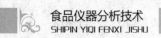

展开。显色后,根据薄层板上苯甲酸、山梨酸的比移值,与标准比较定性,并可进行粗略定量。

三、仪器与试剂

1. 仪器

吹风机、层析缸、玻璃板(10 cm×18 cm)、微量注射器(10 μL,100 μL)、喷雾器。

2. 试剂

①异丙醇。

②正丁醇;石油醚(沸程30~69 ℃)。

③乙醚(不含过氧化物)。

④氨水。

⑤无水乙醇。

⑥聚酰胺粉(200目)。

⑦盐酸(1+1):取100 mL盐酸,加水稀释至200 mL。

⑧氯化钠酸性溶液(40 g/L):于氯化钠溶液(40 g/L)中加少量盐酸(1+1)酸化。

⑨展开剂:正丁醇+氨水+无水乙醇(7+1+2);异丙醇+氨水+无水乙醇(7+1+2)。

⑩山梨酸标准溶液:准确称取0.200 0 g山梨酸,用少量乙醇溶解后移入100 mL容量瓶中,并稀释至刻度,此溶液每毫升相当于2.0 mg山梨酸。

⑪苯甲酸标准溶液:准确称取0.200 0 g山梨酸,用少量乙醇溶解后移入100 mL容量瓶中,并稀释至刻度,此溶液每毫升相当于2.0 mg苯甲酸。

⑫显色剂:溴甲酚紫-乙醇(50%)溶液(0.4 g/L),用氢氧化钠溶液(4 g/L)调至pH 8。

四、操作步骤

1. 试样提取

称取2.50 g事先混合均匀的试样,置于25 mL带塞量筒中,加0.5 mL盐酸(1+1)酸化,分别用15 mL,10 mL乙醚提取两次,每次振摇1 min,将上层乙醚提取液吸入另一个25 mL带塞量筒中,合并乙醚提取液。用3 mL氯化钠酸性溶液(40 g/L)洗涤两次,静置15 min,用滴管将乙醚层通过无水硫酸钠滤入25 mL容量瓶中。加乙醚定容至刻度,混匀。吸取10.0 mL乙醚提取液分两次置于10 mL带塞离心管中,在约40 ℃的水浴上挥干,加入10.0 mL乙醇溶解残渣,备用。

2. 测定

(1)聚酰胺粉板的制备

称取1.6 g聚酰胺粉,加0.4 g可溶性淀粉,加约15 mL水,研磨3~5 min,立即倒入涂布器内制成10 cm×18 cm、厚度0.3 mm的薄层板两块,室温干燥20 min后,于80 ℃干燥1 h,取出,置于干燥器中保存。

(2)点样

在薄层板下端20 mm的基线上,用微量注射器点1 μL、2 μL试样液,同时各点1 μL、2 μL山梨酸、苯甲酸标准溶液。

(3)展开与显色

将点样后的薄层板放入预先盛有展开剂(正丁醇+氨水+无水乙醇(7+1+2)、异丙

醇 + 氨水 + 无水乙醇(7 + 1 + 2))的展开槽内,展开槽周围贴有滤纸,待溶剂前沿上展至10 cm,取出挥干,喷显色剂,斑点呈黄色,背景为蓝色。试样中所含山梨酸、苯甲酸的量与标准斑点比较定量(山梨酸、苯甲酸的比移值依次是0.82、0.73)。

五、结果讨论

试样中苯甲酸或山梨酸的含量按下式进行计算。

$$X = \frac{A \times 1\,000}{m \times \frac{10}{25} \times \frac{V_2}{V_1} \times 1\,000}$$

式中　X——试样中山梨酸或苯甲酸的含量,g/kg;

　　　A——测定用试样液中苯甲酸或山梨酸的质量,mg;

　　　V_1——测定时点样的体积,mL;

　　　V_2——试样稀释液总体积,mL;

　　　m——试样的质量,g;

　　　10——测定时吸取乙醚提取液的体积,mL;

　　　25——试样乙醚提取液的总体积,mL。

计算结果保留两位有效数字。

六、注意事项

本方法还可以同时测定果酱、果汁中的糖精。

拓展训练　果汁中糖精钠的测定——薄层色谱法

一、实训目的

①了解薄层色谱法的分析方法。

②熟悉薄层色谱法对果汁饮料中甜味剂糖精钠的分析原理。

③掌握薄层色谱对果汁饮料中甜味剂糖精钠的测定。

二、实训原理

在酸性条件下,食品中糖精钠用乙醚提取、浓缩、薄层色谱分离、显色后,与标准比较,进行定性和定量测定。

三、仪器与试剂

1.仪器

玻璃纸:生物制品透析袋纸或不含增白剂的市售玻璃纸;玻璃喷雾器;展开槽;紫外光灯:波长253.7 nm;玻璃板:10 cm × 20 cm,20 cm × 20 cm;微量注射器(10 μL,100 μL)。

2.试剂

①乙醚(不含过氧化物)。

②无水硫酸钠。

③无水乙醇及乙醇(95%)。

④聚酰胺粉(200目)。

⑤展开剂:正丁醇＋氨水＋无水乙醇(7＋1＋2);异丙醇＋氨水＋无水乙醇(7＋1＋2)。

⑥显色剂:溴甲酚紫-乙醇(50%)溶液(0.4 g/L),用氢氧化钠溶液(4 g/L)调至 pH＝8,定容至 100 mL。

⑦硫酸铜溶液(100 g/L):称取 10g 硫酸铜($CuSO_4 \cdot 5H_2O$),用水溶解并稀释至 100 mL。

⑧糖精钠标准溶液:准确称取 0.085 1 g 经 120 ℃烘干 4 h 后糖精钠($C_6H_4CONaSO_2 \cdot 2H_2O$),加乙醇溶解,移入 100 mL 容量瓶中,加乙醇(95%)稀释至刻度,此溶液每毫升相当于糖精钠含量为 1.0 mg,作为储备溶液。

四、操作步骤

1. 试样提取

称取 20.0 g 或吸取 20.0 mL 均匀试样,置于 100 mL 容量瓶中,加水至约 60 mL,加 20 mL硫酸铜溶液(100 g/L),混匀,再加 4.4 mL 氢氧化钠溶液(40 g/L),加水至刻度,混匀,静置 30 min,过滤,取 50 mL 滤液置于 150 mL 分液漏斗中,加 2 mL 盐酸(1＋1),用 30 mL、20 mL、30 mL 乙醚提取 3 次,合并乙醚提取液。用 5 mL 盐酸酸化的水洗涤 1 次,弃去水层。乙醚层通过无水硫酸钠脱水后,挥发乙醚,加 2.0 mL 乙醇溶解残留物,备用。

2. 薄层板的制备

称取 1.6 g 聚酰胺粉,加 0.4 g 可溶性淀粉,加约 7 mL 水,研磨 3～5 min,立即倒入涂布器内制成 10 cm×20 cm、厚度 0.25 cm～0.3 mm 的薄层板,室温干燥后,在 80 ℃干燥 1 h,取出,置于干燥器中保存。

3. 点样

在薄层板下端 2 cm 的基线上,用微量注射器点 10 μL,20 μL 试样液两个点,同时各点 3.0、5.0、7.0、10.0 μL 糖精钠酸标准溶液,各点间距 1.5 cm。

4. 展开与显色

将点样后的薄层板放入预先盛有展开剂(正丁醇＋氨水＋无水乙醇(7＋1＋2)、异丙醇＋氨水＋无水乙醇(7＋1＋2))的展开槽内,展开剂液层约 0.5 cm,并预先已达到饱和状态。待溶剂前沿上展至 10 cm,取出挥干,喷显色剂,斑点呈黄色,根据试样点和标准点的比移值进行定性,根据斑点颜色深浅进行半定量测定。

五、数据处理

试样中糖精钠的含量按下式进行计算。

$$X = \frac{A \times 1\,000}{m \times \dfrac{10}{25} \times \dfrac{V_2}{V_1} \times 1\,000}$$

式中 X——试样中糖精钠的含量,g/kg;

A——测定用试样液中糖精钠的质量,mg;

V_1——测定时点样的体积,mL;

V_2——试样稀释液总体积,mL;

m——试样的质量,g;

10——测定时吸取乙醚提取液的体积,mL;

25——试样乙醚提取液的总体积,mL。

计算结果保留两位有效数字。

拓展训练 果汁中甜蜜素的测定——薄层色谱法

一、实训目的
①熟悉薄层色谱法对果汁饮料中甜蜜素的分析原理。
②掌握薄层色谱法对果汁饮料中甜蜜素的测定。

二、实验原理
试样经酸化后,用乙醚提取,将试样提取液浓缩,点于聚酰胺薄层板上,展开,经显色后,根据薄层板上环己基氨基磺酸钠的比移值及先色斑深浅,与标准比较进行定性、概略定量。

三、仪器与试剂
1. 仪器
吹分机;层析缸;玻璃板:5 cm×20 cm;微量注射器:10 μL;玻璃喷雾器。

2. 试剂
①异丙醇。
②正丁醇。
③石油醚,沸程30 ℃~60 ℃。
④乙醚(不含过氧化物)。
⑤氢氧化铵。
⑥无水乙醇。
⑦氯化钠。
⑧硫酸钠。
⑨6 mol/L 盐酸:取 50 mL 盐酸加到少量水中,再加水稀释至 100 mL。
⑩聚酰胺粉:200 目。
⑪环己基氨基磺酸标准溶液:精确称取 0.020 0 g 环己基氨基磺酸,用少量无水乙醇溶解后移入 10 mL 容量瓶中,并稀释至刻度,此溶液每毫升相当于 2 mg 环己基氨基磺酸,两周后重新配制(环己基氨基磺酸的熔点:169~170 ℃)。
⑫展开剂:a. 正丁醇-浓氨水-无水乙醇(20+1+1);b. 异丙醇-浓氨水-无水乙醇(20+1+1)。
⑬显色剂:称取 0.040 g 溴甲酚紫溶于 100 mL 50% 乙醇溶液,用 1.2 mL 0.4% 氢氧化钠溶液调至 pH8。

四、操作步骤
1. 试样提取
称取 2.5 g(mL)已经混合均匀的试样(汽水需加热去除二氧化碳),置于 25 mL 带具塞量筒中,加氯化钠至饱和(约 1 g),加 0.5 mL 6 mol/L 盐酸酸化,用 15 mL、10 mL 乙醚提取两次,每次振摇 1 min,静置分层,用滴管将上层乙醚提取液通过无水硫酸钠滤入 25 mL 容量瓶中,用少量乙醚洗无水硫酸钠,加乙醚至刻度,混匀。吸取 10.0 mL 乙醚提取液分两次

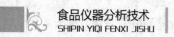

置于 10 mL 带塞离心管中,在约 40 ℃ 水浴上发挥至干,加入 0.1 mL 无水乙醇溶解残渣,备用。

2.测定

(1)聚酰胺粉板的制备

称取 4 g 聚酰胺粉,加 1.0 g 可溶性淀粉,加约 14 mL 水研磨均匀合适为止,立即倒入涂布器内制成面积为 5 cm×20 cm,厚度为 0.3 mm 的薄层板 6 块,室温干燥后,于 80 ℃ 干燥 1 h,取出,置于干燥器中保存、备用。

(2)点样

薄层板下端 2 cm 的基线上,用微量注射器与板中间点 4 μL 试样液,两侧各点 2 μL、3 μL 环己基氨基磺酸标准液。

(3)展开与显色

将点样后的薄层板放入预先盛有展开剂的展开槽内,展开槽周围贴有滤纸,待溶剂前沿上展至 15 cm 以上时,取出在空气中挥干,喷显色剂其斑点现黄色,背景为蓝色。试样中环己基氨基磺酸的量与标准斑点深浅比较定量。

五、数据处理

按下式计算:

$$X = \frac{m_1 \times 1\,000 \times 1.12}{m \times \frac{10}{25} \times \frac{V_2}{V_1} \times 1\,000} = \frac{2.8m_1 \times V_1}{m \times V_2}$$

式中 X——试样中环己基氨基磺酸钠的含量,g/kg 或 g/L;

m_1——试样点相当于环己基氨基磺酸的含量,mg;

m——试样质量,g;

V_1——加入无水乙醇的体积,mL;

V_2——测定时点样的体积,mL;

10——测定时吸取乙醚提取液的体积,mL;

25——试样乙醚提取液总体积,mL;

1.12——1.00 g 环己基氨基磺酸相当于环己基氨基磺酸钠的质量,g。

计算结果表示到小数点后两位。

六、注意事项

其精密度有一定的要求,在重复条件下获取的两次独立测定结果绝对差值不得超过算术平均值的 28%。

拓展训练　纸色谱法测定硬糖中着色剂的含量

一、实训目的

了解食品中着色剂的测定原理及方法,并掌握测定食品中着色剂的纸色谱法。

二、实验原理

着色剂是使食品着色和改善食品色泽的物质,或称食用色素。食用色素按其来源可分为食用天然色素和食用合成色素两大类。目前,国内外使用的食用色素绝大多数都是食用合成色素,因此其安全性备受争议。我国许可使用的合成色素有苋菜红、胭脂红、诱惑红、新红、柠檬黄、日落黄、靛蓝、亮蓝、赤藓红等。

本实验中,水溶性酸性染料在酸性条件下被聚酰胺吸附,而在碱性条件下解吸附,再用纸色谱法进行分离后与标准比较定性、定量。

三、仪器与试剂

1. 仪器

分光光度计,层析缸,展开槽。

2. 试剂

①海砂:先用盐酸水溶液(1+10)煮沸15 min,用水洗中性,再用5%氢氧化钠溶液煮沸15 min,再于105 ℃干燥,储于玻璃塞的瓶中,备用。

②展开剂:a. 正丁醇-无水乙醇-1%氯水(6+2+3)供纸色谱用;b. 正丁醇-吡啶-1%氯水(6+3+4)供纸色谱用;c. 甲乙酮-丙酮-水(7+3+3)供纸色谱用。

③色素标准溶液(mg/mL)(以下商品作为标准以100%计):胭脂红(纯度60%);苋菜红(纯度60%);柠檬黄(纯度60%);靛蓝(纯度40%);日落黄(纯度60%);亮蓝(纯度60%)。精密称取上述色素各0.100 g,用pH6的水溶解,移入100 mL容量瓶中并稀释至刻度(靛蓝溶液需在暗处保存)。

④色素标准使用液(mg/mL):用时吸取色素标准溶液各5.0 mL,分别置于50 mL容量瓶中,加pH=6的水稀释至刻度。

四、操作步骤

1. 样品处理

称取粉碎的样品5.0~10.0 g,加水30 mL,温热溶解,若样液pH较高,用20%柠檬酸溶液调至pH4左右。

2. 样液分离

将样液加热至70 ℃,加入聚酰胺粉0.5~1.0 g充分搅拌,用20%柠檬酸溶液调pH=4,使色素完全被吸附,若溶液还有颜色,可以再加一些聚酰胺粉。将吸附色素的聚酰胺全部转入G3垂融漏斗或玻璃漏斗中过滤(如用G3垂融漏斗过滤,可以用水泵慢慢地抽滤)。用20%柠檬酸酸化pH=4的70 ℃水反复洗涤,每次20 mL,边洗边搅拌,若含有天然色素则用甲醇-甲酸溶液洗涤1~3次,每次20 mL,至洗液无色为止。再用70 ℃水多次洗涤至流出的溶液为中性。洗涤过程必须完全搅拌。然后用乙醇-氨溶液分次解析全部色素,收集全部吸液,于水浴上驱氨。如果为单色,则用水准确稀释至50 mL,用分光光度法进行测定。如果为多种色素混合液,则进行纸色谱或薄层色谱法分离后测定,即将上述溶液置水浴上浓缩至约2 mL后移入5 mL容量瓶中,用50%乙醇洗涤容器,洗液并入容量瓶中,并稀释至刻度。

3. 定性

取色谱用纸,在距底边2 cm的起始线上分别点3~10 μL样品溶液、1~2 μL色素标准液,挂于分别盛有 a,b,c 展开剂的层析缸中,用上行法展开,待溶剂前沿展开至 15 cm 处,将滤纸取出于空气中晾干,与标准斑比较定性。也可取样液 0.5 mL,在起始线上从左到右点成条状,纸的右边点色素标准溶液,依法展开,晾干后先定性,后定量。

4.定量

(1)样品测定

将纸色谱的条状色斑剪下,用少量热水洗涤数次,洗液移入 10 mL 比色管中,并加水稀释至刻度,做比色法定量。

(2)标准曲线制备

分别吸取 0.0,0.5,1.0,2.0,3.0,4.0 mL 胭脂红、柠檬黄、日落黄色素标准使用液或 0.0,0.2,0.4,0.6,0.8,1.0 mL 亮蓝、靛蓝色素标准使用液,分别置于 10 mL 比色管中,各加水稀释至刻度。上述样品与标准管分别用 1 cm 比色杯,以零管调节至零点,于一定波长下(胭脂红 510 cm、苋菜红 520 cm、柠檬黄 430 cm、日落黄 482 cm、亮蓝 627 cm)测定吸光度,分别绘制标准曲线比较。

五、数据处理

$$X = \frac{m' \times 100}{m \times \dfrac{V_2}{V_1} \times 1\,000}$$

式中　X——样品中的色素含量,g/kg(或 g/L);

　　　m'——测定用样液中色素的含量,mg;

　　　m——样品质量,mg;

　　　V_1——样品解析后的总体积,mL;

　　　V_2——样液点板(纸)体积,mL。

参考文献

[1] 曲祖乙,刘靖.食品分析与检验[M].北京:中国环境科学出版社,2006.

[2] 彭珊珊.食品分析检测及其实训教程[M].北京:中国轻工业出版社,2011.

[3] 中国科学技术大学化学与材料科学学院实验中心.仪器分析实验[M].安徽:中国科学
技术大学出版社,2011.

[4] 魏培海,曹国庆.仪器分析[M].北京:高等教育出版社,2007.

[5] 高晓松,张惠,薛富.仪器分析[M].北京:科学出版社,2009.

[6] 张剑荣,余晓冬,屠一锋,等.仪器分析实验[M].2版.北京:科学出版社,2009.

[7] 穆华荣.食品检验技术[M].北京:化学工业出版社,2005.

[8] 丁明杰.仪器分析[M].北京:化学工业出版社,2008.

[9] 田丹碧.仪器分析[M].北京:化学工业出版社,2004.

[10] 吴性良,朱万森.仪器分析实验[M].上海:复旦大学出版社,2008.

[11] 谢笔钧,何慧.食品分析[M].北京:科学出版社,2009.

[12] 张水华.食品分析实验[M].北京:化学工业出版社,2006.